丹江口水源涵养区
绿色高效农业技术创新集成研究

赵建宁　张海芳　张艳军　刘新刚
杜连柱　李　虎　陈眦圳　杨殿林　等　著

中国农业科学技术出版社

图书在版编目（CIP）数据

丹江口水源涵养区绿色高效农业技术创新集成研究 / 赵建宁等著 . —北京 : 中国农业科学技术出版社, 2021. 4

ISBN 978-7-5116-5174-7

Ⅰ.①丹… Ⅱ.①赵… Ⅲ.①水源涵养林-农业技术-研究-丹江口 Ⅳ.①S727. 21

中国版本图书馆 CIP 数据核字 (2021) 第 023972 号

责任编辑	王惟萍
责任校对	贾海霞
责任印制	姜义伟　王思文

出 版 者	中国农业科学技术出版社
	北京市中关村南大街 12 号　邮编 : 100081
电　　话	(010) 82106643 (编辑室)　　(010) 82109702 (发行部)
	(010) 82109709 (读者服务部)
传　　真	(010) 82106643
网　　址	http://www.CASTP.cn
经 销 者	各地新华书店
印 刷 者	北京建宏印刷有限公司
开　　本	710mm×1 000mm　1/16
印　　张	22
字　　数	380 千字
版　　次	2021 年 4 月第 1 版　2021 年 4 月第 1 次印刷
定　　价	88. 00 元

《丹江口水源涵养区绿色高效农业
技术创新集成研究》
著 者 名 单

主　著: 赵建宁　张海芳　张艳军　刘新刚　杜连柱
　　　　　李　虎　陈昢圳　杨殿林

参著人员（按姓氏拼音排序）:
　　　　　陈子爱　封海东　高晶晶　郭邦利　郭元平
　　　　　黄治平　李　珺　李　瑜　李青梅　李睿颖
　　　　　林艳艳　刘红梅　秦　洁　申禄坤　沈晓琳
　　　　　施国中　谭炳昌　唐德剑　王　慧　王金鑫
　　　　　王丽丽　王明亮　汪　洋　魏珞宇　肖能武
　　　　　张　敏　张百忍　张克强　章秋艳　支苏丽
　　　　　周广帆　周华平

前　　言

丹江口水源涵养区是南水北调中线工程核心水源区，国家级生态示范区和鄂西北国家级重点生态功能保障区，也是秦巴山集中连片特困地区，更是生物多样性丰富区和生态脆弱区。为确保一江清水永续北上，丹江口水源涵养区群众为南水北调中线工程做出了巨大牺牲和无私奉献，区域农业生产受到很大影响，区域农村经济社会发展和农民增收的步伐也受到制约。发展绿色高效农业是解决这些问题的有效途径之一。绿色高效农业的发展不仅关系区域水质安全和生态安全，也是农业供给侧改革、区域农业可持续发展和社会长治久安重大战略需求，更是推动中国农业科学院科技扶贫、院地合作、创新驱动的重大科技任务。为此，中国农业科学院启动实施了"丹江口水源涵养区绿色高效农业技术创新集成与示范"协同创新项目。多年的农业科学研究和管理的工作实践，使我们深刻地认识到，仅靠科技人员的智慧和力量去改变农村的经济发展是不够的，乡村真正富裕起来的根本在于让广大农民掌握农业科学知识，并自觉地将之应用到农业生产管理和建设的实践中。

《丹江口水源涵养区绿色高效农业技术创新集成研究》一书在分析和总结协同创新任务最新进展的基础上，把农业研究成果技术化、集成化、产业化，使农业科学实用技术的交响组歌在秦巴山区乡村大地生根、开花、结果，形成星火燎原之势，这是本书的宗旨和目的所在。本书共分五章：第一章介绍了水源涵养区农田生物多样性利用及生态强化技术；第二章介绍了农田面源污染防控技术；第三章针对养殖业废弃物造成的环境污染问题，阐述了养殖业废弃物综合利用技术；第四章基于水源涵养区主要作物品种，介绍了病虫害绿色防控技术；第五章针对农村生活污水直排、污染源分散、生活垃圾未分类等问题，介绍了生活污染物控制技术。本书可供生物多样性与生态系统功能、绿色高效农业技术相关领域的科研、管理和生产相关人员参考。

著　者

2020 年 8 月于天津

目　　录

概　　述

绿水青山就是金山银山。党的十八大以来，生态文明建设成为统筹推进"五位一体"总体布局和协调推进"四个全面"战略布局的重要内容。坚持人与自然和谐共生基本方略、坚持绿色发展理念、实施乡村振兴战略等新理念新思想新战略方兴未艾。

生态文明建设与现代农业发展相互交融。2017年5月，中国农业科学院科技创新工程协同创新项目"丹江口水源涵养区绿色高效农业技术创新集成与示范"正式启动。项目由农业农村部环境保护科研监测所牵头，中国农业科学院农业资源与农业区划研究所、植物保护研究所、蔬菜花卉研究所、饲料研究所、茶叶研究所、麻类研究所、郑州果树研究所，以及农业农村部南京农业机械化研究所、沼气科学研究所共10个研究所14个团队参与，同时联合了湖北省十堰市农业科学院、陕西省安康市农业科学研究院、中国富硒产业研究院等地方科研机构专家共同攻关。项目在农业绿色高效生产、种养耦合、生态循环、面源污染控制、多功能田园生态系统构建等方面开展协同创新，力求为保障南水北调中线工程核心水源水质安全、国家级生态示范区建设和鄂西北国家级重点生态功能优化提供有力科技支撑，推动秦巴山集中连片特困地区农业产业升级和高质量发展、加快区域脱贫攻坚进程。经过4年攻关，项目建立了"国家级科技创新团队+省地市级科研团队+地方政府+经营主体"协同工作机制，构建了水源涵养区绿色高效农业技术体系，重点围绕生物多样性保护、土壤固碳培肥、高产优质高效、病虫害绿色防控、环境保护与修复等内容，创新发展了集约化农田生物多样性利用与生态强化等十大技术模式和百项绿色高效农业生产技术，形成了可落地、可复制、可推广的实用技术和成功经验。

农业绿色发展，是农业现代化的重要标志。党中央确立了"创新、协调、绿色、开放、共享"五大发展理念。牢固树立新发展理念，坚定走农业绿色发展之路。紧盯农业资源环境重点领域、关键问题和薄弱环节，更加注重资源节约、环境友好、生态保育，以更强决心、更大气力、更硬举措，扎实推进农业绿色发展。

南水北调中线工程涉及河南、湖北、陕西 3 省的 14 市、46 县(市、区)，以及四川省万源市、重庆市城口县、甘肃省两当县部分乡镇，面积 9.52 万 km²。水源区位于秦岭巴山之间，主要河流为汉江和丹江，除汉中盆地外，地貌多为山地、丘陵和河谷，属于北亚热带季风区的温暖半湿润气候，四季分明，降水分布不均，立体气候明显。2015 年，水源区总人口约 1 374 万人，国内生产总值 4 873 亿元，常住人口城镇化率约 46.8%，城镇居民人均可支配收入 25 457 元，农民人均纯收入 8 541 元，均低于全国平均水平。水源区位于秦巴山集中连片贫困地区，贫困人口 257 万人，国家扶贫工作重点县 26 个，省级扶贫工作重点县 8 个，经济社会发展总体水平较低。2015 年，水源区主要污染物化学需氧量排放量 17 万 t、氨氮 2.23 万 t、全氮（TN）5.96 万 t，其中农业和农村的污染贡献比例分别为 49%、43%、74%，农业和农村已成为水源区主要污染源。目前，丹江口水库为中营养水平，全氮浓度在 1.13～2.71mg/L，入库河流全氮浓度在 1.31～10.96mg/L。

为确保南水北调中线工程长期稳定供水、维护国家水安全的大局，项目紧扣水源区生态优先、绿色发展的功能定位，开展绿色高效农业技术创新集成与示范，着力农田生态系统建设，切实增强水源涵养能力，通过水源涵养区绿色高效产业的发展带动区域农民脱贫致富，协调推进水源区经济社会发展与水源保护。项目不仅关系南水北调水质安全和区域生态安全，也是农业供给侧改革、区域农业可持续发展和社会长治久安重大战略需求，更是推动中国农业科学院科技扶贫、院地合作、创新驱动的重大科技需求。

一、丹江口水源涵养区农业绿色发展面临的突出问题

丹江口水源涵养区农田生态系统结构失衡、功能退化，农业面源污染加剧，农业发展不可持续，分析其形成原因主要有以下 6 个方面：一是区域种植业结构

布局不合理，土地利用强度大，农业生物多样性降低；二是土壤酸化、耕作层变浅，耕地质量下降；三是农药、化肥、饲料添加剂、兽药等投入强度高，使用不合理；四是种养脱节，农业废弃物不能实现资源化利用；五是农村生活垃圾和污水随意排放，污染严重；六是绿色高效农业的体制机制还不完善，缺少绿色生态循环农业发展激励机制、生态补偿机制和污染监管机制。

在农业科技支撑方面，长期以来，更多关注于病虫害防控、水肥管理、面源污染治理等技术研发，对污染源头控制技术储备不足；更多关注于关键技术与示范，而对集成创新和工程化示范的推动乏力，农业生态补偿、绿色生态发展严重滞后；更多关注于单项技术研发，而缺乏全产业链、整体性、区域性的技术解决方案；更多关注于污染物消减与治理，对农田生态系统健康管理关注不够，尤其是对农田风险管理缺乏前瞻性预判，推动农业绿色发展的动力机制不足。

二、丹江口水源涵养区绿色高效农业技术体系构建

项目坚持以问题为导向，面向产业需求，按照"整体、协调、循环、再生"的原则，运用系统工程方法(图1)，从涵养区种植业、养殖业和农村生活生产一体化系统化设计，将各种技术集成优化组合，建立以绿色高效种养耦合技术为先导、以发挥农业多功能性为核心、以污染物阻控和消减氮磷面源污染为重点，通过生物多样性利用与种植结构调整优化、主要农产品全产业链绿色高效技术创新集成、水源涵养区种养循环新模式构建、生态型高效设施农业技术创新集成、农村生活污染物控制技术的创新集成，构建水源涵养区绿色高效农业技术体系，建立和完善绿色高效生态农业系统评价体系和保障机制，提升区域水源涵养功能、水质保护功能和优质农产品生产功能，促进区域绿色协调可持续发展，努力为水源涵养区农业转型升级提供理论指导和示范样板。

1. 水源涵养区生物多样性利用及种植结构调整与优化

针对丹江口水源涵养区单一种植导致农田生物多样性低、水土流失和作物病虫害日益严重、产业结构不合理、经济效益不高等问题，研发桑园覆盖作物—鸡—桑共生技术，猕猴桃园覆盖作物—鸡—果共生技术，水稻、麻类、蔬菜、绿肥等轮间作技术，农田绿植防护带、蜜源植物带、生态廊道构建技术等，并利用

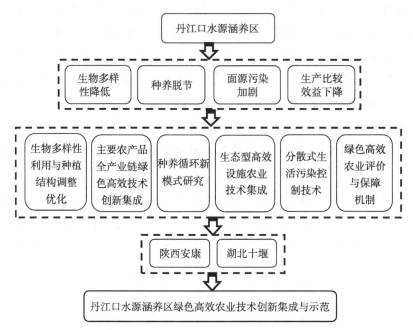

图1　丹江口水源涵养区绿色高效农业技术体系构建技术路线

研发的相关技术对种植结构进行调整与优化，形成丹江口水源涵养区绿色高效生态的立体种植模式。

2. 水源涵养区主要农产品全产业链绿色高效技术创新集成

针对丹江口水源涵养区农业发展现状及其对水质的影响，优化水源涵养区农业产业结构，以茶、猕猴桃等产业为切入点，研发适合水源区的茶、猕猴桃等主要农产品全产业链绿色高效生产技术，包括优良种质引选育技术，土壤保水固碳培肥技术，化肥农药减施增效技术，水热优化配置高产增效技术，农田病虫草害绿色高效综合防控技术，农田氮磷生态拦截技术，农产品精深加工技术等，形成选种、生产、加工、营销一体化的产业链，构建丹江口水源涵养区主要农产品全产业链绿色高效生产关键技术体系。

3. 水源涵养区种养循环新模式研究

针对丹江口水源涵养区养殖业生产设施及技术落后、废弃物达标排放率低、种养脱节等问题，通过改进饲喂设备、改造圈舍结构、改进清粪方式等，降低养殖过程用水量、提高粪污收集效率，达到养殖废水减量目的，研发养殖废弃物肥料化、能源化技术，废水再循环利用技术，粪便中抗生素残留消解、重金属钝化技术，研制低氮磷排放饲料，有机肥、沼肥沼液高效施用技术及相关装备，建立丹江口水源涵养区种养循环新模式。

4. 水源涵养区生态型高效设施农业技术创新集成

针对丹江口水源涵养区传统设施农业高水高肥、农药过量施用、土壤质量下降、面源污染风险高等问题，集成优化生态型高效设施农业养分平衡调控技术、化肥替代技术、水肥药一体化技术，研发生物防治、物理防治、生态调控、矿物源及生物源农药等病虫害综合防治技术，研发设施蔬菜病虫害防控的轻简化技术、农药精准化选用技术、农药减量精准施药技术，构建丹江口水源涵养区生态型高效设施农业技术体系。

5. 水源涵养区农村生活污染物控制技术创新集成

针对丹江口水源涵养区农户居住分散、生活污水直排、生活垃圾未进行分类和无害化处理等问题。调查掌握区域农村生活污水、生活垃圾排放特征，开展适合南方丘陵区农村生活垃圾分类、病原菌灭杀、预处理及肥料化技术，优化分散式庭院混合污水氮磷强化去除的生物生态耦合处理工艺，建立生活污水湿地处理技术模式，构建丹江口水源涵养区分散式生活污染物控制技术体系。

6. 水源涵养区绿色高效农业评价体系与保障机制

研究绿色高效农业示范推广服务模式与运行机制，构建农业生态补偿制度与机制，建立生态经济评价体系，评估丹江口水源涵养区绿色高效农业技术集成与示范项目实施效果。

7. 丹江口水源涵养区绿色高效农业技术集成与示范

在湖北十堰和陕西安康建立实验示范区，针对区域自身特点，开展绿色高效生态立体景观构建、农田绿色高效种植、养殖业废弃物高效循环利用、生态型高效设施农业和分散式生活污染物控制等技术集成与示范，推进富硒生态茶、生态鸡、有机菜、有机果等高品质农产品生产，提升农田生态系统服务功能，为同区域或相似生态区的绿色高效农业建设提供典型范例。

三、关键技术研发与核心示范区构建

围绕种植、养殖和乡村环境，项目研发了区域农田生物多样性利用与生态强化技术、主要农产品全产业链绿色高效生产技术、低产田改土培肥技术、富硒茶生产技术、病虫害绿色防控技术、种养耦合循环技术、低氮磷排放环保饲料生产技术、养殖废弃物农田安全高效消纳技术、区域面源污染控制技术、分散式生活污染物控制技术与设备 10 项关键技术(图 2)。

图 2 丹江口水源涵养区绿色高效生态循环农业模式

在湖北十堰郧阳区重点打造谭家湾核心示范基地，建设 5 个功能区，重点示范 17 项主推技术。2019 年 10 月，郧阳区入选第二批国家农业绿色发展先行区。

在陕西安康石泉县重点打造明星村核心示范基地，建设 4 个功能区，重点示范 11 项主推技术。2019 年 11 月，核心示范区明星村(万亩①桑海)入选陕西省美丽宜居示范村。

通过项目实施，选育猕猴桃新品种、猕猴桃砧木、秋葵新品种、黄麻新品种 4 个；研制微生物杀菌剂、茶加工品、桑加工品、猪低排放饲料、环境除臭剂、新型茶树专用复合肥 6 个；试制尾菜厌氧消化沼气装备、轮式自走式固体有机肥

---

① 1 亩 ≈ 667m², 15 亩 = 1hm²，全书同。

撒施机、移动式沼液灌溉车、沼液安全精准施用控制装置、乡村厕所污水处理装置、牵引式魔芋收获机 6 套(图 3)。

尾菜厌氧消化沼气装备

轮式自走式固体有机肥撒施机

移动式沼液灌溉车

沼液安全精准施用控制装置

乡村厕所污水处理装置

牵引式魔芋收获机

图 3　试制的绿色高效生态农业装备

四、项目的组织管理与机制创新

项目以区域农业绿色高效可持续发展和持续脱贫为目标，改变以往生态农业技术"单兵作战"的形式，打破部门、学科、单位界限，组织跨学科、跨领域的协同攻关，以期构建在丹江口水源涵养区可复制、可推广的可持续绿色生态循环农业技术体系，为区域产业精准扶贫和农业绿色高效发展提供技术支撑。项目制定了《环保所协同创新任务运行管理办法》(农科环保办〔2015〕65 号)，建立咨询专家跟踪、用户参与评价、业绩考评管理、成果公示共享、中期绩效考评、重大事项报告、激励和退出机制，以及协同创新任务人员考核、经费使用、业绩评价等管理组织实施制度。建立子任务主持人负责制，明确项目动态跟踪评估和指导方法。核心示范区所在的十堰市和安康市农业局及下属单位与子任务一一对接，并下发《关于加强"丹江口水源涵养区绿色高效农业技术创新集成与示范"项目组织管理的通知》（十农科〔2017〕9号）、《关于做好中国农业科学院协同创新项目"丹江口水源涵养区绿色高效农业技术创新集成与示范"安康试验示范区建设有关工作的通知》（安农业发〔2017〕29号），保障和推动项目的实施。组建任务行动微信、QQ交流群和技术推广公众号，做到信息及时共享、通知及时传达、问题及时回复、困难及时解决，有效推进示范与技术落地。

组织机制：建立技术和行政管理双轨负责运行机制。成立专项工作领导小组和办公室，负责项目的组织、实施工作，协调解决项目实施过程中存在的重大问题，跟踪项目进展，加强与各任务承担单位、团队之间的沟通与联系，协同推进，确保进度一致。组建技术专家组，民主决策，负责任务实施过程中涉及研究方向、研究计划、研究经费等方面的评估与重大调整建议。协同创新任务实行各级任务承担单位法人负责制，各级任务承担单位是保证协同创新任务顺利实施并完成预期目标的责任主体，负责相关任务的管理责任和质量保证，严格执行国家、院有关管理规定，认真履行任务书合同条款，统筹协调并提供配套支撑条件，全程督促专项实施，接受相关部门的指导和检查，配合评估及验收等相关工作。

协作机制：团队间建立互联互通、交流交融的工作机制。利用中国农业科学院科研单位研究优势和人才培养优势，充分利用基层农技推广体系的作用，加快研究成果的示范、推广与产业化，促进形成产学研用一体化，大联合大协作的运行机制。

交流共享机制：建立开放共享的运行机制与激励引导机制，推动单位、团队之间信息、数据、成果、平台等科技资源共享，以任务目标为导向，坚持科学分工与集成创新，坚持大联合大协作，使分散、重复、低效的问题得到基本解决。

考核机制：根据总体目标，进一步细化实施方案与考核指标，建立目标责任制，合理分解落实。逐步建立科学合理的考核评价机制，退出和责任追究机制，评估评价注重效率、问题原因分析和改进建议。

任务动态管理机制：以任务为导向，建立动态管理机制，以年度考核目标为基本依据，结合年度工作进展情况，对工作执行力不高、年度任务完成不好的团队，经技术总师审核任务总指挥批准，做退出调整甚至重新进行团队遴选。

第一章 水源涵养区农田生物多样性利用及生态强化技术

第一节 技术概述

一、生态强化技术产生背景及发展现状

20世纪中叶以来，农业集约化生产的发展使得全世界粮食产量在过去50年间激增3倍以上（FAO，2018），但同时，由于过分追求农业生态系统的供给功能，忽略了支持、调节、文化等服务功能，导致各项功能严重失衡，严重危害生态环境（Rockstrom et al.，2017），并威胁农田生态系统生物多样性，成为生物多样性丧失的主要驱动因素。生物多样性是农田生态系统结构稳定和功能可持续的基础。由于农田管理强度增加和农业景观简化，导致农田生态系统物种特性消失，生物趋于均一化。大量农业化学品投入导致了有害物质积累、农业面源污染和温室气体排放等生态环境问题。研究表明，未来在农田扩张和集约化背景下，全球生物多样性保护将面临更大危机，严重威胁全球生物多样性并降低生态系统服务功能（Grab et al.，2019）。农田生物多样性降低直接导致作物产量和品质降低，生物多样性丧失可通过降低群落对环境变化和干扰的应对能力进而影响生态系统稳定性。

可持续集约化是联合国可持续发展目标的核心，也是提升全球粮食和营养安全的重心。提高农田生物多样性至关重要，通过重新设计农业系统，在维持和提高农业生产功能的同时加强环境保护，最终达到可持续集约化的目的（Pretty et al.，2018）。FAO提出，生态集约化是在农业生产过程中，对生态系

统所有服务功能如供给、调节、支持等功能进行优化，被认为是一种有应用前景的解决方案。生态集约化农田系统重构是生物多样性农业的核心。目前农田生物多样性构建和利用主要包括 3 个层次：在基因水平主要利用作物遗传多样性，如同种作物不同品种的组合；在物种水平主要措施有农田内的轮作、间作及农田边界非作物条带构建等；在景观水平主要措施有生态廊道构建，自然半自然斑块构建等。

生态集约化充分利用自然资源提供的服务，使农民受益，比如在农田内构建半自然生境以吸引传粉昆虫和害虫天敌，达到增加产量和控制虫害的目的。通过科学配置农田生物多样性，提升农田生态系统服务功能，为国家农业绿色高效可持续发展提供技术支撑。重构健康的农田生态系统，提升农田生态系统服务功能，对协同保障国家粮食安全、农产品质量安全和生态安全具有重要意义。

二、水源涵养区存在的主要问题及对策

针对水源涵养区单一种植导致农田生物多样性低、水土流失和作物病虫害日益严重、产业结构不合理、经济效益不高等问题，研发桑园豆科牧草覆盖－鸡桑共生，猕猴桃园生草覆盖－鸡果共生，水稻、麻类、蔬菜、绿肥植物等轮作、间作，农田绿植防护带和蜜源植物带，生态廊道构建等技术，并依据研发的相关技术进行种植业结构调整与优化，形成丹江口水源涵养区立体绿色高效生态的种植业模式。

第二节 技 术 类 型

一、果园覆草技术

覆盖作物是指目标作物以外的、人为种植的牧草或其他植物，主要用于管控农业生态系统中土壤侵蚀、水肥流失、土壤质量、杂草、病虫害、生物多样性的一类栽培作物。果园中种植牧草或其他覆盖作物是一种常用的果园土壤管理方

式，对改善果园小气候，提高果园节肢动物多样性以及植物多样性，减少土壤侵蚀、养分流失，改善果园土壤物理化学性状，提高土壤微生物多样性、生物活性，提高果实产量、改善果实品质等方面有重要的作用。研究不同覆盖作物及其管理模式对果园土壤生物群落结构和多样性的影响及其生态效应与机制，揭示不同覆盖作物及管理措施对土壤动物及果园目标作物之间的互作机制，为改善果园生态系统的生产力，促进果树产业的可持续发展提供理论依据。

为了探明不同覆盖作物种植模式对土壤生态系统的影响，采用了以下实验设计：实验在种植3年的猕猴桃(*Actinidia chinensis*)果园进行，栽植密度为每公顷800株，2016年9月开始种植覆盖作物。2018年调整覆盖作物种植模式为：①2种覆盖作物混合(C2)，黑麦草(*Lolium perenne* L.)、白三叶(*Trifolium repens* L.)；②4种覆盖作物混合(C4)，黑麦草(*Lolium perenne* L.)、白三叶(*Trifolium repens* L.)、早熟禾(*Poa annua* L.)、红三叶(*Trifolium pratense* L.)；③8种覆盖作物混合(C8)，黑麦草(*Lolium perenne* L.)、白三叶(*Trifolium repens* L.)、早熟禾(*Poa annua* L.)、红三叶(*Trifolium pratense* L.)、紫羊茅(*Festuca rubra* L.)、毛苕子(*Vicia villosa* Roth.)、波斯菊(*Cosmos bipinnata* Cav.)、百日草(*Zinnia elegans* Jacq.)；④清耕处理(CK)。每处理重复3次，共12个小区，每小区面积20m×2m。播前深翻整地，播种密度为2种覆盖作物25g/m²，4种覆盖作物30g/m²，8种覆盖作物32g/m²，每年刈割2~3次，覆盖于猕猴桃树行间自然腐解，清耕区定期进行人工除草。各处理区的生态条件和田间管理措施保持一致。2018年5月30日在覆盖作物刈割之前采集土壤样品，采用"S"形取样法，每个小区选取10个点，用直径为3cm土钻取土，取0~20cm土壤样品，剔除石块、植物残根等杂物后，将同一小区土壤样品混合均匀后装入无菌袋内，置于冰盒中带回实验室，一部分于4℃冰箱中保存，用于土壤微生物群落功能分析；另一部分土样于室内自然风干后研磨过筛，用于土壤理化性状分析。

(一) 果园覆草对土壤理化性质的影响

不同覆盖作物种植下，土壤化学性质变化如下：0~10cm土层，除全氮含量外，不同处理对土壤养分与pH值没有显著影响。4种草与8种草的处理全氮含量没有显著差异，均显著高于2种草处理(表1-1)。显然，白三叶与红三叶作为豆科作物，其固氮作用确实能显著提高土壤全氮含量。

表1-1 不同覆盖作物种植下土壤理化性质的变化

处理	pH 值	有机质（%）	全氮（g/kg）	硝态氮（mg/kg）	铵态氮（mg/kg）	速效磷（mg/kg）
CK	7.30±0.21a	0.72±0.09a	1.02±0.02b	7.65±1.56a	2.98±0.35a	15.41±1.61a
C2	7.46±0.18a	0.99±0.07a	1.01±0.06b	5.96±2.71a	2.47±0.32a	15.05±0.99a
C4	7.28±0.01a	1.03±0.16a	1.24±0.02a	7.42±2.67a	2.58±0.14a	15.81±0.62a
C8	7.19±0.22a	1.10±0.13a	1.12±0.09a	6.03±2.41a	3.26±0.68a	15.72±1.80a

注：CK 为清耕处理，C2 表示 2 种覆盖作物混播；C4 表示 4 种覆盖作物混播；C8 表示 8 种覆盖作物混播。

(二) 覆盖作物对土壤微生物碳源利用特征的影响

平均颜色变化率(AWCD)表征土壤微生物群落对底物不同碳源利用强度的指标，反映了土壤微生物的代谢活性、微生物群落生理功能的多样性(米亮等，2010)。培养开始后连续 7d 每隔 24h 测得的 AWCD 随时间的动态变化如图 1-1 所示，随培养时间的延长不同覆盖作物处理土壤微生物对碳源的利用量逐渐增加。培养 24h 前 AWCD 增长率变化不明显，24~96h 内 AWCD 值呈现快速增长的趋势，微生物活性进入对数增长期，此阶段微生物代谢活性最高，对不同碳源的利用能力最强。96h 后 AWCD 继续升高，但增长率逐渐下降，微生物代谢活动逐渐减弱。覆盖作物处理 AWCD 高于对照处理，但是 AWCD 并没有随覆盖作物多样性的增加而持续增加，总体趋势表现为 C4>C2>C8。说明猕猴桃园增加覆盖作物可以提高土壤微生物代谢活性，有利于提高土壤微生物群落代谢活性及其碳源利用能力。

(三) 覆盖作物对土壤微生物群落功能多样性指数的影响

为进一步明确覆盖作物多样性对土壤微生物群落功能的影响，根据不同处理碳源利用情况，综合考虑其变化趋势，选取光密度趋于稳定，且不同处理之间有较好分形的 96h 的 AWCD 值进行土壤微生物群落代谢多样性的分析，计算了 Shannon-Wiener 多样性指数(H)、Pielou 均匀度指数(E)和丰富度指数(S)，结果见表 1-2。覆盖作物处理 Shannon-Wiener 多样性指数和丰富度指数均高于清耕对

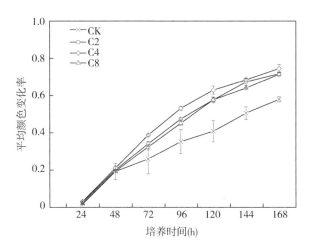

CK－清耕对照；C2－2 种覆盖作物混合；C4－4 种覆盖作物混合；

C8－8 种覆盖作物混合。

图 1-1　不同覆盖作物处理土壤微生物群落平均颜色变化率

照（$P<0.05$），覆盖作物处理之间各指数无显著差异，变化趋势与 AWCD 一致，均表现为 C4>C2、C8。覆盖作物处理 Pielou 均匀度指数与对照之间无显著差异。研究表明猕猴桃园加覆盖作物显著提高土壤微生物的种类数以及增加土壤微生物的碳源利用能力，有利于维持土壤微生物群落代谢活性和功能多样性。

表 1-2　不同覆盖作物处理对微生物群落多样性指数影响

处理	多样性指数（H）	丰富度指数（S）	均匀度指数（E）
CK	1.29±0.06b	18.67±1.15b	0.45±0.01a
C2	1.39±0.02a	23.33±1.53a	0.45±0.02a
C4	1.44±0.04a	25.00±1.00a	0.46±0.01a
C8	1.41±0.03a	23.00±1.00a	0.45±0.01a

注：同列不同小写字母表示处理间差异显著（$P<0.05$）。CK－清耕对照；C2－2 种覆盖作物混合；C4－4 种覆盖作物混合；C8－8 种覆盖作物混合。

（四）覆盖作物对土壤微生物碳代谢特征的影响

Biolog-ECO 板含有 31 种碳源，根据其化学基团的性质可分为 6 大类，其中糖类(7种)、羧酸类(9种)、氨基酸类(6种)、聚合物类(4种)、酚酸类(3种)、胺类(2种)。研究土壤微生物对微平板上不同碳源利用能力，即 Biolog 代谢指纹图谱，有助于比较全面地了解微生物群落代谢功能特征(李鑫等，2014)。由图1-2可看出(以培养96h为例)，本研究中土壤微生物群落对糖类、羧酸类和氨基酸类的利用高于其他3种碳源，不同覆盖作物处理土壤微生物群落对碳源利用率存在差异。覆盖作物处理土壤微生物对31种碳源的利用能力大于清耕对照，2种覆盖作物处理土壤代谢指纹图谱中 AWCD≥0.8 的碳源有10种(糖类4种，氨基酸类3种，羧酸类2种，胺类1种)，占总碳源的53.16%；4种覆盖作物处理土壤有9种(糖类2种，氨基酸类2种，羧酸类4种，聚合物类1种)，占总碳源的48.77%；8种覆盖作物处理土壤有5种(糖类1种，氨基酸类2种，羧酸类1种，聚合物类1种)，占总碳源的35.23%；清耕对照土壤有5种(糖类2种，氨基酸类2种，羧酸类1种)，占总碳源的39.08%。与清耕对照相比，2种覆盖作物处理土壤微生物碳源利用代谢功能差异显著的碳源有17种，4种覆盖作物处理有19种，8种覆盖作物处理有16种，说明猕猴桃园增加覆盖作物改变了土壤微生物对单一碳源的利用能力，提高了土壤微生物代谢活性。4种覆盖作物处理对碳源种类影响较大，微生物对碳源的利用能力较强。此外，土壤微生物对 D-甘露醇、L-精氨酸、L-天门冬酰胺、L-苯丙氨酸、γ-羟丁酸、α-丁酮酸、4-羟基苯甲酸、吐温40的利用能力显著高于清耕对照。同时，各处理土壤微生物对2-羟基苯甲酸基本不利用。

(五)土壤微生物群落代谢功能主成分分析

利用培养96h的 AWCD 值，对不同覆盖作物处理土壤微生物利用单一碳源的特性进行主成分分析，在31个因子中共提取了5个主成分因子，累积方差贡献率达到了90.14%，其中第1主成分(PC1)的方差贡献率为44.97%，特征根为13.94；第2主成分(PC2)的方差贡献率为23.27%，特征根为7.22；第3主成分(PC3)的方差贡献率为11.78%，特征根为3.65；第4主成分和第5主成分贡献率均小于10%。从中选取累积方差贡献率达到68.24%的前2个主成分 PC1 和 PC2 来分析微生物群落功能多样性。从图1-3可以看出，不同覆盖作物处理碳源利用在 PC 轴上差异显著，整体可分为3大类：2种、4种和8种、清耕对照，可

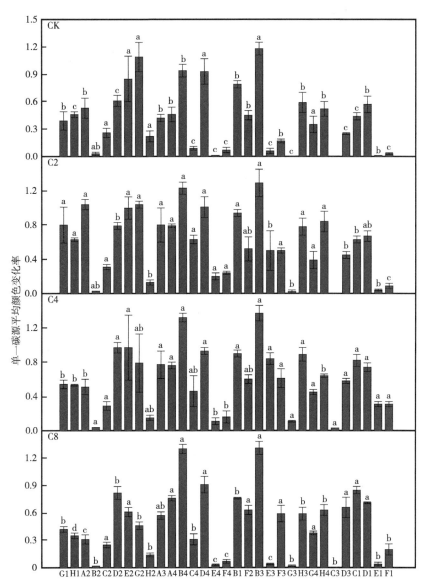

G1～A3－糖类；A4～F4－氨基酸类；B1～H3－羧酸类；C3～D3－胺类；

G4～H4－酚酸类；C1～F1－多聚物类，AWCD值为Biolog板上3次重复的平均值。

图1-2 土壤微生物生理碳代谢指纹图谱

见PC1和PC2能区分不同处理土壤微生物的群落特征。在PC1轴上，4种和8种覆盖作物处理分布在轴的正方向，2种覆盖作物处理和清耕对照分布在轴的负方向上。在PC2轴上，2种覆盖作物处理分布在轴的正方向上，4种和8种覆盖作物处理、清耕对照分布在轴的负方向上。对主成分进行方差分析可知，不同处理在PC1和PC2上得分系数差异显著(表1-3)，在PC1轴上，2种、4种、8种覆盖作物处理之间以及覆盖作物处理与清耕对照之间均差异显著；在PC2轴上，2种、4种覆盖作物处理与8种覆盖作物处理、清耕对照差异达到显著水平。表明猕猴桃园增加覆盖作物改变了土壤微生物群落功能多样性。

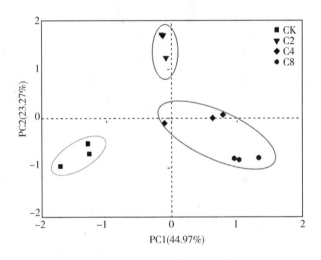

图1-3　不同覆盖作物处理土壤微生物碳代谢主成分分析

表1-3　不同处理主成分得分系数

处理	PC1	PC2
CK	−1.42±0.26d	−0.73±0.23c
C2	−0.12±0.03c	1.54±0.27a
C4	0.43±0.48b	0.00±0.09b
C8	1.11±0.20a	−0.82±0.02c

为了找到对PC1和PC2影响较大的碳源种类，进一步利用PC1和PC2得分

系数与 31 种碳源吸光度值进行相关分析得到相关系数，相关系数绝对值越大，表示该碳源对主成分的影响越大。从表 1-4 可看出，与 PC1 达到显著相关的碳源有 10 种，即糖类(5 个)、氨基酸类(3 个)、羧酸类化合物(1 个)、胺类化合物(1 个)。而与 PC2 具有较高相关性的碳源有 11 类，分别为糖类(3 个)、氨基酸类(2 个)、羧酸类化合物(2 个)、酚酸类(1 个)、聚合物类(3 个)。表明糖类、氨基酸类、羧酸类是微生物利用的主要碳源，而胺类、酚酸类和聚合物类这 3 类碳源是区分清耕对照和覆盖作物处理间差异的敏感碳源。

表 1-4　31 种碳源与 PC1、PC2 的相关系数

碳源类别	底物	PC1 的相关系数	PC2 的相关系数
糖类	D-纤维二糖	0.812 **	0.10
	α-D-乳糖	0.883 **	−0.30
	β-甲基-D-葡萄糖苷	0.902 **	−0.26
	D-木糖/戊醛糖	0.15	−0.11
	i-赤藓糖醇	0.612 *	0.15
	D-甘露醇	0.18	0.736 **
	N-乙酰-D 葡萄糖氨	0.44	−0.12
	1-磷酸葡萄糖	0.41	−0.637 *
	D,L-α-磷酸甘油	−0.43	−0.631 *
	D-半乳糖酸 γ-内酯	0.598 *	0.45
氨基酸类	L-精氨酸	0.52	0.789 **
	L-天门冬酰胺	0.27	0.891 **
	L-苯丙氨酸	0.807 **	0.42
	L-丝氨酸	0.39	0.00
	L-苏氨酸	0.938 **	0.19
	甘氨酰-L-谷氨酸	0.854 **	0.03
羧酸类	γ-羟丁酸	0.829 **	0.02
	α-丁酮酸	−0.14	0.751 **
	D-葡糖胺酸	0.10	0.51
	D-苹果酸	0.50	0.19
	D-半乳糖醛酸	0.23	0.929 **
	丙酮酸甲酯	0.07	0.43
	亚甲基丁二酸	0.49	0.14

（续表）

碳源类别	底物	PC1 的相关系数	PC2 的相关系数
胺类	苯乙胺	0.13	0.36
	腐胺	0.853 **	0.29
酚酸类	2-羟基苯甲酸	0.06	0.26
	4-羟基苯甲酸	−0.06	0.914 **
聚合物类	吐温 40	−0.07	0.952 **
	吐温 80	0.13	0.781 **
	α-环式糊精	0.05	0.36
	肝糖	−0.14	0.735 **

注：* 表示 $P<0.05$；** 表示 $P<0.01$。

（六）土壤环境因子与微生物群落功能多样性相关分析

由表 1-5 可知，土壤微生物群落功能 Shannon-Wiener 多样性指数和丰富度指数与土壤含水量、有机碳、pH 值、铵态氮（NH_4^+-N）、硝态氮（NO_3^--N）、微生物量碳氮呈显著相关关系，可见土壤环境因子与微生物群落功能多样性密切相关，是造成覆盖作物处理土壤微生物功能多样性差异的重要原因。

表 1-5　土壤理化性质及微生物量碳与微生物群落功能多样性相关性分析

项目	平均颜色变化率	多样性指数	丰富度指数	均匀度指数
含水量	0.02	0.651 *	0.588 *	0.368
有机碳	0.261	0.632 *	0.603 *	0.458
pH 值	0.459	0.790 **	0.785 **	0.356
硝态氮	−0.05	−0.707 *	−0.770 **	−0.064
铵态氮	−0.143	−0.645 *	−0.573	−0.132
微生物量碳	0.215	0.602 *	0.715 **	0.218
微生物量氮	0.398	0.846 **	0.887 **	0.292

注：* 表示 $P<0.05$；** 表示 $P<0.01$。

土壤微生物多样性能敏感地反映土壤环境的微小变化，可作为衡量土壤质量和评价土壤生态系统稳定的重要生物学指标(Van der Heijden et al.，2013)。平均颜色变化率通过土壤稀释液对碳源利用的吸光值变化来表示土壤微生物活性，其变化能很好地反映整体微生物功能多样性(Rutgers et al.，2016)，AWCD 值越高，土壤中微生物群落的代谢活性越强。本研究表明，在整个培养阶段，不同覆盖作物处理土壤微生物对碳源的利用能力均高于清耕对照，说明增加覆盖作物提高了猕猴桃园土壤微生物活性和群落功能多样性，改善了土壤生态环境，其原因可能是覆盖作物改善了土壤水热状况(曹铨等，2016)，降低了土壤容重，增加了土壤的孔隙度(孙计平等，2015)，为土壤微生物的生长营造了良好的生存环境。此外，覆盖作物根系分泌物及作物残体的加入为土壤微生物提高物质和能量，促进微生物的生长繁殖，从而增加土壤微生物多样性和代谢活性(Jiao et al.，2013)。这与杜毅飞等和司鹏等的研究结果相似。

Shannon-Wiener 指数反映土壤微生物群落物种变化度和差异度，指数值越大，表示微生物种类多且分布均匀。丰富度指数表示被利用碳源的总数目。Pielou 指数反映了群落物种均一性，是群落实测多样性与最大多样性的比率(李志斐等，2014)。不同的多样性指数反映土壤微生物群落组成的不同方面，把它们结合起来可以分析土壤微生物种类和功能的差异(范瑞英等，2013)。本研究结果表明，猕猴桃园种植覆盖作物土壤微生物多样性指数和丰富度指数均高于对照，且以 4 种覆盖作物处理最优，说明猕猴桃园种植覆盖作物土壤微生物功能多样性优于清耕对照。这与李鑫等(2014)和杜毅飞等(2015)的研究结果相似，桑树—大豆间作土壤微生物均匀度指数高于单作，苹果园生草土壤微生物多样性指数、丰富度指数、优势度指数均高于清耕处理。相关分析结果表明，土壤环境因子与土壤微生物多样性指数具有一定的相关关系，土壤含水量、有机碳、pH 值、微生物量碳氮与土壤微生物 Shannon-Wiener 多样性指数和丰富度指数呈显著正相关，铵态氮、硝态氮与土壤微生物 Shannon-Wiener 多样性指数和丰富度指数呈显著负相关，这与前人研究结果相似，土壤微生物多样性主要受土壤含水量、pH 值、碳氮含量的影响(李飞等，2018)。猕猴桃园增加覆盖作物改变了土壤生态环境，促进养分的转换，进而影响土壤微生物代谢活性和功能多样性。

主成分分析表明覆盖作物处理与清耕对照之间的微生物群落功能特征存在明

显差异，不同覆盖作物处理下，土壤微生物对 31 种碳源底物的利用能力显著不同。本研究结果表明，PC1 和 PC2 的累积贡献率为 90.14%，解释了大部分变异，不同覆盖作物处理主要分布在第二、四象限，清耕对照主要分布在第三象限，覆盖作物处理与清耕对照离散程度较大，说明增加覆盖作物对猕猴桃园土壤微生物产生较大的影响。31 种碳源与 PC1、PC2 的相关分析表明，与 PC1 达到显著相关的碳源主要是糖类、氨基酸类、羧酸类化合物、胺类化合物。而与 PC2 具有较高相关性的碳源主要是糖类、氨基酸类、羧酸类化合物、酚酸类、聚合物类。表明糖类、氨基酸类、羧酸类是微生物利用的主要碳源，而胺类、酚酸类和聚合物类是区分清耕对照和覆盖作物处理间差异的敏感碳源。

碳代谢指纹图谱也表明，覆盖作物处理土壤微生物对 31 种碳源的利用能力大于清耕对照，覆盖作物处理土壤微生物对 D-甘露醇、L-精氨酸、L-天门冬酰胺、L-苯丙氨酸、γ-羟丁酸、α-丁酮酸、4-羟基苯甲酸、吐温 40 的利用能力显著高于清耕对照，说明覆盖作物处理土壤微生物群落形成了特定的代谢功能特征，且覆盖作物处理比较偏好的碳源类型为糖类、氨基酸类、羧酸类、聚合物类，表明覆盖作物处理土壤中利用上述 4 类碳源的微生物的代谢活性和多样性高于清耕对照。原因可能是猕猴桃园增加覆盖作物后，覆盖作物残体和根系分泌物为土壤微生物提供了大量的糖类、氨基酸、羧酸和聚合物等碳源物质(吴林坤等，2014)，促进了与相关碳源利用类型相对应的微生物的生长与繁殖，进而改变土壤微生物群落结构。

微生物功能多样性能够反映土壤质量指标信息，可看作是评价土壤质量变化的敏感参数。猕猴桃园增加覆盖作物，作物残体和根系分泌物的加入改变了土壤环境因子，影响土壤微生物代谢活性和功能多样性。Biolog 微平板技术能够快速测定土壤微生物群落功能代谢多样性，但该方法是利用微生物生长代谢作为衡量微生物多样性的基础，只能对环境微生物群落活性与功能进行分析，无法直接获取微生物群落结构的详细信息，在未来的研究中，应用分子生物学和代谢组学方法，将覆盖作物多样性果园土壤微生物多样性和覆盖作物根系分泌物有效联系起来，以期进一步揭示覆盖作物多样性果园土壤的生态学过程。

(七)覆盖作物不同利用方式对猕猴桃园土壤微生物群落结构的影响

本实验于猕猴桃果园进行，2014 年建园，2015 年春天开始种植猕猴桃树，株行距为 3m×5m，于 2016 年 9 月开始种植覆盖作物。实验共设置 3 个处理，分别为：种植覆盖作物+覆盖作物刈割后留在土壤表面自然腐解(T1)、种植覆盖作物+覆盖作物刈割后从园中清除(T2)和清耕对照(CK)，每处理重复 3 次，共 9 个小区，各小区随机排列，每小区面积 20m×2m。播前深翻整地，同时施用化肥(N-K$_2$O-P$_2$O$_5$，15%-15%-15%)300kg/hm^2。播种密度为黑麦草 150kg/hm^2，白三叶 100kg/hm^2。在 2018 年 5 月、7 月对覆盖作物进行刈割，刈割后按照实验设计将 T1 处理中覆盖作物留在土壤表面自然腐解，T2 处理中覆盖作物从园中移除，清耕区定期进行人工除草。各处理区的生态条件和田间管理措施保持一致。

1. 覆盖作物对土壤微生物量碳氮的影响

由表 1-6 可知，与对照相比，T2 处理土壤含水量低于 T1 和清耕处理($P<$ 0.05)，T1 处理土壤含水量与对照无显著差异。T1 和 T2 处理土壤 pH 值高于清耕处理($P<0.05$)。T1 处理土壤全氮含量高于 T2 和对照($P<0.05$)，碳氮比低于 T2 和对照($P<0.05$)。T1 和 T2 处理土壤有机碳含量与对照无显著差异。T1 和 T2 处理均增加了土壤微生物量碳、氮含量($P<0.05$)，但是 T1 和 T2 处理间无显著差异。

表 1-6 不同处理对土壤理化性质及微生物量碳氮的影响

处理	含水量(%)	pH 值	有机碳(g/kg)	全氮(g/kg)	碳氮比	微生物量碳(mg/kg)	微生物量氮(mg/kg)
CK	14.85±0.36a	7.59±0.03c	4.96±0.09a	0.65±0.02b	7.62±0.29a	113.85±2.18b	13.05±1.09b
T1	14.90±0.55a	7.72±0.02a	5.14±0.15a	0.72±0.01a	7.09±0.19b	147.71±2.28a	15.57±0.69a
T2	13.76±0.40b	7.66±0.01b	5.04±0.13a	0.65±0.01b	7.71±0.26a	143.16±10.57a	17.09±1.30a

注：同列不同小写字母表示处理间差异显著($P<0.05$)。CK—清耕对照；T1—种植覆盖作物+覆盖作物刈割后覆盖在土壤表面；T2—种植覆盖作物+覆盖作物刈割后从园中清除。

2. 覆盖作物对土壤微生物群落特征的影响

磷脂脂肪酸(PLFAs)分析结果显示(表 1-7)，覆盖作物处理影响土壤 PLFAs 含量。覆盖作物处理显著增加土壤微生物 PLFAs 总量，T1 和 T2 处理土壤微生物 PLFAs 总量分别高于对照 13.63%、13.02%($P<0.05$)，但 T1 与 T2 处理间无显著差异。T2 处理土壤真菌 PLFAs 量高于对照 85.71%($P<0.05$)，T1 处理与对照间无显著差异。T1 处理提高了土壤革兰氏阴性菌 PLFAs 量，高于对照 51.27% ($P<0.05$)，T2 处理与对照间无显著差异。T1 处理降低了革兰氏阳性菌/革兰氏阴性菌($P<0.05$)，T2 处理与对照间无显著差异。

表 1-7　不同处理对土壤微生物 PLFAs 含量的影响

处理	总磷脂脂肪酸(nmol/g)	细菌(nmol/g)	真菌(nmol/g)	放线菌(nmol/g)	革兰氏阳性菌(nmol/g)	革兰氏阴性菌(nmol/g)	革兰氏阳性菌/革兰氏阴性菌	真菌/细菌
CK	47.38±1.85b	38.71±0.63a	4.76±0.65b	1.12±0.09a	12.29±0.85a	12.19±0.10b	1.01±0.06a	0.12±0.01a
T1	53.84±1.26a	42.11±2.83a	6.14±0.70b	1.17±0.22a	14.42±1.68a	18.44±1.49a	0.78±0.07b	0.15±0.02a
T2	53.55±1.79a	40.18±0.48a	8.84±1.87a	1.12±0.18a	12.70±0.65a	12.76±1.41b	1.01±0.17a	0.22±0.05a

注：同列不同小写字母表示处理间差异显著($P<0.05$)。CK—清耕对照；T1—种植覆盖作物+覆盖作物刈割后覆盖在土壤表面；T2—种植覆盖作物+覆盖作物刈割后从园中清除。

3. 覆盖作物对土壤微生物群落结构的影响

对不同处理土壤微生物群落进行主成分分析(图 1-4)，结果表明，主成分 1 和主成分 2 的方差贡献率为 67.53%。主成分分析中 T1 处理与 CK 的主成分分析图更为接近，说明 T1 处理与 CK 处理的微生物群落结构相似度更大，而 T2 处理的土壤微生物群落有明显的分区。CK 与 T1 处理下土壤微生物的优势类群为 12：0、18：1ω10、16：0、14：1ω1、16：1ω9c、i17：1ω5c、18：1ω9t、18：2ω69；T2 处理下土壤微生物的优势类群为 18：2ω10、18：1ω9c、cy17：0、15：0、17：0、i16：0。

4. 土壤环境因子与土壤微生物群落特征的相关性分析

土壤环境因子与土壤微生物群落 Pearson 相关性分析结果表明(表 1-8)，pH

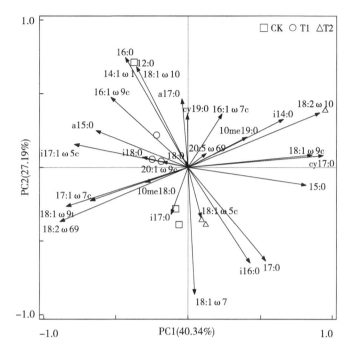

图 1-4　不同处理土壤微生物群落结构主成分分析

值与土壤微生物 PLFAs 总量($P<0.01$)、细菌 PLFAs 量($P<0.05$)、革兰氏阴性菌 PLFAs 量($P<0.05$)呈显著正相关；碳氮比与革兰氏阴性菌 PLFAs 量呈显著负相关($P<0.05$)，与革兰氏阳性菌 PLFAs 量/革兰氏阴性菌 PLFAs 量呈显著正相关($P<0.01$)；全氮与革兰氏阴性菌 PLFAs 量呈显著正相关($P<0.01$)，与革兰氏阳性菌 PLFAs 量/革兰氏阴性菌 PLFAs 量呈显著负相关($P<0.05$)；土壤含水量与真菌 PLFAs 量/细菌 PLFAs 量呈显著负相关($P<0.05$)。同时对土壤环境因子(含水量、全氮、有机碳、碳氮比、pH 值)与不同处理土壤微生物群落进行冗余分析，结果表明(图 1-5)，第 1 和第 2 排序轴分别解释了土壤微生物群落结构总体变异的 44.71% 和 32.39%，其中土壤 pH 值($F=4$，$P=0.018$)、碳氮比($F=4$，$P=0.028$)是影响土壤微生物群落的主要环境因子。

表 1-8　土壤环境因子与微生物群落特征相关性分析

	含水量	pH 值	有机碳	全氮	碳氮比
总磷脂脂肪酸	−0.338	0.863 **	0.555	0.506	−0.296
细菌	0.195	0.726 *	0.566	0.599	−0.385
革兰氏阴性菌	0.380	0.769 *	0.368	0.891 **	−0.797 *
革兰氏阳性菌/革兰氏阴性菌	−0.245	−0.574	−0.068	−0.775 *	0.849 **
真菌/细菌	−0.708 *	0.291	0.335	−0.235	0.413

注：* 表示显著相关（P<0.05）；** 表示极显著相关（P<0.01）。

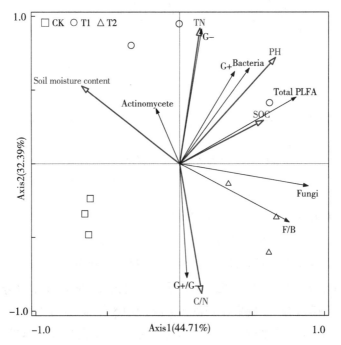

Soil moisture content－含水量；TN－全氮；SOC－有机碳；C/N－碳氮比；Total

PLFA－微生物总磷脂脂肪酸；Bacteria－细菌；Fungi－真菌；G+－革兰氏阳性菌；

G-－革兰氏阴性菌；Actinomycete－放线菌；G+/G-－革兰氏阳性菌/革兰氏阴性菌；

F/B－真菌/细菌。

图 1-5　土壤微生物群落特征与土壤环境因子的冗余分析

猕猴桃园种植覆盖作物后，增加园中土壤的覆盖度，减少地表土壤水分的蒸散，提高土壤水分含量；同时覆盖作物刈割物还田、根系分泌物等可以将养分返还到土壤中，从而增加土壤中养分含量，调节土壤酸碱度，有利于土壤有机质的形成。本研究结果表明，猕猴桃园种植覆盖作物无论是将覆盖作物刈割后留在土壤表面(T1)还是从园中清除(T2)，均显著提高土壤 pH 值。此外，覆盖作物刈割后留在土壤表面(T1)还可以显著提高土壤全氮含量。说明猕猴桃园间作覆盖作物对土壤质量的改善和肥力的提升有一定的促进作用。

土壤微生物量促进植物养分转化和循环，是评价土壤是评价土壤生态系统稳定及土壤质量的重要指标。研究土壤微生物量碳氮对了解土壤肥力、土壤养分的转化和循环具有重要意义。本研究结果表明，覆盖作物处理(T1 和 T2)可以显著提高土壤微生物量碳氮含量。土壤微生物总量增加表明了土壤肥力的提高，土壤微生物类群及种类比例的变化对土壤肥力的形成和养分的供应具有明显的调节作用。本研究结果表明，猕猴桃园覆盖作物处理(T1 和 T2)均显著提高土壤微生物 PLFAs 总量，果园中种植覆盖作物后土壤理化性状发生改变，为土壤微生物提供了适宜的生存环境，覆盖作物残体和根系分泌物，为土壤微生物提供了物质和能量，促进土壤微生物的生长繁殖，增加土壤微生物量，促进土壤碳氮的累积。

土壤微生物群落结构主要指土壤中各主要微生物类群在土壤中的数量及各类群在微生物总量中所占的比率。作为影响土壤微生物群落组成的重要因素，土壤 pH 值对土壤微生物群落结构的影响较为复杂，微生物的类群不同，适合其生长的 pH 值也不同，细菌在微碱性土壤中生长较为旺盛，而真菌在酸性条件下生长比较旺盛。覆盖作物有机残体的输入为土壤微生物提供了大量的碳源，促进土壤微生物对氮素的固持，调节土壤碳氮比，进而影响土壤微生物群落组成。本研究中，土壤微生物 PLFAs 总量、细菌总 PLFAs 量与土壤 pH 值呈显著正相关；革兰氏阴性菌 PLFAs 量与 pH 值、全氮呈显著正相关，与碳氮比呈显著负相关；革兰氏阳性菌 PLFAs 量/革兰氏阴性菌 PLFAs 量与碳氮比呈显著正相关，与全氮呈显著负相关。土壤微生物参与土壤中养分循环，覆盖作物的加入影响土壤养分和环境因子，为土壤微生物提供物质和适宜的生存空间，促进土壤微生物的繁殖生长。

(八)果园覆草对土壤线虫的影响

猕猴桃园实验区域土壤线虫共鉴定出土壤线虫 16 351 条，60 个属，其中食真菌类群线虫 9 属，捕食类群/杂食类群线虫 19 属，食细菌类群线虫 16 属，植物寄生类群)线虫 16 属。0～20cm 土层中线虫平均密度为 1 003 条/100g 干土，真头叶属(*Eucephalobus*)、小杆属(*Rhabditis*)、真滑刃属(*Aphelenchus*)和滑刃属(*Aphelenchoides*)是极优势类群(表 1-9)。

表 1-9　增加植物多样性对土壤线虫优势度的影响

类群[①]	属	拉丁名	c-p	CK	C2	C4	C8
	中杆属	*Mesorhabdiyis*	1	++++	+++	++++	++++
	真头叶属	*Eucephalobus*	2	+++++	++++	+++++	++++
	真单宫属	*Eumonhystera*	2	+		+	
	原杆属	*Protorhabditis*	1	++			
	小杆属	*Rhabditis*	1	+++++	++++	++++	++++
	头叶属	*Cephalobus*	2	+++	++	+++	+
	三等齿属	*Pelodera*	1	++++	++	++++	+++
	绕线属	*Plectus*	2				+
Ba	拟丽突属	*Acrobeloides*	2	+++	+++	++	+++
	明杆属	*Rhabditophanes*	1		+		
	鹿角唇属	*Cervidellus*	2	+		+	
	丽突属	*Acrobeles*	2	+++	++++	+++	+++
	钩唇属	*Diploscapter*	1			+	
	单宫属	*Monhystera*	1				+
	瓣唇属	*Panagrobelus*	1	++			
	板唇属	*Chiloplacus*	2		+	+	+
	真滑刃属	*Aphelenchus*	2	+++++	+++++	+++++	+++++
Fu	丝尾垫刃属	*Fileudus*	2	+++	++++	+++	++++
	膜皮属	*Diphtherophora*	3		+	+	+

────────────

① Ba－食细菌类群；Fu－食真菌类群；Pp－植物寄生类群；Op－捕食类群/杂食类群，全书同。

（续表）

类群①	属	拉丁名	c-p	CK	C2	C4	C8
Fu	瘤咽属	*Tylencholaimellus*	4		+		
	茎属	*Ditylenchus*	2		+++	+++	+++
	假海茅属	*Pseudhalenchus*	2		+		
	滑刃属	*Aphelenchoides*	2	+++++	+++++	+++++	+++++
	垫咽属	*Tylencholaimus*	4		+		
	艾普鲁斯属	*Aprutides*	2		+	+	
Pp	卢夫属	*Loofia*	3		+		
	矮化属	*Tylenchorhynchus*	3	+++	++++	++	+++
	垫刃属	*Tylenchus*	2	++	+++	+++	+++
	短体属	*Pratylenchus*	3	++	++++	+++	++++
	剑属	*Xiphinema*	4				+
	剑尾垫刃属	*Malenchus*	2		+	+++	+++
	螺旋属	*Helicotylenchus*	3	+	+		+
	裸矛属	*Rotylenchus*	2	+++	+	+	+
	盘旋属	*Psilenchus*	3		+	+	
	平滑垫刃属	*Psilenchus*	2	+			
	浅根属	*Hirschmanniella*	3			+	+
	鞘属	*Hemicycliophora*	3			+	
	头垫刃属	*Tetylenchus*	3		+	+	
	伪垫刃属	*Nothotylenchus*	2	+			
	吻球属	*Hoplotylus*	3			+	+
	异皮属	*Heterodera*	3				
Op	长针属	*Longidorus*	5				
	咽针属	*Laimydorus*	5			+	
	索努斯属	*Thonus*	4			+	+
	Torumanawa	*Torumanawa*	5				+
	牙咽属	*Dorylaimellus*	5				+
	螯属	*Pungentus*	4				+
	扁腔属	*Sectonema*	5		+	+	

（续表）

类群[①]	属	拉丁名	c-p	CK	C2	C4	C8
	锉齿属	*Mylonchulus*	4	+	+++	+	++
	锯齿属	*Prionchulus*	4		+		+
	克拉克属	*Clarkus*	4		+	+	++
	拟矛线属	*Dorylaimoides*	4		+	+	+
	盘咽属	*Discolaimus*	5			+	
	桑尼属	*Thornia*	4			+	
Op	无孔小咽属	*Aporcelaimellus*	5		++	+	+
	无孔咽属	*Aporcelaimus*	5		+	+++	+++
	峡咽属	*Discolaimium*	5		+++	+++	+++
	缢咽属	*Axonchium*	5	+			+
	真矛线属	*Eudorylaimus*	4		+	+	+
	中矛线属	*Mesodorylaimus*	5		+		

注：10%以上者为极优势类群（+++++）；5%～10%为优势类群（++++）；2%～5%为次优势类群（+++），1%～2%为常见类群（++）；1%以下为稀有类群（+）。

土壤线虫丰度在增加植物多样性处理区与清耕区之间存在显著性差异（$P<$0.05）（图1-6），增加植物多样性提高了土壤线虫的丰度。在增加植物多样性条件下，极优势类群虽未发生改变，但伴生属已发生改变，土壤线虫群落组成发生改

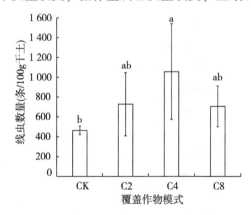

图1-6　增加植物多样性条件下土壤线虫丰度变化

变(表1-9)。

狝猴桃园增加植物多样性土壤线虫多样性、均匀度均显著增加，说明增加植物多样性对土壤线虫多样性和群落结构稳定性具有促进作用。增加植物多样性土壤线虫成熟度指数有上升趋势，成熟度指数整体上大于0.5，表明土壤中能流通道分解途径整体以细菌分解为主。同时土壤线虫瓦斯乐斯卡指数(WI)均显著增加，且WI均大于1，说明土壤中的矿化途径受食微线虫的影响(表1-10)。

表1-10　土壤线虫的生态学指标

生态指数	CK	C2	C4	C8
香农指数	2.45±0.03b	2.65±0.08a	2.61±0.10a	2.66±0.08a
均匀度指数	0.85±0.01b	0.89±0.01a	0.89±0.01a	0.88±0.01a
线虫通道指数	0.66±0.02a	0.49±0.03b	0.59±0.08a	0.51±0.01b
瓦斯乐斯卡指数	7.57±0.69a	7.52±1.58a	7.67±2.02a	6.56±1.58a
成熟度指数	1.73±0.03c	2.32±0.01a	2.14±0.03b	2.34±0.09a

二、茶园覆草技术

针对丹江口库区茶园规模化种植草害严重、水土流失等突出问题，本研究立足于谭家湾茶园，开展覆盖作物多样性实验，以土壤线虫和微生物群落结构变化为着手点，探究土壤-线虫-微生物的互作关系。

实验地位于湖北省十堰市郧阳区谭家湾镇圩坪寺村(32°93′N、110°87′E)，海拔220m，年降水量800～1 100mm，无霜期248d，北亚热带大陆性季风气候，年平均日照时数1 655～1 958h，年平均气温16℃，土壤类型以泥质岩黄棕壤为主。实验开始前该土地进行了1年的茶树栽培。

选取8种适合茶园土壤弱酸性环境生长的覆盖作物组合种植(黑麦草、白三叶、早熟禾、红三叶、紫羊茅、毛苕子、波斯菊、百日草)，设计3种不同的覆盖作物种植模式：2种覆盖作物混播(1种禾本科作物+1种豆科作物)、4种覆盖作物混播(2种禾本科作物+2种豆科作物)、8种覆盖作物混播(3种禾本科作物+

3种豆科作物+2种菊科植物），形成不同科属覆盖作物的组合和生物多样性递增，探究多作物覆盖对茶园土壤酶活性和有机碳特征的影响，为幼龄茶园选择覆盖作物品种，提高土壤肥力，茶园土壤养分循环提供理论依据和技术支撑。

覆盖作物实验开始于2018年3月，播种前，清除行间的杂草，在茶树行间种植覆盖作物。实验设置3种覆盖作物种植模式，分别为A1：2种覆盖作物混播（黑麦草、白三叶）；A2：4种覆盖作物混播（黑麦草、白三叶、早熟禾、红三叶）；A3：8种覆盖作物混播（黑麦草、白三叶、早熟禾、红三叶、紫羊茅、毛苕子、波斯菊、百日草）；以及A0：无作物覆盖的小区为对照。各处理分别设置5个生物学重复，每个小区面积为240m²，处理面积共1 200m²，各小区不同作物等量混合，播种密度均为16.7kg/km²。实验期间行间杂草及时去除，保持茶园无杂草滋生，各小区的生态条件和田间管理措施保持一致。

2019年8月23日进行覆盖作物小区土壤样品的采集。采用"S"形取样法，每个小区选取15个点，用直径为3cm土钻分别取0～20cm、20～40cm土壤样品。将同一小区土壤样品混合均匀，去除植物根系和残留凋落物后过2mm筛，采用"四分法"选取1kg土壤样品装入无菌袋内，置于冰盒中带回实验室。土壤样品分两部分：一部分土样于室内自然风干后研磨过筛，用于土壤酶（土壤脲酶、土壤过氧化氢酶、土壤磷酸酶）活性测定及理化性状分析；另一部分土样于4 ℃保存，用于土壤微生物量碳、可溶性有机碳的测定以及土壤有机碳矿化的培养。

（一）茶园覆草对土壤理化性质的影响

由表1-11可知，0～20cm土层的含水量低于20～40cm，A3的土壤含水量较低；A1，A2，A3的pH值均大于A0，且以A1最高，覆盖作物的种植有利于阻抗土壤酸化；0～20cm土层中A1、A2、A3的土壤有机质与A0相比分别增加了14.83%、26.65%、13.27%，20～40cm土层中A1、A2、A3的土壤有机质与A0相比分别增加了16.05%、35.40%、5.59%；铵态氮含量在0～20cm土层中各处理间没有显著性差异，在20～40cm土层中铵态氮含量表现为A3>A0>A2>A1；在0～20cm土层中土壤硝态氮含量在各处理间表现为A3>A1>A2>A0，但是在20～40cm土层中土壤硝态氮含量没有显著性差异；2个土层中，A1均显著增加了土壤微生物量碳的含量（$P<0.05$），0～20cm土层的土壤微生物量碳含量高于

20～40cm；覆盖作物的种植增加了土壤的DOC含量，但是2个土层间表现出差异，在0～20cm土层中，A1的DOC含量最高，而在20～40cm土层中A1和A2的DOC含量都比较高，0～20cm土层的DOC含量高于20～40cm。

表1-11 不同覆盖作物模式下的土壤理化性质

覆盖作物模式	土层深度（cm）	土壤含水量（%）	pH值	土壤有机碳（g/kg）	铵态氮（mg/kg）	硝态氮（mg/kg）	微生物量碳（mg/kg）	可溶性有机碳（mg/kg）
A0	0～20	12.62±0.21a	5.84±0.07c	9.51±0.49c	5.71±0.14a	14.95±0.32d	130.76±3.15c	63.68±2.01b
	20～40	13.50±0.19a	5.83±0.03c	6.40±0.40b	6.31±0.26ab	13.67±0.29a	55.48±5.65b	42.70±0.30c
A1	0～20	12.88±0.44a	6.17±0.03a	11.16±0.19b	6.31±0.12a	16.40±0.35b	171.11±3.31a	81.92±1.33a
	20～40	13.54±0.30a	6.27±0.03a	7.62±0.56b	5.31±0.12c	14.14±0.04a	77.90±2.38a	55.82±1.77a
A2	0～20	11.82±0.27ab	6.05±0.01ab	12.96±0.14a	6.00±0.64a	15.11±0.22c	139.06±0.50c	62.72±5.94b
	20～40	13.68±0.19a	6.21±0.02a	9.91±0.32a	5.90±0.21bc	13.78±0.15a	86.76±3.03ab	58.58±2.18a
A3	0～20	11.56±0.41b	5.97±0.02b	10.96±0.48b	5.89±0.19a	18.87±0.49a	154.37±6.98b	52.15±6.28c
	20～40	11.88±0.23b	6.06±0.02b	6.78±0.45b	7.02±0.39a	13.49±0.39a	56.13±3.27b	48.50±0.61b

注：不同小写字母表示同一土层不同覆盖作物模式下土壤理化性质差异显著（$P<0.05$）。

(二) 茶园覆草对土壤有机碳矿化特征的影响

1. 不同覆盖作物模式下土壤有机碳矿化速率

由图1-7可见，不同覆盖作物模式下，两个土层的有机碳矿化速率均呈现先增高后降低，最后趋于平稳的变化趋势。培养的第7d 2个土层的有机碳矿化速率达到最高值，0～20cm土层有机碳矿化速率在第35d趋于平稳，而20～40cm土层第21d趋于平稳后在第42d又开始降低。不同覆盖作物模式下，0～20cm土层的有机碳矿化速率表现为：A1>A3>A2>A0，而20～40cm土层的有机碳矿化速率表现为：A2>A1>A3>A0，虽然覆盖作物种植的有机碳矿化速率在2个土层中都高于对照，但是不同覆盖作物模式之间的速率却并不相同。从整体来看，同一覆盖作物种植模式的土壤有机碳矿化速率在培养时间内0～20cm土层均大于20～40cm土层。

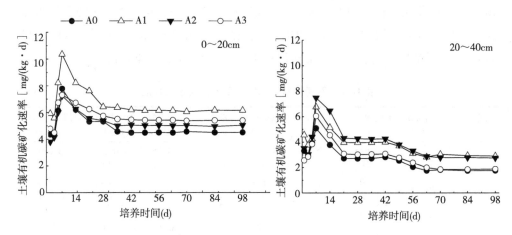

图 1-7   覆盖作物多样性对土壤有机碳矿化速率的影响

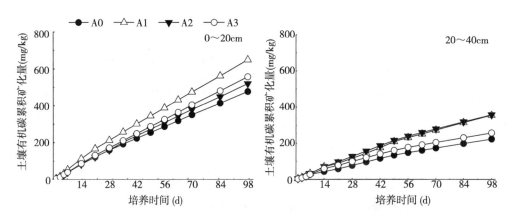

图 1-8   覆盖作物多样性对土壤有机碳累积矿化量的影响

2. 不同覆盖作物模式下土壤有机碳累积矿化量

由图 1-8 可见，同种覆盖作物种植的土壤有机碳累积矿化量在培养时间内 0～20cm 土层均大于 20～40cm 土层。培养结束时，不同覆盖作物模式下，0～20cm 土层的有机碳累积矿化量表现为：A1>A3>A2>A0，覆盖作物的种植增加了有机碳累积矿化量；20～40cm 土层的有机碳累积矿化量表现为：A2>A1>A3>A0，覆盖作物的种植增加了土壤有机碳累积矿化量，以 A2 最高。

3. 不同覆盖作物模式下土壤有机碳累积培养矿化量模拟

一级动力学参数潜在矿化势(C_p)和矿化常数(k)用以描述碳矿化的强弱，其中 C_p 值越大，k 值越小，即 C_p/k 值越大，表示土壤有机碳矿化作用越强，反之亦然。由表 1-12 可见，0～20cm 土层，C_p/k 值表现为：A1>A2> A3 >A0，覆盖作物的种植增加了土壤有机碳矿化作用；20～40cm 土层，C_p/k 值表现为：A1>A2>A0>A3，A1，A2 的有机碳矿化作用强于 A0，而 A3 则弱于 A0。另外，0～20cm 土层的有机碳矿化作用均强于 20～40cm 土层。

表 1-12　土壤有机碳矿化一级动力学参数

拟合参数	土层深度（cm）	A0	A1	A2	A3
潜在矿化势 C_p（mg/kg）	0～20	930.01±88.88b	2 182.39±426.03a	2 082.06±469.45a	1 373.21±153.86b
	20～40	478.39±86.48bc	1 149.17±357.28a	847.57±138.21ab	399.25±36.62c
矿化常数 k（×10^{-3}/d）	0～20	6.78±0.77a	2.96±0.62b	2.94±0.71b	6.10±0.80a
	20～40	6.56±1.39bc	7.86±1.36b	5.87±1.11c	10.4±1.23a
C_p/k（×10^5）	0～20	1.374±0.014d	7.389±0.066a	7.102±0.074b	2.255±0.024c
	20～40	0.733±0.014c	1.926±0.063a	1.449±0.023b	0.385±0.006d
R^2	0～20	0.999 39	0.999 34	0.999 46	0.999 59
	20～40	0.997 69	0.997 80	0.998 60	0.998 34

注：不同小写字母表示同一土层不同覆盖作物模式下一级动力学参数的差异显著($P<0.05$)。

(三) 茶园覆草对土壤酶活性的影响

由图 1-9 可见，同一覆盖作物种植模式下，随着土层深度的增加，土壤过氧化氢酶活性降低。不同覆盖作物模式对土壤过氧化氢酶活性有显著影响($P<0.05$)，覆盖作物的种植增加了土壤的过氧化氢酶活性，其中 A1、A2、A3 的过氧化氢酶活性在 0～20cm 土层分别比 A0 增加了 31.65%、37.26%、46.40%，在 20～40cm 土层分别增加了 24.26%、41.81%、52.37%，2 个土层均以 A3 增加最多，A1 增加最少。

由图 1-10 可见，同一覆盖作物种植模式下，随着土层深度的增加，土壤脲酶活性降低。覆盖作物对土壤脲酶的影响主要表现在土壤表层(0～20cm)，对

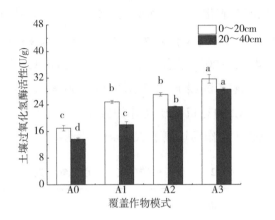

图1-9 覆盖作物多样性对土壤过氧化氢酶活性的影响

(注：不同小写字母表示同一土层不同覆盖作物模式下土壤过氧化氢酶活性的差异显著，$P<0.05$)

20～40cm土层深度的脲酶活性没有显著性影响。土壤表层4种处理下土壤脲酶活性表现为A0<A1<A3<A2，3种覆盖作物模式均增加了土壤脲酶活性，其中A1、A2、A3的脲酶活性分别比A0增加了5.39%、19.72%、16.56%。

由图1-11可见，同一覆盖作物种植模式下，随着土层深度的增加，土壤磷酸酶活性降低。覆盖作物的种植增加了土壤磷酸酶的活性，但是3种覆盖作物种植模式之间没有显著性差异，说明覆盖作物的种植类型对土壤磷酸酶活性没有显著影响。

不同覆盖作物对茶园土壤蔗糖酶的影响见图1-12，在0～15cm土层，各处理土壤蔗糖酶活性表现为：A0<A1<A3<A2。与A0相比，A2处理对0～15cm土层的土壤蔗糖酶活性显著提高148.32%（$P<0.05$）；A3处理显著提高145.50%（$P<0.05$）；A1处理显著提高139.86%（$P<0.05$）。A2处理对0～15cm土层的土壤蔗糖酶活性的影响与A1、A3处理相比均无显著差异（$P>0.05$）。在15～30cm土层，各处理土壤蔗糖酶活性表现为：A2<A3<A1<A0。与A0处理相比，A1、A3和A2处理对15～30cm土层的土壤蔗糖酶活性的影响均无显著差异（$P>0.05$）。

由表1-13可见，潜在矿化势与过氧化氢酶、脲酶以及磷酸酶均呈现显著正

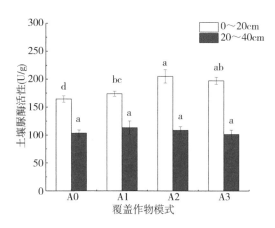

图 1-10　覆盖作物多样性对土壤脲酶活性的影响

(注：不同小写字母表示同一土层不同覆盖作物模式下土壤脲酶活性的差异显著，$P<0.05$)

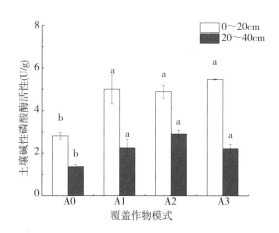

图 1-11　覆盖作物多样性对土壤磷酸酶活性的影响

(注：不同小写字母表示同一土层不同覆盖作物模式下土壤磷酸酶活性的差异显著，$P<0.05$)

相关关系($P<0.05$)，其中潜在矿化势与脲酶和磷酸酶呈极显著正相关关系($P<0.01$)；矿化常数与脲酶、磷酸酶均呈现显著负相关关系($P<0.05$)，与脲酶呈极显著负相关关系($P<0.01$)。由表 1-14 可见，潜在矿化势与土壤铵态氮含量呈显

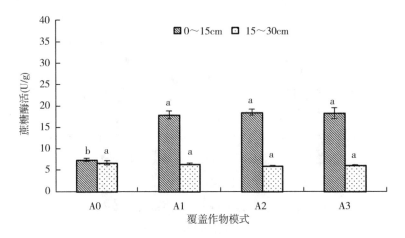

图 1-12　不同覆盖作物对茶园土壤蔗糖酶活性的影响

著负相关关系($P<0.05$)，与硝态氮呈极显著正相关关系($P<0.01$)，与土壤有机碳、微生物量碳呈极显著正相关关系($P<0.01$)，酶活性与有机碳、硝态氮呈显著的正相关关系($P<0.05$)，脲酶活性与土壤有机质含量极显著正相关($P<0.01$)。

表 1-13　土壤 C_p、k 与土壤酶活性的相关性

项目	过氧化氢酶	脲酶	磷酸酶
潜在矿化势 C_p	0.507*	0.845**	0.840**
矿化常数 k	−0.115	−0.533**	−0.477*

注：** 表示在 0.01 水平(双侧)上显著相关；* 表示在 0.05 水平(双侧)上显著相关。

表 1-14　土壤酶活性以及矿化特征与土壤理化性质的相关性

项目	土壤含水量（%）	pH 值	土壤有机碳（g/kg）	铵态氮（g/kg）	硝态氮（g/kg）	微生物量碳（mg/kg）	可溶性有机碳（mg/kg）
矿化势 C_p	−0.359	−0.134	0.821**	−0.283*	0.752**	0.738**	0.374
矿化常数 k	−0.066	0.131	−0.668**	0.473*	−0.550**	−0.474*	−0.085
过氧化氢酶 S-CAT	−0.734**	0.165	0.443*	0.276	0.323	0.419*	0.258
脲酶 S-UE	−0.434*	−0.155	0.876**	−0.227	0.839**	0.891**	0.563**

（续表）

项目	土壤含水量 （%）	pH 值	土壤有机碳 （g/kg）	铵态氮 （g/kg）	硝态氮 （g/kg）	微生物量碳 （mg/kg）	可溶性有机碳 （mg/kg）
磷酸酶 S-AKP	−0.427 *	0.082	0.856 **	−0.059	0.611 **	0.865 **	0.635 **

注：** 表示在 0.01 水平（双侧）上显著相关；* 表示在 0.05 水平（双侧）上显著相关。

综上，覆盖作物种植小区的土壤酶活性普遍高于对照小区，0～20cm 土层的酶活性均高于 20～40cm 土层，不同覆盖作物类型对土壤过氧化氢酶和脲酶活性影响不同，但是对土壤磷酸酶没有显著性影响。与过氧化氢酶相比，土壤脲酶、磷酸酶是更重要的土壤碳循环参与者，其活性与有机碳矿化作用之间存在极显著正相关关系（$P<0.01$），在土壤有机碳的分解转化过程中起着重要作用。各处理的有机碳矿化变化趋势基本一致，覆盖作物的种植增加了土壤有机碳矿化速率和累积矿化量。不同覆盖作物模式对土壤有机碳矿化影响不同，两个土层均表现为 A1 的土壤有机碳矿化作用最强，且 A1 的微生物量碳和可溶性有机碳均高于其他处理，为作物生长发育提供了充足的养分，pH 值最高，有利于阻抗土壤酸化，是茶园较好的覆盖作物种植模式。

（四）茶园覆草对土壤微生物群落功能多样性的影响

1. 土壤微生物群落代谢多样性变化

茶园的土壤丰富度指数、均匀度指数和优势度指数可反映土壤微生物物种的丰富度、群落物种的均匀度。不同覆盖作物处理下土壤微生物群落代谢多样性变化见图 1-13，与对照（CK）处理相比，黑麦草+白三叶（EZ）、黑麦草+白三叶+早熟禾+红三叶（SZ）和 8 种作物（BZ）覆盖处理对 0～15cm 土层的土壤微生物物种丰富度指数、优势度指数和均匀度指数均显著提高（$P<0.05$），其大小顺序分别表现为 SZ>BZ>EZ>CK、SZ>BZ>EZ>CK 和 SZ>EZ>BZ>CK。与 CK 处理相比，EZ、SZ 和 BZ 处理对 15～30cm 土层的土壤微生物物种丰富度指数、均匀度指数和优势度指数均无显著差异，与 BZ 处理相比，SZ 处理对 15～30cm 土层的土壤微生物物种均匀度指数均无显著差异，其中 SZ 处理的均匀度指数均为最高，表明 4 种覆盖作物处理下土壤微生物群落均匀度最高。

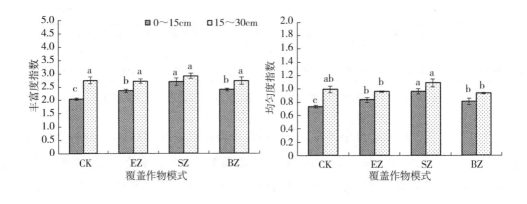

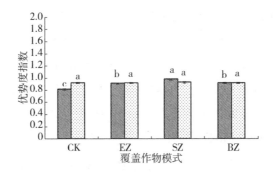

图1-13 4种不同覆盖模式下不同土层土壤微生物群落多样性指数变化

2. 平均颜色变化率

平均颜色变化率是表示土壤微生物群落利用单一碳源的指标。从培养开始后，每隔24h测定AWCD，得到其随时间变化的动态图，如图1-14所示，在0～15cm土层，随着时间变化，微生物对碳源的利用量增加。4种不同处理均表现出在24～72h内AWCD急剧升高，在72h后微生物群落对碳源利用能力呈减缓趋势。其中SZ处理下的AWCD一直处于最高，说明其土壤微生物群落利用碳源能力最强。如图1-14所示，在15～30cm土层，4种不同处理均表现出在24～96h内AWCD急剧升高，在96h后微生物群落对碳源利用能力呈减缓趋势。在24～72h内EZ和BZ处理下的AWCD值要高于CK处理，但在72h后AWCD值要低于CK处理。

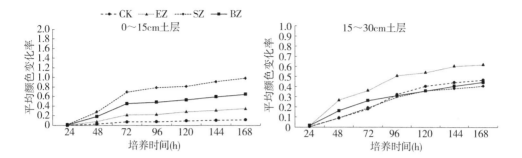

图 1-14 4 种不同覆盖模式下不同土层土壤微生物群落平均颜色变化率动态变化

土壤微生物不仅参与了土壤中矿质元素的矿化，而且对土壤团聚体的形成和稳定起着重要的作用。研究表明，土壤微生物对碳源利用能力和代谢活性的大小可用 AWCD 大小表示。在本研究中不同覆盖作物模式对茶园土壤微生物群落碳源利用能力具有明显影响。在 0～15cm 土层，不同覆盖作物模式与自然留养杂草相比均增加了 AWCD，这表明覆盖作物有利于维持土壤微生物的碳源利用能力，这与前人研究结果基本一致。其原因可能是由于覆盖作物中含有丰富的碳和营养物质，凋落物提供的碳源和物质被土壤微生物利用，活性增加。在 0～15cm 土层，4 种处理模式以 SZ 处理增加 AWCD 效果最佳，其原因可能是 4 种不同覆盖作物较明显改善了土壤微生物的优势种群，增加了其对所测试碳源利用率。茶园覆盖作物后，凋落物及根系分泌物为茶园土壤微生物提供了丰富的营养物质；也为土壤微生物提供了营养物质和生存空间。因而会引起土壤微生物优势种群和数量的巨大变化。龙妍等研究表明，葡萄园种植植物会增加土壤微生物数量。该研究的结果与其基本一致，茶园覆盖作物后提高了 0～15cm 土层中微生物的数量，而对 15～30cm 土层土壤影响较小，各处理对土壤微生物数量的影响差别较大。另外，与自然留养杂草相比，4 种处理模式以 SZ 处理最有利于提高土壤微生物群落功能多样性，这可能是 4 种不同覆盖作物形成的凋落物及根系分泌物较其他模式更优。

(五) 茶园覆草对线虫群落的影响

夏季 0～20cm 土壤中，线虫共 34 个属，其中食细菌类群线虫 16 属，植物寄生类群 11 属，食真菌类群 5 属，捕食类群/杂食类群 3 属，土壤线虫平均密度 219 条/100g 干土，优势类群为高杯侧属、真滑刃属和滑刃属。随着种草种类的增加，植物寄生性线虫的优势度明显增加，其他 3 个类群均以 2 种草混种的处理优势度最高(表 1-15)。

表 1-15　夏季不同覆草模式下土壤线虫的优势度

类群	属	拉丁名	c-p	CK	C2	C4	C8
	高杯侧属	*Amphidelus*	4	++++	+++++	+++++	+++++
	柱咽属	*Cylindrolaimus*	3	++++	+++	+++	++++
	丽突属	*Acrobeles*	2	+++	++		
	伪双胃属	*Pseudodiplogasteroides*	3	+++++	++++	++++	++++
	双胃属	*Diplogaster*	1	++++	++++	++++	++++
	小杆属	*Rhabditis*	1	++++	++++	+++++	++++
	原杆属	*Protorhabditis*	1	+++	++++	++++	++
	头叶属	*Cephalobus*	2		+++	+++	
Ba	盆咽属	*Panagrolaimus*	1		++		+
	杆咽属	*Rhabdolaimus*	1				+
	巴氏属	*Bastiania*	3			+	+
	后双胃属	*Metadiplogaster*	1			+	++
	齿咽属	*Odotopharynx*	1				+++
	管咽属	*Aulolaimus*	3				+
	明杆属	*Rhabditophanes*	1				+
	中杆属	*Mesorhabditis*	1				+
	滑刃属	*Aphelenchoides*	2	+++++	+++++	+++++	+++++
	真滑刃属	*Aphelenchus*	2	+++++	+++++	+++++	+++++
Fu	伪垫刃属	*Nothotylenchus*	2	++	+	+++	+++
	膜皮属	*Diphtherophora*	3	++	+	++	+
	三等齿属	*Pelodera*	1				+

（续表）

类群	属	拉丁名	c-p	CK	C2	C4	C8
	无咽属	*Alaimidae*	4	++++	++++	++++	+++
Op	拟矛线属	*Dorylaimoides*	4		+		
	三孔属	*Tripyla*	3				+
	螺旋属	*Helicotylenchus*	3	+++	++	++++	++++
	异皮属	*Heterodera*	3	+++	++	++	++
	针属	*Paratylenchidae*	2		+++	+++	+
	鞘属	*Hemicycliophora*	3		+++	++	+
	半轮属	*Hemicriconemoides*	3			++	
Pp	等齿属	*Miconchus*	4				++
	单齿属	*Mononchus*	4				++
	裸矛属	*Psilenchus*	2				+
	异球属	*Stictylus*	2				+
	散香属	*Beleodorus*	2				+
	环属	*Criconema*	3		+		

注：+++++为极优势属，++++为优势属，+++为常见属，++为稀有属，+为极稀有属。

从表1-16可知，线虫的多样性指数（H′）和均匀度指数（J）均在4种草混种的处理中达到最高值，说明在种草种类小于4种的范围内，增加茶园的生物多样性对线虫物种的群落结构稳定性具有促进作用，但超过4种的情况下则有抑制作用。各群落成熟度指数（PPI）和优势度指数（λ）没有显著差异，且生物多样性的改变并没有改变土壤中有机质的分解途径，在所有处理中，通路指数（NCR）都小于0.75，都以真菌通道为主。随着生物多样性的增加，线虫的WI降低，但都大于1，即土壤的矿化途径受食微线虫的影响。所有处理的富集指数（EI）和结构指数（SI）均大于50，且种草处理低于未种草，表明生物多样性的增加降低了土壤环境干扰程度，使食物网稳定成熟。

表1-16　不同茶园覆草模式下线虫生态指标

生态指数	CK	C2	C4	C8
多样性指数	2.22b	2.45ab	2.53a	2.49ab
均匀度指数	0.89a	0.87a	0.91a	0.85a
优势度指数	0.11a	0.11a	0.09a	0.11a

（续表）

生态指数	CK	C2	C4	C8
结构指数	80.05a	75.98a	75.23a	78.70a
富集指数	71.19a	71.15a	69.37a	73.34a
瓦斯乐斯卡指数	20.77a	10.26a	7.88a	6.01a
线虫通路指数	0.60a	0.62a	0.60a	0.61a
成熟度指数	2.26a	2.38a	2.33a	2.49a

（六）茶园覆草对节肢动物多样性的影响

1. 覆盖作物对茶园节肢动物群落组成的影响

4种不同覆盖作物处理下供试茶园共鉴定8目26科的节肢动物（表1-17），分别为同翅目2科（叶蝉科、粉虱科），鳞翅目8科（刺蛾科、卷蛾科、粉蝶科、凤蝶科、尺蛾总科、夜蛾总科、衰蛾总科、天蛾总科），鞘翅目5科（瓢虫科、步甲总科、金龟总科、吉丁虫科、虎甲科），膜翅目2科（蜂科、蚁科），双翅目2科（丽蝇科、蝇科），半翅目3科（蝉总科、蟥科、猎蟥科），直翅目3科（蝗科、蟋蟀科、蝼蛄科），蜘蛛目1科（蜘蛛总科）。

从表1-17可以看出，自然留草和覆盖作物下茶园节肢动物群落组成基本一致，均表现为双翅目个体数最多，蜘蛛目个体数最少。与自然留养杂草（CK）相比，3种覆盖作物处理下茶园鳞翅目昆虫均显著增加（$P<0.05$），黑麦草+白三叶（EZ）、黑麦草+白三叶+早熟禾+红三叶（SZ）、8种作物（BZ）处理分别增加了24.54%、35.18%、28.87%，但3种覆盖作物处理间无显著差异。与自然留养杂草相比，黑麦草+白三叶+早熟禾+红三叶（SZ）处理下茶园同翅目昆虫显著增加了48.04%（$P<0.05$）；但3种覆盖作物处理间无显著差异。不同处理间鞘翅目、膜翅目、双翅目、半翅目、直翅目和蜘蛛目的个体数差异不显著。

表1-17　茶园不同覆盖作物方式节肢动物群落组成

节肢动物	CK		EZ		SZ		BZ	
	个体数（个）	占总体百分数（%）	个体数（个）	占总体百分数（%）	个体数（个）	占总体百分数（%）	个体数（个）	占总体百分数（%）
同翅目	71.7±7.5b	5.4	122.3±52.4ab	8.1	138.0±30.5a	7.9	127.0±15.6ab	8.5

（续表）

节肢动物	CK		EZ		SZ		BZ	
	个体数（个）	占总体百分数（%）	个体数（个）	占总体百分数（%）	个体数（个）	占总体百分数（%）	个体数（个）	占总体百分数（%）
鳞翅目	170.0±27.8b	12.8	225.3±9.9a	15.0	262.3±10.8a	15.1	239.0±22.7a	16.0
鞘翅目	117.0±13.7a	8.8	121.3±18.3a	8.1	165.3±42.8a	9.5	115.0±27.6a	7.7
膜翅目	281.3±43.2a	21.2	318.0±26.5a	21.2	346.3±44.6a	19.9	282.0±31.7a	18.9
双翅目	445.3±31.2a	33.5	446.0±57.7a	29.7	530.3±61.0a	30.5	438.3±87.5a	29.4
半翅目	55.0±13.5a	4.1	95.0±27.5a	6.3	77.3±38.0a	4.4	65.6±21.5a	4.4
直翅目	134.6±23.6a	10.1	125.6±20.2a	8.3	164.3±11.0a	9.4	164.0±48.7a	11.0
蜘蛛目	54.3±13.8a	4.1	50.0±17.7a	3.3	55.3±15.1a	3.3	61.3±11.0a	4.1
合计	1 327	100	1 502	100	1 737	100	1 491	100

注：同一行不同字母表示不同处理间差异显著（$P<0.05$）。

2. 覆盖作物对节肢动物群落多样性时序特征的影响

（1）多样性指数的时序变化。不同处理下节肢动物群落多样性指数的动态变化见图1-15。由图1-15可以看出，自然留养杂草（CK）、黑麦草+白三叶（EZ）处理下茶园节肢动物群落多样性随时间的推移呈现先上升，保持相对稳定，再下降的趋势；黑麦草+白三叶+早熟禾+红三叶（SZ）和8种作物（BZ）茶园节肢动物群落多样性随时间的推移呈现先上升，再下降，再上升的趋势。自然留养杂草（CK）下节肢动物群落多样性在7月29日达到最高值；黑麦草+白三叶+早熟禾+红三叶（SZ）和8种作物（BZ）处理分别早于自然留养杂草；而黑麦草+白三叶（EZ）处理则晚于自然留养杂草，但3种覆盖作物下节肢动物群落多样性的最高值均高于自然留养杂草。4种处理下节肢动物群落多样性呈现高低交替现象，但在9月30日3种覆盖作物下节肢动物群落多样性均高于自然留养杂草。

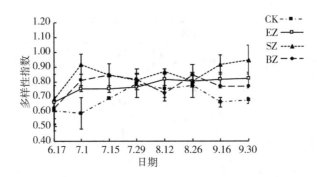

图 1-15　茶园不同覆盖作物方式下节肢动物群落多样性指数时序变化

（2）丰富度指数的时序变化。不同覆盖作物处理下节肢动物丰富度指数动态变化见图 1-16。由图 1-16 可知，不同处理下茶园节肢动物的丰富度指数动态变化趋势基本一致，自然留养杂草(CK)和 8 种作物(BZ)处理下茶园节肢动物群落丰富度随时间的推移呈现先保持相对稳定、再上升、再下降的趋势；黑麦草+白三叶(EZ)处理下茶园节肢动物群落丰富度随时间的推移呈现先上升，再下降，再上升的趋势；黑麦草+白三叶+早熟禾+红三叶(SZ)处理下茶园节肢动物群落丰富度随时间的推移呈现先保持相对稳定，再上升的趋势。各处理的丰富度指数均在 8 月 26 日达到最高值。随着时间推移，黑麦草+白三叶(EZ)和黑麦草+白三叶+早熟禾+红三叶(SZ)处理下节肢动物群落丰富度保持最高值相对稳定，而自然留养杂草(CK)和 8 种作物(BZ)下节肢动物群落丰富度有下降趋势，但在 9 月 30 日 3 种覆盖作物处理下节肢动物群落丰富度均高于自然留养杂草。

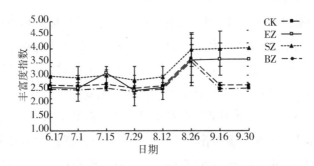

图 1-16　茶园不同覆盖作物方式下节肢动物群落丰富度指数时序变化

（3）均匀度指数的时序变化。不同覆盖作物处理下节肢动物均匀度指数动态变化见图1-17。由图1-17可以看出，自然留养杂草（CK）下茶园节肢动物群落均匀度随时间的推移呈现先上升后下降的趋势，黑麦草+白三叶（EZ）、8种作物（BZ）处理下茶园节肢动物群落均匀度基本保持稳定，黑麦草+白三叶+早熟禾+红三叶（SZ）处理下茶园节肢动物群落均匀度随时间的推移呈现先上升、后下降、再上升的趋势；各处理达到最高值的时间不同，自然留养杂草（CK）下节肢动物群落均匀度在7月29日达到最高值，3种覆盖作物下节肢动物群落均匀度的最高值均晚于自然留养杂草（CK）。

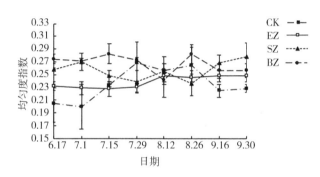

图1-17　茶园不同覆盖作物方式下节肢动物群落均匀度指数时序变化

3. 覆盖作物影响茶园节肢动物群落结构特征值比较

不同覆盖作物处理下茶园节肢动物的群落结构见表1-18。由表1-18可知，与自然留养杂草（CK）相比，黑麦草+白三叶（EZ）、黑麦草+白三叶+早熟禾+红三叶（SZ）、8种作物处理（BZ）均显著提高了茶园节肢动物多样性指数（$P<0.05$）。4种作物处理（SZ）的茶园节肢动物丰富度指数最大，且显著高于对照（CK）和8种作物处理（BZ），而对照、2种作物、8种作物处理间差异不显著。4种作物处理（SZ）和8种作物处理（BZ）的均匀度指数差异不显著，但均显著高于对照（CK）和2种作物处理（EZ），对照（CK）和2种作物处理（EZ）的均匀度指数差异不显著。

表1-18　不同处理茶园节肢动物的群落多样性指数

处理	多样性指数	丰富度指数	均匀度指数
CK	0.69±0.07b	2.63±0.12b	0.23±0.02b

（续表）

处理	多样性指数	丰富度指数	均匀度指数
EZ	0.77±0.05a	3.00±0.18ab	0.24±0.01b
SZ	0.84±0.08a	3.33±0.19a	0.26±0.02a
BZ	0.77±0.07a	2.76±0.12b	0.26±0.01a

注：同一行不同字母表示不同处理间差异显著（P<0.05）。

4. 覆盖作物对茶园蜘蛛目和鞘翅目昆虫的影响

节肢动物鞘翅目中一些种类是农业、林业、果树和园艺的重要害虫和益虫。蜘蛛是许多农业害虫的天敌，保护和利用蜘蛛已成为生物防治的一项重要内容。由图 1-18 可知，各处理蜘蛛目个体数表现为 BZ>SZ>CK>EZ，但 4 种覆盖作物处理间无显著差异。各处理鞘翅目个体数表现为 SZ>BZ>EZ>CK，与自然留养杂草（CK）相比，黑麦草+白三叶（EZ）、黑麦草+白三叶+早熟禾+红三叶（SZ）、8 种作物（BZ）处理下鞘翅目数量均显著增加，分别增加了 32.52%、54.29% 和 40.58%，但 3 种覆盖作物处理间无显著差异。

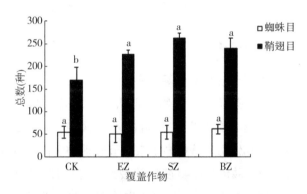

图 1-18　覆盖作物对茶园蜘蛛目和鞘翅目的影响

（注：同一行不同字母表示不同处理间差异显著，P<0.05）

茶园种植面积扩大与单一化种植，使茶园物种多样性降低，虫害逐渐加重。长期使用化学农药使得某些害虫危害猖獗，生态系统受到破坏。在果园合理安排覆盖作物，能够为园中天敌提供花粉、花蜜，并且增加的植物能够成为园中生态系统中天敌迁徙和繁衍的庇护地。研究发现植被的多样化可增加生境中节肢动物群落多样性，研究表明，农田植被多样性的增加，使害虫的死亡率升高。此外，植物物种减少会通过食物网传递，使节肢动物物种丰富度减少，造成生态系统的营养结构转变。本研究发现，不同处理间节肢动物群落的个体总数表现为 SZ>EZ>BZ>CK。与自然留养杂草(CK)相比，3 种覆盖作物处理下茶园鳞翅目和同翅目昆虫均显著增加。

节肢动物时序变化特征对茶园害虫防治起着重要的作用，植物群落凋落物分解会影响节肢动物群落的多样性。3 种覆盖作物与自然留养杂草条件下，节肢动物群落多样性、丰富度和均匀度指数基本呈现相同的变化趋势，这与孙梦潇等的研究结果基本一致。实验后期(9 月 30 日)3 种覆盖作物处理下节肢动物群落丰富度均高于自然留养杂草，这可能是由于种植覆盖作物增加了茶园中植物多样性，对昆虫的吸引增强。

有研究表明在一定区域内种植豆科植物可增加天敌数量，种植菊科植物可控制害虫的发生。本研究发现：不同覆盖作物处理间蜘蛛目数量无显著差异，3 种覆盖作物处理均显著增加了鞘翅目的数量，这与陈汉杰等的研究结果不完全一致，这是否与引入的植物种类及搭配方式、调查时间等有关，还有待进一步研究。

三、魔芋生物多样性种植技术

魔芋是世界卫生组织确定的十大卫生保健食品之一，目前市场需求不断扩大，出供不应求的状态。陕南秦巴山区是全国魔芋四大产区之一，但在种植中常面临魔芋软腐病与白绢病的危害，探讨利用生物多样性的方法解决魔芋病害是魔芋科技种植的可能途径之一。为此，在陕西安康开展魔芋生物多样性种植研究。

研究设置 5 个间作处理，即以魔芋间作玉米为基础上进一步间作大豆；间作绿豆；间作花生；间作甘薯；CK。从一年的监测数据可知，上述的间作方法目前并未能有限遏制魔芋病害，进入高温季节，5 个处理的魔芋存活率均低于30%，为绝产状态(图 1-19)。因此需要进一步探索其他的生物多样性的种植方法。

四、低产田土壤改土培肥技术

十堰市为南水北调中线工程的顺利完成作出了巨大的贡献。丹江口水库大坝

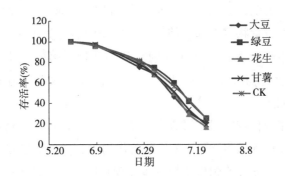

图 1-19　不同间作模式对魔芋存活率的影响

建设共减少耕地 285 万亩。现在内安置人员多就近在适农地区开垦新建土地，但新建土地存在地力贫瘠，生产能力低下，生态功能脆弱，具体表现为土壤黏重、耕性差、土壤有机质与养分含量低等。基于上述现状，子任务土壤改土培肥实验，旨在提高丹江口库区土壤的生产与生态功能，为库区绿色发展提供一套可复制可推广的模式。

实验在柳陂实验基地开展。大田实验设计：选用种植的农作物为蚕豆，11 月 17 日播种。共 9 个处理，含 1 个对照处理：

处理 1：河沙+100%化肥+绿肥；

处理 2：河沙+100%有机肥+绿肥；

处理 3：河沙+化肥+绿肥+石灰；

处理 4：河沙+化肥+绿肥+生物炭；

处理 5：河沙+50%化肥+绿肥+土壤改良剂+沼液；

处理 6：河沙+有机肥+绿肥+石灰；

处理 7：河沙+100%化肥+绿肥+生物炭+土壤改良；

处理 8：河沙+土壤改良剂+绿肥；

处理 9：河沙+沼液+绿肥。

每个处理 5 个重复区，每个小区面积 48m²(8m×6m)，缓冲带 1m，田间布置采用随机区组设计。

每公顷施用氮肥 200kg，磷肥 100kg，钾肥 124kg，肥料品种为尿素、磷酸二铵、硫酸钾。施用有机肥的处理以氮为基准按有机氮占施用全氮的比例计算有机肥施用量。石灰、生物炭用量均为每公顷 10 000kg。河沙铺设 10cm。施入时土壤翻耕深度 0～20cm。

经过 1 年的实验工作，初步发现以上处理对作物产量没有显著影响(图1-20)。后续将通过长期监测研究不同处理间对土壤肥力与作物产量的影响。

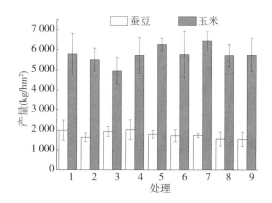

图 1-20　不同处理对作物产量的影响

五、麻类、蔬菜、绿肥植物等轮作、间作技术

十堰市是南水北调中线工程水源区，也是国家秦巴山片区扶贫整体连片开发的重点区，还是我国承东启西的重要生态功能区。面对生态约束，为实现农业增效、农民增收，麻类所进行了高效生态种植模式探索，开展不同种植模式研究：即秋葵+蚕豆、秋葵+马铃薯、帝王菜+蚕豆、帝王菜+马铃薯、玉米+马铃薯、甘薯+蚕豆、麻类－蔬菜－绿肥植物等轮间作研究。从劳务、农资投入，经济效益产出以及生态功能提升多方面评价种植模式研究。

田间种植实验图见表 1-19，种植小区随机区组排列，重复 3 次，小区面积13.34m²(0.02 亩)，宽 3.33m，长 4m，各作物根据密度计算合理株行距，四周设保护行。小区间不设走道，重复间设 50cm 走道(沟)。本实验中采用高畦双行种植，畦宽 1.2m，沟宽 20cm，行株距 60cm×40cm。

表1-19　田间种植图

1 秋葵+蚕豆	2 秋葵+马铃薯	3 帝王菜+蚕豆	4 帝王菜+马铃薯	5 玉米+马铃薯	6 甘薯+蚕豆
3 帝王菜+蚕豆	5 玉米+马铃薯	1 秋葵+蚕豆	6 甘薯+蚕豆	2 秋葵+马铃薯	4 秋葵+马铃薯
5 玉米+马铃薯	4 帝王菜+马铃薯	6 甘薯+蚕豆	1 秋葵+蚕豆	3 帝王菜+蚕豆	2 秋葵+马铃薯

　　从表1-20可看出种植秋葵综合经济产出最高为6 470元/亩，是最适的单季经济种植作物，秋葵+马铃薯是经济产出最高的组合种植作物。

　　连续两年在郧阳区谭家湾心怡蔬菜种植合作社合作进行了黄秋葵(本团队品种中葵1号)和红秋葵(闽秋葵4号)的种植实验示范，面积为10亩，综合经济产出超5 000元/亩，获得了良好的经济效益，同时丰富了合作社的作物种类。首次在十堰市引入红秋葵品种，获得了市场的欢迎。秋葵已经成为心怡蔬菜种植合作社一种主栽轮作经济作物。

表1-20　作物产量和经济性状

品种名称	亩产 (kg)	市价收购 (元/kg)	经济价值 (元/亩)	人工 (元/亩)	灌溉、化肥 及农药 (元/亩)	经济产出 (元/亩)
秋葵(中葵1号)	1 974	5	9 870	3 000	400	6 470
帝王菜(帝王菜1号)	1 083	4	4 332	2 000	200	2 132
玉米(汉单777)	497	2	994	800	200	−6
红薯(广薯87)	1 226	2	2 452	1 200	200	1 052
蚕豆(鄂蚕一号)	212	4.7	996	800	100	96
马铃薯(中薯5号)	2 192	2	4 384	1 200	200	2 984

六、退耕还草技术

　　退耕还草主要是指在不适宜开垦的南方草山草坡，恢复其原有的植被状态或者转向畜牧业发展，是我国重大的生态建设工程。随着人们日益增长的物质需求和急需的工业生产资料，人类活动半径逐渐扩大，大量山地被开垦，水土流失严重，对生态环

境造成负担，退耕还草这一措施被大范围实施。自 2014 年起，退耕种植紫花苜蓿
(*Medicago sativa*，MS) 成为国家在丹江口水源涵养区生态建设的重要举措之一。

为探讨退耕还草土壤微生物和线虫群落特征，在丹江口水源涵养区上游选取 3 个
具有代表性的取样区(间距>1km)作为重复：以退耕时间 3 年的紫花苜蓿草地作为退
耕代表样地(退耕前长期种植玉米)，每块退耕样地均选取相邻(<10m)长期种植玉米
(*Zea mays*，ZM)的玉米田作为对照，两者土壤类型相同(黄棕壤)、海拔高度、坡向坡
位基本一致(表 1-21)。紫花苜蓿地和玉米农田均按常规管理：紫花苜蓿年刈割 4 次，
玉米收获后秸秆不还田，紫花苜蓿地施肥量：120kg N/hm^2，75.0kg P$_2$O$_5$/hm^2；玉米
田施肥量：315kg N/hm^2，100kg P$_2$O$_5$/hm^2。

表 1-21　退耕还草样地基本情况

采样点	植被类型	经度	纬度	坡向	海拔高度(m)
郧阳区安阳镇 小细峪村	MS ZM	110°60′E	32°50′N	东南	183
郧阳区安阳镇 小河村	MS ZM	110°09′E	32°49′N	东南	199
郧阳区谭家湾镇 王道岭村	MS ZM	110°52′E	32°57′N	东南	647

2017 年 9 月，在每个取样区各布设 6 个 10m×10m 的样方，以"等量、多
点、混合"的原则，每个样方内按"S"形选取采样点，一共 10 个，用内径为
5cm 的土钻，按 0~10cm、10~20cm 分层取样，四分法混匀后取 1kg 左右的新鲜
土壤样品放入无菌自封袋内，及时放入 4℃冰盒带回，共 72 份土壤样品。将土壤
样品分成 3 份，一份用于土壤理化因子测定(室内自然风干)，一份用于土壤微生
物测定(保存于-70℃冰箱)，一份用于土壤线虫分离(新鲜土壤样品)。

(一)退耕还草土壤理化性质变化

丹江口水源涵养区退耕种植紫花苜蓿 3 年后土壤理化因子改变。与未退耕玉
米田相比，0~10cm 土层中，土壤含水量显著提高 15.86%(*P*<0.05)，pH 值显
著降低 5.06%(*P*<0.05)，有机碳增加 15.12%，全氮增加 26.09%，铵态氮增加

5.40%、硝态氮增加 25.12%，但均未达到显著差异，有效磷降低 47.2%，土壤碳氮比降低 1.82%都未达到显著差异；10～20cm 土层中，pH 值显著降低 4.57%（$P < 0.05$），土壤有效磷含量显著降低 26.83%（$P < 0.05$），土壤含水量增加 2.72%，有机碳含量增加 12.33%，全氮含量增加 19.75%，铵态氮含量增加 8.28%和硝态氮含量增加 24.54%，但均未达到显著性差异，土壤碳氮比降低 2.89%没有显著差异（表 1-22）。

表 1-22　退耕还草土壤理化性质变化

指数	土层深度 0～10cm		土层深度 10～20cm	
	MS	ZM	MS	ZM
土壤含水量(%)	19.29±0.34a	16.65±0.80b	20.41±0.37a	19.87±0.55a
pH 值	7.51±0.14b	7.91±0.04a	7.52±0.14b	7.88±0.04a
有机碳(g/kg)	11.19±0.84a	9.72±0.85a	10.57±0.84a	9.41±0.85a
全氮(g/kg)	1.16±0.10a	0.92±0.08a	0.97±0.09a	0.81±0.08a
铵态氮(mg/kg)	3.71±0.56a	3.52±0.51a	3.66±0.43a	3.38±0.49a
硝态氮(mg/kg)	10.51±1.14a	8.40±1.03a	6.14±0.58a	4.93±0.55a
有效磷(mg/kg)	7.75±0.49a	11.29±1.69a	6.49±0.55b	8.87±0.82a
碳氮比	9.86±0.21a	10.04±0.15a	11.77±0.33a	12.11±0.56a

注：不同字母代表同一层不同植被类型间差异显著（$P < 0.05$）。

　　土地利用方式转变显著影响土壤团聚体和理化因子（刘艳丽等，2015），改变土壤生物学性质（张静等，2013），退耕还草通过土地利用方式的转变改变土壤环境因子。退耕种植 3 年紫花苜蓿，土壤含水量显著增加，这是因为退耕还草改变植被类型，地上植被覆盖率增加，土壤所受到的侵蚀作用变小，增加了对土壤水分的涵养能力（安登第，2002）。退耕还草土壤 pH 值显著降低，这是因为豆科植物在固氮过程中能外排大量的 H^+（孟楠等，2018），降低了 pH 值（段情情等，2015）。本研究中退耕还草有效增加土壤有机碳和全氮含量，是因为紫花苜蓿作为一种豆科植物，具有较强的固氮能力（袁晖等，2013），且根系发达，根系分泌物及死亡对土壤有机质和全氮含量的积累有很大的贡献（张超，2013）。且随退耕时间的推移，土壤碳汇效应逐步显现（李睿等，2015），显著提高土壤有机碳和全氮的含量(苏永中，2006)，有效改善土壤理化性质(郭胜利等，2003)，退耕还草可以提升土壤固碳及水源涵养能力，促进了土地的可持续性。在本研究中，退耕还草土壤速效磷含量显著降低，一方面可能是因为紫花苜蓿生长过程中需从土壤中吸取大量的磷元素(郭志彬等，2013)，另一方面可能是因为紫花苜蓿的磷肥的投入量比玉米田少了25%。本研究中，土壤碳氮比降低，土地利用方式的转变引起土壤中有机物质分解过程发生改变，产生了含有不同碳氮比的物质。退耕还草有效提高了土壤含水量，土壤pH值降低，土壤环境发生改变，为土壤微生物和土壤线虫群落的变化提供了前提条件。

(二)退耕还草土壤微生物群落变化特征

丹江口水源涵养区退耕还草种植3年紫花苜蓿后土壤微生物群落结构改变。在退耕种植紫花苜蓿草地中，共检测出44种生物标记的特征磷脂脂肪酸，在未退耕玉米田中，共检测到42种特征磷脂脂肪酸。与未退耕玉米田相比，退耕显著增加了土壤微生物群落磷脂脂肪酸含量。0～10cm土层中，PLFAs的总量增加了59.13%($P<0.05$)，放线菌PLFAs含量增加了64.35%($P<0.05$)，细菌PLFAs含量增加了64.34%($P<0.01$)，真菌PLFAs含量增加了135.19%($P<0.01$)，土壤中G^+ PLFAs含量增加了68.88%($P<0.05$)，G^- PLFAs含量增加了85.83%($P<0.01$)；10～20cm土层中，PLFAs的总量增加了62.58%($P<0.05$)，土壤中真菌PLFAs含量显著增加100%($P<0.05$)，G^+ PLFAs含量显著增加71.05%($P<0.05$)，细菌PLFAs增加了52.18%、放线菌PLFAs增加了48.62%，G^- PLFAs增加了57.92%，均未达显著性差异(图1-21)。退耕还草明显提高丹江口水源涵养区土壤微生物特征脂肪酸含量，各个菌落含量增加。在退耕还草样地和未退耕玉米田中，均是细菌PLFAs占比最高，但土壤中真菌PLFAs增长较快，且真菌/细菌比值有增加趋势未达显著性差异，退耕还草对土壤真菌群落的影响大于对细菌群落的影响(图1-21)。

土壤微生物群落结构和多样性受到植被和土壤环境因子的影响(Moon et al.，2016；Yuan et al.，2015)。退耕还草通过植被、耕作和管理方式的变化对土壤微生物群落结构产生一定的影响。本研究通过磷脂脂肪酸法测定丹江口水源涵养区土壤微生物群落发现，在退耕种植紫花苜蓿草地中，共检测出44种生物标记的特征磷

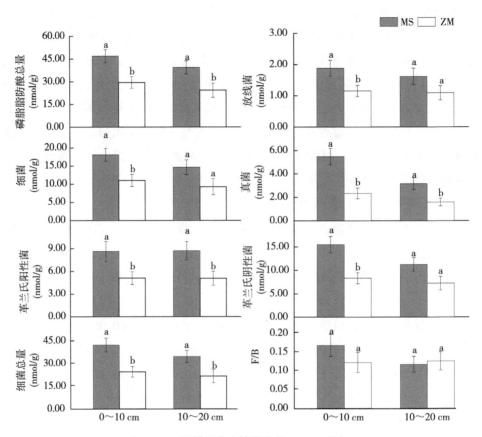

图 1-21　退耕还草土壤微生物 PLFAs 特征

(注：不同字母代表同一层不同植被类型间差异显著，$P<0.05$)

脂脂肪酸；在未退耕玉米田中，共检测到 42 种特征磷脂脂肪酸，土壤微生物群落组成发生改变。退耕还草增加土壤微生物 PLFAs 含量，微生物群落结构改变和多样性增加，与前人研究结果一致(刘晶等，2018)，这是因为玉米长期种植导致土壤磷脂脂肪酸含量较低(时鹏等，2011)，而紫花苜蓿具有极强的固氮能力，根系分泌物增加，不仅土壤养分含量提高，也为土壤微生物提供了更多的食物资源(曲同宝等，2015)，促进土壤微生物 PLFAs 含量增加(张超，2013)。退耕还草土壤微生物群落中细菌占比最高，但是在土壤环境因子综合作用下，退耕还草土壤微生物群落中真菌比细菌有较高的增长速率，真菌/细菌有增加趋势，这可能是土壤真菌和细菌偏好利用不同碳氮比的有机物的原因(Spohn et al., 2016),也有可能是因为退耕还草适度降低了土壤 pH 值,而细菌和真菌生理适应不同(细菌喜好偏碱性环境,而真菌更适宜在偏酸性环境中生存)。退耕还草改变了土壤微生物群落结构,这可能是因为禾本科植物转变为豆科植物,根系分布和分泌物发生改变,土壤微生物的分布植物种类影响(Ronn et al., 2012),且真菌菌丝可能更易于吸附在土壤中植物根系及吸收其他残体的养分(Nayyar et al., 2009)。

丹江口水源涵养区退耕还草条件下土壤中碳、氮养分和土壤微生物 PLFAs 总量正相关($P<0.05$),土壤微生物促进碳、氮循环过程,在能量流动和物质循环过程中起重要作用(Aislabie et al., 2013),从而提升土壤生态系统服务功能。退耕还草土壤含水量与除了真菌群落之外的其他群落均有显著影响,这可能是因为土壤含水量高时有利于细菌生存,土壤含水量低时有利于土壤真菌生存(程曼,2015)。土壤 pH 值和碳氮比是表征土壤资源有效性的主要指标(Nielsen et al., 2010),Shen 等(2013)研究表明土壤细菌群落与 pH 值和碳氮比负相关,本研究发现土壤 pH 值和碳氮比的与土壤微生物 PLFAs 总量、细菌总 PLFAs 含量均具有显著负相关关系,这是因为退耕还草土壤盐分循环发生改变,pH 值降低,物质分解过程发生改变,而土壤微生物对不同碳氮比的有机物利用能力不同,因此土壤微生物和土壤碳氮比相互影响,但具体原因还有待进一步研究和探讨。土壤微生物可以通过自身快速的生长繁殖和活动改变土壤理化性质,参与土壤中难溶性的营养物质向可溶性营养物质转变过程(Welbaum et al., 2004),退耕还草导致微生物群落的变化可以增加土壤养分含量。本研究发现土壤碳氮养分与 PLFAs 总量、细菌总 PLFAs 含量和土壤真菌 PLFAs 含量显著正相关,与前人研究结果一致(张海燕等,2006),土壤养分含量与土壤微生物之间呈正相关关系,退耕还草显著影响了土壤微生物群落组成和活性,有效的土壤管理措施和科学的利用方式有助于恢复土壤生态功能。

(三)退耕还草土壤线虫群落变化特征

1. 土壤线虫群落组成和营养类群变化

丹江口水源涵养区退耕种植 3 年紫花苜蓿草地中共鉴定出土壤线虫 18 307 条,49 个属,0～10cm 土层中线虫数量为 488 条/100g 干土,丝尾垫刃属

(*Fileuchus*)、真滑刃属(*Aphelenchus*)和真头叶属(*Eucephalobus*)是极优势属,滑刃属(*Aphelenchoides*)、威尔斯属(*Wilsonema*)是优势属;10～20cm 土层线虫数量为507 条/100g 干土,丝尾垫刃属和真滑刃属是极优势属,矮化属(*Tylenchorhynchus*)、滑刃属、小杆属(*Rhabditis*)和头叶属(*Cephalobus*)是优势属。未退耕玉米田中共鉴定出土壤线虫 10 706 条,45 个属,0～10cm 土层线虫平均密度为 272 条/100g 干土,真头叶属、真滑刃属和丝尾垫刃属是极优势属,丽突属(*Acrobeles*)、滑刃属、矮化属是优势属;10～20cm 土层平均密度为 319 条/100g 干土,真滑刃属和丝尾垫刃属是极优势属裸矛属(*Psilenchus*)、滑刃属、小杆属是优势属。地单宫属(*Geomonhystera*)、无咽属(*Alaimus*)和短腔属(*Brevibucca*)等仅在紫花苜蓿草地土壤中发现,齿咽属(*Odontopharynx*)、单宫属(*Monhystera*)、类隐咽属(*Paraphanolaimus*)等却仅在玉米田土壤中发现。土壤线虫丰度在退耕草地和未退耕玉米田之间存在显著性差异($P<0.05$)(图 1-22),退耕还草显著提高了土壤线虫的丰度。在退耕还草条件下,极优势属虽未发生改变,但优势属已发生改变,土壤线虫群落组成改变(表 1-23)。

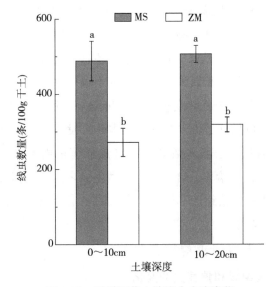

图 1-22　退耕还草土壤线虫丰度变化

表 1-23 退耕还草土壤线虫优势度变化

类群	属	拉丁名	c-p	MS		ZM	
				0～10cm	10～20cm	0～10cm	10～20cm
Ba	真头叶属	*Eucephalobus*	2	+++++	+++	+++++	+++
	头叶属	*Cephalobus*	2	+++	++++	+++	+++
	丽突属	*Acrobeles*	2	++	++	++++	++
	拟丽突属	*Acrobeloides*	2	+	++	+	+++
	盆咽属	*Panagrolaimus*	1	+++	++	+++	+
	三等齿属	*Pelodera*	1	+++	+++	++	+++
	小杆属	*Rhabditis*	1	+++	++++	+++	++++
	原杆属	*Protorhabditis*	1	+++	++	+++	+++
	真单宫属	*Eumonhystera*	2	+++	+++	+++	++
	中杆属	*Mesorhabditis*	1	++	+++	+	++
	高杯侧属	*Amphidelus*	4	+	+	+	+
	威尔斯属	*Wilsonema*	2	++++	+	++	+
	棱咽属	*Prismatolainus*	2	+	+++	+	++
	板唇属	*Chiloplacus*	2	+		+	
	短腔属	*Brevibucca*	2	+			
	齿咽属	*Odontopharynx*	1			+	
	地单宫属	*Geomonhystera*	2	+			
	项链线虫属	*Desmoscolex*	3		+		+
	单宫属	*Monhystera*	1			+	
	无咽属	*Alaimus*	4		+		
Fu	丝尾垫刃属	*Filenchus*	2	+++++	+++++	+++++	+++++
	真滑刃属	*Aphelenchus*	2	+++++	+++++	+++++	+++++
	滑刃属	*Aphelenchoides*	2	++++	++++	++++	++++
	细齿属	*Leptonchus*	4	++	++	+	+
	短矛属	*Doryllium*	4	++	+++	+	++
	大矛属	*Enchodelus*	4	+			
	垫咽属	*Tylencholaimus*	4		+		
	膜皮属	*Diphtherophora*	3		+	+	
	类隐咽属	*Paraphanolaimus*	2			+	

（续表）

类群	属	拉丁名	c-p	MS		ZM	
				0～10cm	10～20cm	0～10cm	10～20cm
Pp	垫刃属	*Tylenchus*	2	++	+	++	++
	矮化属	*Tylenchorhynchus*	3	+++	++++	++++	+++
	螺旋属	*Helicotylenchus*	3	+++	+	++	+
	裸矛属	*Psilenchus*	2	+	+++	++	++++
	环属	*Criconema*	3	+			+
	长针属	*Longidorus*	5	+		+	+
	头垫刃属	*Cephalenchus*	3				+
	毛刺属	*Trichodorus*	4	+	+		
	独壁齿属	*Campydora*	1	+			
	伪垫刃属	*Nothotylenchus*	2		+		
	根结属	*Meloidogyne*	3			+	
	潜根属	*Hirschmanniella*	3			+	
	刺咽属	*Belonolaimus*	5	+			
Op	盘咽属	*Discolaimus*	5	+	+	+	+
	锉齿属	*Mylonchulus*	4	+++	+++	+++	+++
	锐咽属	*Carcharolaimus*	5	+	+		+
	三孔属	*Tripyla*	3	+	+	+	++
	缒咽属	*Axonchium*	5	+	++	+	+
	真矛线属	*Eudorylaimus*	4		+	+	+
	锯齿属	*Prionchulus*	4	+	+	+	+
	中矛线属	*Mesodorylaimus*	5	+	+		
	单齿属	*Mononchus*	4	+	+	+	+
	拟矛线属	*Dorylaimoides*	4	+	+		
	螯属	*Pungentus*	4	+	+		
	扁腔属	*Sectonema*	5		+		
	前矛线属	*Prodorylaimus*	4			+	
	桑尼属	*Thornia*	4			+	
	原色矛属	*Prochromadora*	3		+		
	矛线属	*Dorylaimus*	4		+		+
	色矛属	*Chromadorita*	3				+

注：+++++为极优势属，++++为优势属，+++为常见属，++为稀有属，+为极稀有属。

退耕种植紫花苜蓿草地与未退耕玉米田相比，土壤线虫各营养类群相对丰度差异不显著(图1-23)。0～10cm土层中，食真菌线虫和植物寄生性线虫占比增加，食细菌线虫和捕/杂食线虫占比减少；10～20cm土层中，食细菌线虫和食真菌线虫占比增加，食真菌线虫增加较快，植物寄生性线虫和捕/杂食线虫占比降低。退耕种植紫花苜蓿草地土壤的通路指数分别为0.48(0～10cm)和0.41(10～20cm)，未退耕玉米田土壤的通路指数分别为0.50(0～10cm)和0.41(10～20cm)(表1-24)，均未大于0.50，表明土壤中能流通道分解途径以真菌分解为主。

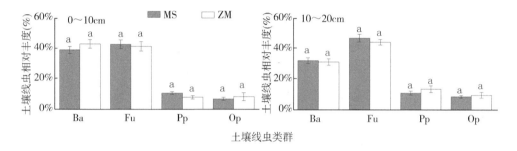

图1-23 退耕还草土壤线虫营养类群变化

2. 土壤线虫生态指数的变化

土壤线虫具有数量巨大，种群丰富等明显特点，因此常用生态指数表示其生态特征。在0～10cm土层中，与未退耕玉米田相比，退耕种植紫花苜蓿草地土壤线虫的丰富度指数(SR)、香农－威纳指数(H)显著提高($P<0.05$)，而优势度指数(λ)显著降低($P<0.05$)，退耕还草显著提高了0～10cm土层中线虫群落的丰富度和多样性，降低了土壤线虫的优势度；10～20cm土层中，与未退耕玉米田相比，退耕种植紫花苜蓿草地的优势度显著降低($P<0.05$)，土壤线虫丰富度和香浓－威纳指数差异不显著(表1-24)。

退耕还草条件下，对土壤线虫的成熟度指数进行分析，0～10cm土层中，MI降低但没有显著性差异，PPI显著增加($P<0.05$)；10～20cm土层中，MI值显著提高($P<0.05$)，PPI值降低但没有显著性差异。从总成熟度指数(∑MI)来看，0～10cm土层中，∑MI有增加趋势，但还未达到显著性差异；在10～20cm土层中，∑MI显著增加($P<0.05$)(表1-24)。退耕还草改变了土壤线虫的成熟度指数。

表 1-24　退耕还草土壤线虫多样性指数和成熟度指数

指数	土层深度 0～10cm		土层深度 10～20cm	
	MS	ZM	MS	ZM
丰富度 SR	2.71±0.06a	2.28±0.14b	2.96±0.06a	3.01±0.10a
香浓—威纳 H	2.48±0.04a	2.18±0.07b	2.54±0.03a	2.45±0.05a
优势度 λ	0.12±0.01b	0.15±0.01a	0.10±0.01b	0.12±0.01a
通路指数 NCR	0.48±0.03a	0.50±0.04a	0.41±0.03a	0.41±0.02a
总成熟度指数 ∑MI	2.16±0.03a	2.14±0.04a	2.30±0.03a	2.17±0.04b
自由生活线虫成熟指数 MI	1.85±0.05a	1.92±0.07a	2.00±0.05a	1.82±0.07b
植物寄生性线虫成熟指数 PPI	0.31±0.03a	0.22±0.03b	0.30±0.04a	0.35±0.05a

在退耕种植紫花苜蓿草地和未退耕玉米田中，均表现为土壤线虫 c-p 2 类群占优势，占总数的 59%～73%，c-p 1 类占比最低。与未退耕玉米田相比，退耕还草土壤线虫 c-p 2 类群呈现减少的趋势，c-p 3～5 类群呈现增加的趋势，且在 10～20cm 土层中呈现显著性差异(图 1-24)。

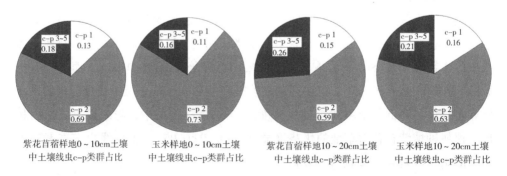

紫花苜蓿样地0～10cm土壤　玉米样地0～10cm土壤　紫花苜蓿样地10～20cm土壤　玉米样地10～20cm土壤
中土壤线虫c-p类群占比　中土壤线虫c-p类群占比　中土壤线虫c-p类群占比　中土壤线虫c-p类群占比

图 1-24　退耕还草土壤线虫 c-p 类群变化

退耕种植紫花苜蓿草地 0～10cm 土层的 EI 值在 39.45～75.83，SI 值在 7.96～58.38，10～20cm 土层的 EI 值在 50.38～79.78，SI 值在 39.94～74.06；未退耕玉米田 0～10cm 土层 EI 指数在 5.60～65.60，SI 值在 4.80～64.00，10～

20cm 土层 EI 值在 51.75～81.90，SI 值在 15.04～71.03。0～10cm 土层中，退耕地更集中靠拢于 AB 象限，未退耕玉米田分布于 D 象限的较多，说明退耕还草之后土壤环境受到的干扰较低，食物网由退化向结构化状态发展；10～20cm 土层中，退耕地的分布相比较未退耕玉米田各样地更向 B 象限靠拢，表明退耕还草土壤环境受到的干扰程度降低，食物网趋向于成熟(图 1-25)。

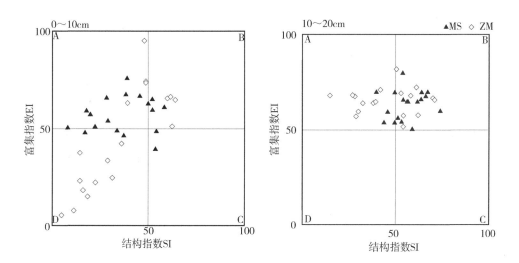

图 1-25 退耕还草土壤线虫区系变化

退耕还草土地利用方式发生改变。地上植物群落和土壤环境因子的改变都会影响土壤线虫群落组成(Hu et al.，2017)。真头叶属、丝尾垫刃属和真滑刃属是丹江口水源涵养区土壤线虫极优势属。与未退耕农田相比，退耕还草没有改变土壤线虫的极优势属，但线虫伴生属已发生改变。土壤线虫数量 N 显著增加($P<$0.05)，退耕还草为土壤线虫提供了更多的食物资源。土壤中线虫营养类群(Ba、Fu、Pp 和 Op)有变化但未达到显著性，这可能是因为种植紫花苜蓿 3 年时间较短，还未达到足以改变土壤线虫营养类群的时间。土壤线虫群落的变化与地上植物具有极大的相关性(Hu et al.，2017)，大量的植物根系作为初级消费者的植物寄生性线虫提供了丰富的食物资源，退耕还草土壤微生物群落的增加为土壤中食微线虫提供了丰富的能量来源。退耕还草通过地下根系生物量和分泌物改变土壤

环境，植物寄生性线虫和食微线虫数量发生相应改变，而捕食/杂食线虫作为次级消费者也随之改变。土壤线虫群落结构发生改变，丰富度、香浓-威纳指数增加，优势度降低，与进行植被恢复过程中的研究相一致(高雅等，2014)。退耕还草土壤线虫群落多样性和稳定性增加，退耕还草土壤环境趋于稳定。

土壤中各种养分含量的改变会对土壤线虫的群落结构及土壤线虫参与的土壤微食物网结构和复杂程度造成极大的影响(Parfitt et al.，2010；陈思宇，2015)，本研究发现在丹江口水源涵养区土壤线虫数量与 pH 值呈极显著负相关关系，可能与土壤线虫的喜好生境有关，也可能是因为土壤 pH 值会改变有机物质降解和矿化过程(万忠梅和宋长春，2009)，土壤养分条件发生变化，再者 pH 值被认为是影响土壤微生物群落结构的重要因素(刘晶等，2016)，而土壤线虫与土壤微生物之间存在捕食关系(Jiang et al.，2017)，退耕还草通过改变土壤生境和地下微食物网结构影响土壤线虫群落和营养类群组成。植物恢复过程土壤有机碳和土壤氮素对土壤线虫营养类群具有重要影响(董锡文，2010)，土壤有机碳与土壤线虫数量 N、Pp 和 Op 含量具有极显著相关性，杀线处理表明土壤线虫对土壤有机碳矿化具有抑制作用(刘静等，2017)，有利于土壤碳积累。结果发现土壤有效磷与土壤中 Ba 呈极显著正相关关系($P<0.01$)，与土壤 Fu 呈极显著负相关关系($P<0.01$)，与 Pp 呈显著负相关关系($P<0.05$)，土壤中有效磷的降低影响土壤线虫营养类群组成和成熟度指数，在种植豆科的农田里，土壤磷与土壤食细菌线虫正相关(王进闯和王敬国，2015)，土壤线虫的捕食显著提高解磷微生物的丰度和解磷功能，从而增加了植物对磷素的利用。土壤养分改变了土壤微食物网的结构与功能(杜晓芳等，2018)。

丹江口水源涵养区退耕还草不仅改变土壤线虫的群落组成，且影响土壤食物网的能量流动和土壤微食物网稳定性。研究表明当土壤中由丰富的机质且分解较快，土壤食物网进行以细菌分解为主的能量通道；而土壤缺乏有机质且难分解时，土壤食物网进行以真菌分解通道为主的能量流动(Ingwersen et al.，2007)。但是在本研究中退耕还草通路指数研究结果却发现土壤能流通道分解途径以真菌分解为主，退耕还草土壤中真菌类群占比最大，原因可能是退耕前长期的耕作导致土壤有机碳含量较低，在短时间内土壤仍然处于有机质缺乏的状态。成熟度指数在生态系统功能水平上可以更好地揭示土壤环境的健康状态(李玉娟等,2005)。Urzelai 等(2000)研究发现在陆地生态系统中草地土壤线虫的成熟度指数要比长期耕作的农田系统高,本研究也发现退耕还草对土壤线虫群落的成熟度和稳定性有显著促进作用,且 r-对策者呈减少趋势,而 k-对策者增加,世代交替在变慢,土壤微食物网环境趋向于稳定,与成熟度指数表现相一致,该结果与明凡渤等(2013)在农田中的研究结果一致。土壤线虫群落 SI 和 EI 相结合表明,退耕还草土壤线虫群落,退耕还草增加了土壤资源的可利用性增加,土壤微食物网受到的干扰降低,结构稳定。与未退耕农田相比,退耕还草后对土壤微食物网的人为扰动减少,土壤线虫可食用资源增加,促进土壤线虫群落数量和组成发生改变。丹江口水源涵养区退耕还草减少了因耕作对土壤的扰动,土壤环境稳定性增加,促进土壤食物网向成熟方向发展。

3. 退耕还草土壤微生物与土壤线虫的相互关系

(1)土壤微生物与理化因子的关系。丹江口水源涵养区退耕还草土壤微生物群落特征脂肪酸含量与土壤理化因子有极大的相关性。土壤微生物群落中放线菌 PLFAs 含量、细菌 PLFAs 含量、革兰氏阳性菌 PLFAs 含量、革兰氏阴性菌 PLFAs 含量、微生物 PLFAs 总量与土壤含水量和土壤硝态氮含量具有极显著正相关性($P<0.01$),与土壤 pH 值和土壤碳氮比具有极显著负相关性($P<0.01$),真菌 PLFAs 含量与碳氮比显著负相关($P<0.05$);土壤微生物群落中放线菌 PLFAs 含量、细菌 PLFAs 含量、革兰氏阳性菌 PLFAs 含量、革兰氏阴性菌 PLFAs 含量、真菌 PLFAs 含量和微生物 PLFAs 总量与土壤有机碳和土壤全氮含量具有极显著的正相关性($P<0.01$)。F/B 与土壤含水量显著负相关($P<0.05$),与土壤 pH 值显著正相关($P<0.05$),与土壤有机碳、土壤全氮、土壤硝态氮含量极显著负相关($P<0.05$)。退耕还草土壤微生物与土壤碳、氮养分正相关,与 pH 值和碳氮比负相关,微生物群落结构改变(表 1-25)。

表 1-25 土壤微生物群落与土壤理化因子之间的相关性

项目	土壤含水量	pH 值	有机碳	全氮	铵态氮	硝态氮	有效磷	碳氮比
放线菌	0.391**	-0.616**	0.479**	0.612**	0.040	0.529**	-0.075	-0.521**

（续表）

项目	土壤含水量	pH 值	有机碳	全氮	铵态氮	硝态氮	有效磷	碳氮比
细菌	0.478**	−0.558**	0.452**	0.612**	−0.059	0.484**	−0.043	−0.594**
革兰氏阳性菌	0.334**	−0.418**	0.650**	0.782**	0.164	0.559**	−0.167	−0.545**
革兰氏阴性菌	0.371**	−0.509**	0.665**	0.738**	0.160	0.454**	−0.127	−0.436**
细菌总量	0.435**	−0.537**	0.613**	0.752**	0.073	0.540**	−0.113	−0.581**
真菌	0.194	−0.161	0.324**	0.366**	0.092	0.233*	0.005	−0.249*
总量	0.423**	−0.552**	0.624**	0.764**	0.086	0.548**	−0.083	−0.599**
真菌/细菌	−0.251*	0.300*	−0.311**	−0.368**	−0.037	−0.322**	−0.033	0.231

注：** 表示极显著相关（$P<0.01$），* 表示显著相关（$P<0.05$）。

（2）土壤线虫与土壤理化因子的关系。丹江口水源涵养区退耕还草土壤线虫群落特征指数与土壤理化因子相关性极强。土壤含水量与 N、Pp、H′、PPI、SI 和 EI 极显著正相关（$P<0.01$），与 MI 呈显著负相关（$P<0.05$），SR 呈显著正相关（$P<0.05$）；土壤 pH 值与土壤线虫 N、H′、λ 呈极显著相关（$P<0.01$），∑MI、SI 与其呈显著负相关（$P<0.05$）；土壤有机碳与土壤线虫 N、Pp、Op、PPI、MI 呈极显著相关（$P<0.01$），和 SI 有相关性（$P<0.05$）；土壤全氮极显著正相关于土壤线虫 N 和 MI（$P<0.01$），极显著负相关于 PPI 值（$P<0.01$），与 Pp 和 Op 分别呈显著负相关和显著正相关（$P<0.05$）；土壤铵态氮与 Pp、Op、PPI 和 MI 呈极显著相关（$P<0.01$），与∑MI 呈显著正相关；土壤硝态氮极显著正相关于土壤线虫 N（$P<0.01$），与 SR 呈负显著相关（$P<0.05$）；土壤有效磷与 Ba、Fu 和 SR 呈极显著相关（$P<0.01$），与 Pp 呈显著负相关（$P<0.05$）；土壤碳氮比极显著影响了土壤线虫结构（$P<0.01$）（表 1-26）。

表 1-26　土壤线虫群落特征指数与土壤理化因子的相关关系

项目	土壤含水量	pH 值	有机碳	全氮	铵态氮	硝态氮	有效磷	碳氮比
数量 N	0.587**	−0.545**	0.342**	0.367**	0.039	0.445**	−0.052	−0.185

（续表）

项目	土壤含水量	pH 值	有机碳	全氮	铵态氮	硝态氮	有效磷	碳氮比
食细菌线虫 Ba	-0.064	0.046	-0.046	-0.034	-0.185	0.161	0.391**	-0.036
食真菌线虫 Fu	-0.105	0.045	0.066	0.076	0.157	-0.089	-0.362**	-0.024
植物寄生性线虫 Pp	0.537**	-0.082	-0.375**	-0.251*	-0.600**	-0.061	-0.238*	-0.117
捕/杂食线虫 Op	-0.185	-0.059	0.361**	0.232*	0.558**	0.021	0.221	0.153
丰富度指数 SR	0.274*	-0.080	0.038	-0.089	0.036	-0.246*	-0.344**	-0.328**
香浓-威纳指数 H′	0.356**	-0.319**	0.110	0.008	0.066	-0.047	-0.117	0.192
优势度指数 λ	-0.221	0.303**	-0.098	-0.003	-0.126	0.057	-0.005	-0.158
总成熟度指数 ∑MI	-0.157	-0.255*	0.179	0.083	0.257*	-0.003	-0.107	0.122
自由生活线虫成熟度指数 MI	-0.249*	-0.141	0.442**	0.313**	0.596**	0.089	0.096	0.085
植物寄生性线虫成熟度指数 PPI	0.466**	-0.011	-0.502**	-0.396**	-0.676**	-0.135	-0.222	-0.014
富集指数 EI	0.549**	-0.130	0.151	0.098	-0.158	-0.028	-0.104	0.231
结构指数 SI	0.434**	-0.237*	0.262*	0.163	-0.027	0.008	-0.121	0.166

注：** 表示极显著相关（$P<0.01$），* 表示显著相关（$P<0.05$）。

（3）土壤微生物与土壤线虫的相互关系。丹江口水源涵养区退耕还草条件下土壤微生物和土壤线虫群落具有明显的相互作用。土壤微生物 PLFAs 总量与土壤线虫 N 极显著正相关（$P<0.01$），其中革兰氏阴性菌与 Ba 负相关（$P<0.05$），与 Fu 正相关（$P<0.05$）；表示食微线虫结构的 NCR 与细菌总量呈显著负相关（$P<0.05$），且与 G⁻ 呈极显著负相关（$P<0.01$）；土壤线虫 SI 和 EI 与 G⁻ 显著正相关（$P<0.05$）（表1-27）。退耕还草增加土壤微生物 PLFAs 含量，促进土壤线虫 N 的增加。革兰氏阴性菌群落抑制土壤 Ba 数量增加，促进 Fu 数量增加，G⁻ 改变了土壤中食微线虫结构。

表 1-27　土壤微生物与土壤线虫群落的相关性

项目	总 PLFAs	放线菌	细菌	真菌	革兰氏阳性菌	革兰氏阴性菌	细菌总量
数量 N	0.507**	0.509**	0.454**	0.349**	0.473**	0.392**	0.480**
食细菌线虫 Ba	-0.142	-0.101	-0.110	0.063	-0.158	-0.245*	-0.171
食真菌线虫 Fu	0.152	0.113	0.087	0.007	0.207	0.255*	0.180
植物寄生性线虫 Pp	0.104	0.159	0.230	-0.034	0.030	0.006	0.117
捕/杂食线虫 Op	-0.063	-0.104	-0.120	-0.024	-0.076	-0.001	-0.083
通路指数 NCR	-0.219	-0.133	-0.186	-0.011	-0.212	-0.321**	-0.245*
富集指数 EI	0.167	0.187	0.153	0.105	0.188	0.236*	0.199
结构指数 SI	0.157	0.142	0.138	0.082	0.066	0.278*	0.158

注：** 表示极显著相关($P<0.01$)，* 表示显著相关($P<0.05$)。

主成分分析表明退耕还草对土壤微生物群落和土壤线虫群落结构造成明显差异(图 1-26)。PC1 和 PC2 共解释了土壤微生物和线虫群落结构总变异的 94.53%，其中 Axis 1 解释了总变异的 89.86%，Axis 2 解释了总变异的 4.67%。退耕还草样地和未退耕样地在 PC1 上明显分离，表明玉米农田转换为紫花苜蓿人工草地后，土壤微生物和线虫群落结构发生了明显变化。

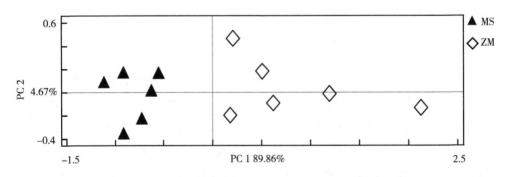

图 1-26　退耕还草土壤微生物和线虫结构的主成分分析

土壤理化因子与土壤微生物和土壤线虫群落之间可以进行冗余分析：RDA

排序图的典型轴 1 和轴 2 分别解释了总体变异的 86.10% 和 3.30%，其中总氮（$P=0.002$），碳氮比（$P=0.008$），硝态氮（$P=0.008$），SOC（$P=0.018$），pH 值（$P=0.046$）对土壤微生物和线虫群落结构产生显著影响。土壤总氮、硝态氮和土壤 SOC 与土壤微生物群落和 Pp 正相关，和 F/B 负相关。土壤环境因子的改变显著影响了土壤微生物群落结构。碳氮比和 pH 值与土壤微生物群落负相关，与土壤 Ba 和 Fu 呈正相关，表明土壤中微生物群落结构和食微线虫受到其影响。土壤线虫 N 与土壤含水量具有极强的正相关性，而土壤线虫营养类群在其中起到的作用相对较弱，但 F/B 显著影响了土壤 Ba，表明退耕还草改善土壤养分条件影响了土壤中微生物群落，从而引起了土壤中线虫群落的变化，微食物网结构受到土壤理化因子的调控(图 1-27)。

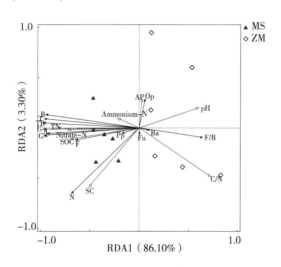

SC－土壤含水量；Ammonium-N－铵态氮；Nitrate-N－硝态氮；TN－全氮；

SOC－有机碳；AP－有效磷；C/N－碳氮比；T－总 PLFAs；A－放线菌 PLFAs；

B－细菌 PLFAs；G⁺－革兰氏阳性菌 PLFAs；G⁻－革兰氏阴性菌 PLFAs；

TB－总细菌 PLFAs；F－真菌 PLFAs；F/B－真菌/细菌；N－土壤线虫数量；

Ba－食细菌线虫；Fu－食真菌线虫；Pp－植物寄生性线虫；

Op－捕/杂食线虫；MS－紫花苜蓿；ZM－玉米。

图 1-27　土壤微生物－土壤线虫－土壤理化因子冗余分析

丹江口水源涵养区退耕还草引起了土壤微生物和线虫群落结构的分异，土壤微食物网结构发生改变。退耕还草条件下土壤微生物 PLFAs 总量和线虫群落之间有极强的正相关性($P<0.01$)，这是因为退耕还草增加土壤微生物数量，土壤食微线虫可利用食物资源增加，从而线虫数量增加，且土壤食微线虫对微生物的适度捕食会促进土壤微生物的生物量增加(Trap et al.，2016)，促进微生物群落多样性增加(Jiang et al.，2017)，这是一个相互作用的过程，还有可能是因为土壤微生物活动促进了土壤养分的转换，土壤养分含量的增加也为土壤线虫提供了一个良好的生存环境。土壤食微线虫取食微生物会影响土壤微生物群落结构和多样性(陈小云等，2004)，研究表明通路指数(NCR)与土壤细菌总量、革兰氏阴性菌显著相关($P<0.05$)，革兰氏阴性菌增加了食真菌线虫数量，降低了食细菌线虫数量，改变食微线虫结构，表明土壤线虫食微结构受到土壤微生物的调控，且食真菌线虫受到的影响要大于食细菌线虫。而食细菌线虫的取食活动能增加土壤细菌的数量和活性，并改变微生物群落结构(肖海峰，2010)。土壤食微线虫和微生物相互作用会影响土壤中养分循环过程(王阳等，2018)。土壤中革兰氏阴性菌丰度与土壤线虫的富集指数和结构指数正相关，退耕还草增加了革兰氏阴性菌数量，土壤可利用性资源含量增加，降低了土壤受到的干扰程度，土壤微食物网更稳定。土壤微生物和线虫之间的捕食关系构成了土壤微食物网最重要的一部分(潘凤娟等，2017)，影响土壤有机质分解和养分循环，增加了土壤可利用资源的有效性，从而促进土壤生态效应(Sohlenius，1990)。

土壤微食物网结构的改变能够影响陆地生态系统功能(杜晓芳等，2018)，植物根系及其分泌物是土壤微食物网的主要物质和能量来源(高明等，2004)，退耕还草会引起土壤微食物网的结构变化。主成分分析发现土壤微生物和线虫群落在丹江口水源涵养区退耕还草地和未退耕地之间有明显的差异，表明退耕还草改变了丹江口水源涵养区土壤微食物网结构。冗余分析表明土壤环境因子的变化对土壤微食物网产生显著影响。丹江口水源涵养区土壤理化因子对土壤微食物网产生显著影响：土壤中全氮、碳氮比、硝态氮、有机碳和 pH 值与土壤中微生物群落有极大的相关性，而土壤微生物群落结构与线虫营养类群受到的影响相对较弱。土壤线虫对于丹江口水源涵养区退耕与未退耕样地之间差异贡献率比土壤微生物群落小，土壤微生物的作用主要是分解和促进养分循环，土壤线虫占据土壤微食物网中多个营养级(植物寄生性线虫以植物根系及分泌物为食，且食微线虫以微生物为食，捕/杂食线虫是以线虫、线虫卵等为食(张薇等，2004)，土壤营养物质在食物链上传递需要一个过程，因此土壤微生物对土壤环境因子变化的反应相对土壤线虫较快速，土壤线虫群落对于土壤微食物网的稳定贡献更大。土壤中真菌/细菌和食微线虫受到了土壤中碳氮比的调控，且真菌/细菌显著影响了土壤食细菌线虫和植物寄生性线虫，表明退耕还草改善土壤养分条件影响了土壤中微生物群落，从而引起了土壤中线虫群落的变化；土壤线虫可以促进凋落物分解，调控微生物的群落结构及活动，进而加速了凋落物分解和养分释放(王阳等，2018)。其他研究表明土壤微生物和线虫群落会影响土壤的代谢墒和有机碳库(Jiang et al.，2013)。因此土壤微生物—土壤线虫—土壤环境因子之间的相互作用还有待进一步研究。

综上所述，与未退耕玉米田相比，丹江口水源涵养区退耕种植 3 年紫花苜蓿后土壤微生物、土壤线虫群落变化特征，主要结论如下。

①退耕还草提高了土壤微生物含量，土壤微生物群落结构发生改变，但真菌/细菌无显著性差异。土壤微生物与土壤碳氮养分呈正相关($P<0.05$)，与土壤 pH 值和碳氮比负相关($P<0.05$)，退耕还草土壤微生物促进了土壤碳氮养分的积累与转化。

②退耕还草通过改变土壤 pH 值、含水量、有机碳、全氮、铵态氮和有效磷含量促进了土壤线虫数量的显著增加，对土壤线虫营养类群产生了一定的影响，c-p 类群的短世代型减少，长世代型增加，降低了世代交替和能量流动，群落多样性和稳定性增加，土壤线虫生态指数(成熟度指数、结构指数和富集指数)的变化揭示退耕种植紫花苜蓿土壤微食物网环境趋向于稳定，食物网趋向于成熟。

③土壤微生物和土壤线虫相互作用，土壤革兰氏阴性菌与土壤食细菌线虫负相关，与食真菌线虫正相关，改变了土壤食微线虫结构。土壤微生物与土壤线虫 SI 和 EI 显著正相关，表明退耕还草土壤微生物和线虫的相互作用促进了土壤资源可利用性增加，降低了土壤受到的干扰，提高了土壤食物网稳定性。退耕还草土壤微食物网结构发生分异，环境因子对土壤微生物群落调控作用要大于土壤线

虫群落，土壤线虫对土壤微食物网结构稳定性贡献更大。退耕还草土壤环境因子改变，土壤微生物和土壤线虫群落多样性增加，土壤微食物网趋向于稳定。

七、农田生态强化技术

(一) 农田边界构建技术

农田边界指位于农田边缘和作物边缘之间的地带，通常为 1m 宽草带，根据类型可分为丛生草带、草地边界、耕作边界等。农田边界可为野生动植物带来很多益处，边界草带越宽，其带来的益处越明显。管理农田边界的最佳方式取决于该区域的野生生物，最好因地制宜，以不同的方式进行构建和管理。

农田边界的构建可为野生生物带来很多益处。在矮厚树篱旁构建的丛生草带可为地面筑巢的鸟类提供筑巢地点。同时，丛生草带可为昆虫和蜘蛛提供越冬庇护所，增加农田中天敌昆虫和蜘蛛的数量。宽阔的草地边界可为小型哺乳动物如老鼠和田鼠等提供栖息地，这些动物可成为猫头鹰或茶隼的食物。这类边界选址时应远离路边，以减少猫头鹰死于交通事故的风险。耕作边界有助于保护濒危植物种。

农田边界的构建方法如下：草地边界的构建选址应考虑能发挥其最大益处的地方，如树篱旁和河道旁。草种选择本地种，可选择春播或秋播，最好选择在 8 月或 9 月，通过播种本土混合草种构建草地边界，也可以在春天栽种，但在初次构建时，建议选取较高的播种量。一般在竞争性杂草未蔓延的情况下，草地可自然再生。在杂草严重的地方，可于耕种前使用草甘膦或草铵膦进行喷洒除草。为了控制杂草并促进人工播种的草分蘖，第 1 年夏天可对草地刈割 3 次，当草地高度为 10cm 时割草，将割下来的草残渣移出草带，有助于降低土壤肥力，提高植物多样性并减少杂草。采取措施防止除草剂和化肥飘散至人工构建的草地边界中，因为除草剂和化肥可能有助于竞争性杂草的生长。草地边界中禁止使用杀虫剂，因为杀虫剂的漂移会危害有益昆虫。在采用轮作模式的农田中，若将草地作为轮作的一部分，也应当保留草地边界，且不施肥。在 3－8 月尽可能避免在草地边界中放牧。

草地边界可分为 3 种类型：丛生草地适合地面筑巢的鸟类；野花边界可吸引

以花蜜为食源的昆虫；耕作边界有利于保护稀有的和濒危的植物种。不同类型草地边界的构建和管理方式如下。丛生草带(Tussocky grass margins)：通常为1~2m宽的草地边界，可为很多鸟类提供筑巢地点，草带的构建可紧邻树篱，也可选择没有树篱的边界。植物种类组合中最高30%的鸭茅或苏格兰梯牧草即可产生丛状草皮，这在冬季是筑巢和保护昆虫的理想地点。植物组合还可以包括细叶草和莎草，组合中包含10%的多年生黑麦草有助于加速草带的构建。第1年过后，每3年刈割1次，只在秋季植物结籽后割草，且要避免在同一年刈割所有边界。如果边界宽度可达到6m，可在每年秋季刈割靠近作物边缘一侧的3m，但树篱一侧的3m边界仅每3年割1次。野花边界(Wild flower margins)：最佳的野花边界选址地为阳光充足处的6m边界，这样的地方最适合野花，沿着农场大路和人行道的边界不适宜作为选址点，因为这些地方干扰较多，不适合建丛生草带为鸟类筑巢。植物组合的选取可使用包含优质牧草的组合，如细叶草和莎草，重量比占种子混合的5%~20%。合适的植物种类有蓍草、黑矢车菊、牛眼菊(春白菊)。所有植物种类最好选择使用本地种。在播撒草种和野花种子后进行镇压，可达到好的构建效果。构建第2年开始，在每年秋季植物开花结籽后割草，并移除刈割下来的草残渣。耕作边界(Cultivated margins)：此类边界是稀有和濒危植物种的理想保护地点，需要每年耕种，且不使用广谱除草剂和化肥。耕种的最佳时间根据关键植物种的发芽时间而定。这些边界是鸟类夏季的种子资源。

总之，在农田边界的构建过程中有以下关键点：草地边界可阻止杂草由树篱底部传播至作物，并增加捕食性昆虫数量，有助于控制作物害虫；宽阔的边界可作为缓冲带，减少杀虫剂、养分和泥沙随径流进入河道。

(二) 甲虫堤构建技术

甲虫堤(Beetle Banks)通常为2m宽的草堤，贯穿农田的中间。甲虫堤的两端与农田边缘之间可留出农业机械操作的距离，这样有助于机械操作，可以使农田仍能作为一个整体进行耕种。甲虫堤通常适合于大于16hm^{2}和超过400m宽的农田中构建，面积超过30hm^{2}的农田可能需要多个甲虫堤。在甲虫堤的两侧可以选择性地构建缓冲草带，以创造更宽的生境，进一步提升野生动物福利。甲虫堤的构建不但有利于增加农田中有益昆虫和蜘蛛的数量，还可为地面筑巢的鸟类和小型哺乳动物提供栖息生境。

甲虫堤的构建和管理方式如下：9月是在甲虫堤上构建草地的最佳月份，在农田耕种时沿农田两侧相向用犁开沟，构建一个凸起的堤，在甲虫堤的两端仍可耕种。草的种类混合应该包括高比例的丛生种，如鸭茅或梯牧草。剩余部分可以由细叶草和莎草组成。所有的草种类都应该是本土原生种。播种量为 $30kg/hm^2$（$3g/m^2$），为达到好的构建效果，应在耕种后立即播种草种。第 1 年夏天必须刈割 3 次(当草皮达到 10cm 高度时刈割)，为促进草分蘖，并有助于控制侵略性和扩散性的杂草，杂草也可通过喷药或使用杂草抹药机控制。草带构建完成后，尽量减少刈割，只有当需要阻止矮树侵占时或为了让枯萎的草丛再生时才进行刈割，每 3 年不超过 1 次。

甲虫堤禁止使用农药，因为甲虫堤为狭窄的草带，这些草带两侧通常会喷洒农药，因此甲虫堤特别容易受到杀虫剂的侵害。若条件允许，可在甲虫堤两侧构建 6m 宽的保护岬，能有效保护甲虫堤免受杀虫剂侵害，同时可扩大甲虫堤的生态效益。在杂草负担较低的轻质土中，无论相邻作物是否是谷类作物，甲虫堤两侧保护岬的管理都将提升其为昆虫和鸟类提供的价值。保护岬是一种可选择性进行喷药的条带，只要有可能，应避免在距甲虫堤至少 6m 范围内使用杀虫剂。

总之，甲虫堤构建有以下关键点：甲虫堤可增加捕食性昆虫数量，控制害虫；农田岬可保持原状，这样农田仍可作为一个整体耕种；可通过不喷洒杀虫剂的措施提升甲虫堤带来的益处。

(三) 蜜源植物带构建技术

花粉和蜜源植物组合可在春天和夏天为蝴蝶和大黄蜂等有益昆虫提供食物来源。花粉和蜜源植物带可为野生动物带来很多好处，如显花植物可吸引大黄蜂等以花粉和花蜜为食物来源的昆虫。大黄蜂是作物和野生开花植物的重要传粉昆虫，适合其栖息的植物有红三叶等。食蚜蝇尤其喜欢开花植物，无论该地方是否有丰富的蚜虫可供其幼虫食用，它们都会在有开花植物的地方产卵。此外，被花粉和蜜源植物吸引的昆虫数量增加，也为鸟类提供了食物。

蜜源植物带的构建和管理方式如下。

(1)植物组合中至少包括3种豆科植物,如红三叶、杂三叶、百脉根。

(2)在组合中可使用优质牧草,如细叶草、莎草、草甸草,以减少一年生杂草的影响。80%优质牧草+20%豆科植物的组合播种量应为15～20kg/hm²,在休耕地构建时豆科种子的比例应不超过50%(重量比)。

(3)构建大小不超过0.5hm²的斑块,每100hm²构建2～5个斑块,为昆虫提供生境网络。

(4)选择光照充足的地点,可考虑沿着人行道或小路选址。

(5)3-4月或8-9月是构建蜜源植物的最佳月份。

(6)蜜源植物带不使用肥料和杀虫剂。除草剂在构建蜜源植物带之前使用,仅限使用无残留类型,或者点状处理或清除恶性杂草。

(7)采取措施防止杀虫剂或肥料由相邻作物飘散(漂移)到植物带中。

(8)蜜源植物带适合在耕地中构建,在未利用或物种丰富的草地中不适合构建。所构建斑块中只允许在秋天和冬天进行放牧,但要确保草地不会被过度放牧破坏。

(9)为激发植物晚开花,将构建斑块的一半在6月刈割,整个区域在9月或10月刈割。在6月刈割之前,核查区域内的野生动物,如野兔或野鸟。为了保护开花植物,最好将割下来的草残渣移除出蜜源植物带,或者尽量切碎后撒开,避免将草地完全覆盖。

(10)蜜源植物带构建后,在后期管理过程中,如果开花植物减少或消失,在3～5年后可能需要重新构建。

总之,蜜源植物带构建有以下关键点:通过构建开花植物组合及针对晚开花进行的管理,保证花粉和蜜源的持续供应;保护花粉和花蜜的自然资源,如树篱和农田边界中的开花植物;由豆科植物组成的蜜源花带通常需要在3～4年后重建,还有一种选择是构建多年生花丰富的边界,由优良牧草和开花植物组成,如矢车菊、山萝卜、百脉根、薯草。

(四)灌木丛或矮树丛构建技术

灌木丛和矮树丛是一种重要的野生生物生境,可以是少数孤立的灌木或幼树,也可以是稠密的灌木丛。灌木丛或矮树是其他生境如草地和林地的自然组成部分，也是景观的重要组成部分。常见的农田矮树种类有山楂树、黑刺李、杨柳等，山楂树分布广泛，主要生长于中性和石灰质土壤中。黑刺李在较深且肥沃的土壤中占优势，杨柳在潮湿的地面易于生长。在构建和管理灌木丛时要充分考虑现存生境和重要景观特征，尽量避免对现有生境的破坏。尤其要考虑生境构建对景观、物种丰富的草地、考古遗址等的影响。

(1)灌木丛可为野生生物带来的益处。灌木丛可提供蜜源、种子、水果，还可为无脊椎动物、鸟类及哺乳动物提供庇护所和筑巢地点，同时为很多开花植物提供适宜的生境。

①多样化的矮树或灌木丛对野生生物来说最具生态价值。不同树龄、不同植物种类及不同结构的灌木丛可为很多野生生物提供支持，因为有些物种依赖于某些植物的特殊生长阶段，有些物种需要特定的灌木，有些需要小的矮树斑块生境。保持所有生长阶段的矮树或灌木丛很重要，从裸地、幼树、成熟林到衰退和腐烂的树木，可为不同生物提供生境支持。

②灌木丛边界是重要的生境。灌木丛边界通常有丰富的开花植物，这些植物可为昆虫提供蜜源，为鸟类和哺乳动物提供种子食源。沿着灌木丛边缘生长的高大草本植物和草地可为小型哺乳动物提供栖息地和庇护所，为鸟类提供筑巢地，为猫头鹰和茶隼提供捕猎区。

③灌木丛结构对鸟类来说非常重要。鸟类会选择在各种矮树或灌木丛中筑巢。金翼啄木鸟、红雀、蚱蜢莺和白喉莺喜欢栖息在分散分布的幼龄灌木丛中。篱雀之类的鸟和柳莺喜欢栖息在生长高度较低且浓密郁闭的灌木丛中。斑鸠、画眉和红腹灰雀喜欢较老成熟的矮树或灌木丛。夜莺需要非常稠密的矮树或灌木丛，如黑刺李或黑莓。

(2)灌木丛或矮树丛的构建方法。

①自然再生。灌木丛可通过自然再生的方式恢复，灌木或矮树可由树篱或林地扩散到农田角落或边缘等地方。沿着树林边缘生长的灌木丛具有很高的生态价值，因为这些灌木丛是树林和农田之间非常好的过渡生境。在有两个或更多树篱相交的农田角落，可构建较大的灌木丛。灌木丛有助于缓冲农用化学品向农田树林和沟渠的扩散，起到隔离的作用。此外，为促进灌木丛再生，通常

需要禁牧或暂停耕种。灌木丛很可能会生长缓慢，从而吸引各种各样的野生生物。

②种植或栽培。只有在自然资源缺乏，或想要快速构建灌木丛的条件下，才有必要选择种植或栽培的方式构建灌木丛。种植时间选择 2－3 月，以此确保新建植灌木的最大构建成功率。仅使用原产于当地的树种，可以是从当地收集的种子，也可以是苗圃培育的树苗。尽量不要成排种植，使灌木丛边缘呈扇形，将不同物种随机混合来提高多样性，或成簇种植使其呈现自然外观。

③植被建植辅助措施。为压实的地表松土有助于种子较轻的物种建植。在建植时除杂草，有助于移除相互竞争的植被，避免种间竞争。

(3) 灌木丛的管理方式。灌木丛需要进行定期维护以保持其特性并保持其对野生生物的价值，同时需要对其进行管理，以防止其威胁到其他野生生物或景观利益。可采用以下措施来管理矮树或灌木丛。

①构建或开发。若所选区域只有很少的灌木丛或没有灌木丛，那么增加现有矮树或灌木丛的覆盖范围，或构建新的灌木丛将产生很大的生态效益，可通过自然再生或人工种植的方式达到重构灌木丛的目的。

②恢复和维持。对于被忽视或无人管理的灌木丛，可以通过恢复增加其结构和物种多样性，然后通过定期管理来维持其多样性。

③控制或移除。当灌木丛侵占农田、保护区、考古遗址或景观利益时，就需要对其进行控制或移除，后续的管理和维持将必不可少。

灌木丛的管理过程中，有很多技术可应用，表 1-28 列出了针对不同目的的灌木丛管理方式。

表 1-28　灌木丛管理技术总结

技术	目的		
	构建	恢复	维持
自然再生	√		
种植	√		
辅助植被建植	√	√	√
防止啃牧	√	√	√

（续表）

技术	目的		
	构建	恢复	维持
放牧和啃牧		√	√
修剪矮树或灌木丛		√	√
刈割		√	√
残枝移除和除根		√	
除草剂应用	√	√	√

参 考 文 献

安登第，2002. 西部大开发：草产业发展的机遇与挑战 [J]. 草业科学，19
　　（4）：4-6.

鲍士旦，2005. 土壤农化分析 [M]. 北京：中国农业出版社.

曹铨，沈禹颖，王自奎，等，2016. 生草对果园土壤理化性状的影响研究进
　　展 [J]. 草业学报，25(8)：180-188.

陈思宇，2015. 磷添加和非农植物多样性对土壤线虫群落的影响 [D]. 开封：
　　河南大学.

陈小云，李辉信，胡锋，等，2004. 食细菌线虫对土壤微生物量和微生物群
　　落结构的影响 [J]. 生态学报，24(12)：2825-2831.

程曼，2015. 黄土丘陵区典型植物枯落物分解对土壤有机碳、氮转化及微生
　　物多样性的影响 [D]. 杨陵：西北农林科技大学.

董锡文，2010. 科尔沁沙地沙丘植物恢复进程中土壤肥力变化及线虫群落空
　　间分布特征研究 [D]. 沈阳：沈阳农业大学.

杜晓芳，李英滨，刘芳，等，2018. 土壤微食物网结构与生态功能 [J]. 应
　　用生态学报，29(2)：403-411.

杜毅飞，方凯凯，王志康，等，2015. 生草果园土壤微生物群落的碳源利用
　　特征 [J]. 环境科学，36(11)：4260-4267.

段倩倩，杨晓红，黄先智，2015. 植物与丛枝菌根真菌在共生早期的信号交流 [J]. 微生物学报，55(7)：819-825.

范瑞英，杨小燕，王恩姮，等，2013. 黑土区不同林龄落叶松人工林土壤微生物群落功能多样性的对比研究 [J]. 北京林业大学学报，35(2)：63-68.

高明，周保同，魏朝富，等，2004. 不同耕作方式对稻田土壤动物、微生物及酶活性的影响研究 [J]. 应用生态学报，15(7)：1177-1181.

高雅，陆兆华，魏振宽，等，2014. 露天煤矿区生态风险受体分析：以内蒙古平庄西露天煤矿为例 [J]. 生态学报，34(11)：2844-2854.

郭胜利，路鹏，党廷辉，2003. 退耕还草对土壤水分养分演变的影响 [J]. 西北植物学报，23(8)：1383-1388.

郭志彬，王道中，李凤民，2013. 退化耕地转化为紫花苜蓿草地对土壤理化性质的影响 [J]. 草地学报，21(5)：888-894.

李飞，刘振恒，贾甜华，等，2018. 高寒湿地和草甸退化及恢复对土壤微生物碳代谢功能多样性的影响 [J]. 生态学报，38(17)：1-9.

李睿，江长胜，郝庆菊，2015. 缙云山不同土地利用方式下土壤团聚体中活性有机碳分布特征 [J]. 环境科学，36(9)：3429-3437.

李鑫，张景云，张萌萌，等，2014. 化学除草剂不同施用方法对紫花苜蓿根际土壤微生物群落碳源利用的影响 [J]. 草地学报，22(1)：57-64.

李玉娟，吴纪华，陈慧丽，等，2005. 线虫作为土壤健康指示生物的方法及应用 [J]. 应用生态学报，16(8)：1541-1546.

李志斐，谢骏，郁二蒙，等，2014. 基于Biolog-ECO技术分析杂交鳢和大口黑鲈高产池塘水体微生物碳代谢特征 [J]. 农业环境科学学报，33(1)：185-192.

刘晶，张跃伟，张巧明，等，2018. 土地利用方式对豫西黄土丘陵区土壤团聚体微生物生物量及群落组成的影响 [J]. 草业科学，35(4)：771-780.

刘晶，赵燕，张巧明，等，2016. 不同利用方式对豫西黄土丘陵区土壤微生物生物量及群落结构特征的影响 [J]. 草业学报，25(8)：36-47.

刘静，孙涛，程云云，等，2017. 氮沉降和土壤线虫对落叶松人工林土壤有机碳矿化的影响［J］. 生态学杂志，36(8)：2085-2093.

刘艳丽，李成亮，高明秀，等，2015. 不同土地利用方式对黄河三角洲土壤物理特性的影响［J］. 生态学报，35(15)：5183-5190.

孟楠，王萌，陈莉，等，2018. 不同草本植物间作对 Cd 污染土壤的修复效果［J］. 中国环境科学，38(7)：2618-2624.

米亮，王光华，金剑，等，2010. 黑土微生物呼吸及群落功能多样性对温度的响应［J］. 应用生态学报，21(6)：1485-1491.

明凡渤，门丽娜，刘新民，2013. 内蒙古武川县农田退耕还草对中小型土壤动物群落的影响［J］. 生态学杂志，32(7)：1838-1843.

潘凤娟，韩晓增，邹文秀，2017. 土壤生态系统中食细菌线虫与细菌相互作用关系研究［J］. 土壤与作物，6(4)：304-311.

曲同宝，王呈玉，庞思娜，等，2015. 松嫩草地 4 种植物功能群土壤微生物碳源利用的差异［J］. 生态学报，35(17)：5695-5702.

时鹏，王淑平，贾书刚，等，2011. 三种种植方式对土壤微生物群落组成的影响［J］. 植物生态学报，35(9)：965-972.

司鹏，乔宪生，2014. 清耕和生草对沙地葡萄园土壤酶活性的空间影响［J］. 果树学报，31(2)：238-244.

苏永中，2006. 黑河中游边缘绿洲农田退耕还草的土壤碳、氮固存效应［J］. 环境科学，27(7)：1312-1318.

孙计平，张玉星，吴照辉，等，2015. 生草对梨园土壤物理特性的影响［J］. 水土保持学报，29(5)：194-199.

万忠梅，宋长春，2009. 土壤酶活性对生态环境的响应研究进展［J］. 土壤通报，40(4)：237-242.

王进闯，王敬国，2015. 大豆连作土壤线虫群落结构的影响［J］. 植物营养与肥料学报，21(4)：1022-1031.

王阳，王雪峰，张伟东，2018. 土壤线虫群落对森林凋落物分解主场效应的作用研究［J］. 生态学报，38(21)：1-10.

吴林坤，林向民，林文雄，2014. 根系分泌物介导下植物-土壤-微生物互作关系研究进展与展望［J］. 植物生态学报，38(3)：298-310.

肖海峰，2010. 土壤食细菌线虫对微生物数量和群落结构的影响［D］. 南京：南京农业大学.

袁晖，何显平，兰立达，等，2013. 大气 CO_2 浓度和温度升高对紫花苜蓿生物量及其分配的影响［J］. 四川林业科技，34(1)：48-51.

张超，2013. 黄土丘陵区根际微生物对退耕地植被恢复的响应［D］. 北京：中国科学院大学.

张海燕，肖延华，张旭东，等，2006. 土壤微生物量作为土壤肥力指标的探讨［J］. 土壤通报，37(3)：422-425.

张静，高云华，张池，等，2013. 不同土地利用方式下赤红壤生物学性状及其与土壤肥力的关系［J］. 应用生态学报，24(12)：3423-3430.

张薇，宋玉芳，孙铁珩，等，2004. 土壤线虫对环境污染的指示作用［J］. 应用生态学报，15(10)：1973-1978.

Aislabie J，Deslippe J R，Dymond J R，2013. Soil microbes and their contribution to soil services［M］. Lincoln：Manaaki Whenua Press.143-161.

Food and Agricultural Organization of the United Nations（FAO），FAOSTAT Online database(FAO，2018)；www. fao. org/faostat/en.

Grab H，Branstetter M G，Amon N，et al.，2019. Agriculturally dominated land-scapes reduce bee phylogenetic diversity and pollination services［J］. Science，363(6424)：282-284.

Hu J，Chen G，Hassan W M，et al.，2017. Fertilization influences the nematode community through changing the plant community in the tibetan plateau［J］. European Journal of Soil Biology，78：7-16.

Ingwersen J，Poll C，Streck T，et al.，2007. Micro-scale modelling of carbon turnover driven by microbial succession at a biogeochemical interface［J］. Soil Biology and Biochemistry，40(4)：864-878.

Jiang Y，Liu M，Zhang J，et al.，2017. Nematode grazing promotes bacterial community dynamics in soil at the aggregate level［J］. The ISME Journal，11：

2705-2717.

Jiang Y, Sun B, Jin C, et al., 2013. Soil aggregate stratification of nematodes and microbial communities affects the metabolic quotient in an acid soil [J]. Soil Biology and Biochemistry, 60: 1-9.

Jiao K, Qin S, Lyu D, et al., 2013. Red clover intercropping of apple orchards improves soil microbial community functional diversity [J]. Acta Agriculturae Scandinavica, Soil and Plant Science, 63(5): 466-472.

Moon J B, Wardrop D H, Bruns M A V, et al., 2016. Land-use and land-cover effects on soil microbial community abundance and composition in headwater riparian wetlands [J]. Soil Biology and Biochemistry, 97: 215-233.

Nayyar A, Hamel C, Lafond G, et al., 2009. Soil microbial quality associated with yield reduction in continuous-pea [J]. Applied Soil Ecology, 43(1): 115-121.

Nielsen U N, Osler G H R, Campbell C D, et al., 2010. The influence of vegetation type, soil properties and precipitation on the composition of soil mite and microbial communities at the landscape scale [J]. Journal of Biogeography, 37 (7): 1317-1328.

Parfitt R L, Yeates G W, Ross D J, et al., 2010. Effect of fertilizer, herbicide and grazing management of pastures on plant and soil communities [J]. Applied Soil Ecology, 45(3): 175-186.

Pretty J, Benton T G, Bharucha Z P, et al., 2018. Global assessment of agricultural system redesign for sustainable intensification [J]. Nature Sustainability, 1(8): 441-446.

Rockstrom J, Williams J, Daily G, et al., 2017. Sustainable intensification of agriculture for human prosperity and global sustainability [J]. Ambio, 46: 4-17. doi: 10. 1007/s13280-016-0793-6.

Ronn R, Vestergard M, Ekelund F, 2012. Interactions between bacteria, protozoa and nematodes in soil [J]. Acta Protozoologica, 51(3): 223-235.

Rutgers M, Wouterse M, Drost S M, et al., 2016. Monitoring soil bacteria with community-level physiological profiles using Biolog™ ECO-plates in the Netherlands and Europe [J]. Applied Soil Ecology, 97: 23-35.

Shen C, Xiong J, Zhang H, et al., 2013. Soil pH drives the spatial distribution of bacterial communities along elevation on changbai mountain [J]. Soil Biology and Biochemistry, 57: 204-211.

Sohlenius B, 1990. Influence of cropping system and nitrogen input on soil fauna and microorganisms in a swedish arable soil [J]. Biology and Fertility of Soils, 9(2): 168-173.

Spohn M, Klaus K, Wanek W, et al., 2016. Microbial carbon use efficiency and biomass turnover times depending on soil depth-implications for carbon cycling [J]. Soil Biology and Biochemistry, 96: 74-81.

Trap J, Bonkowski M, Plassard C, et al., 2016. Ecological importance of soil bacterivores for ecosystem functions [J]. Plant and Soil, 398(1): 1-24.

Urzelai A, Hernandez A J, Pastor J, 2000. Biotic indices based on soil nematode communities for assessing soil quality in terrestrial ecosystems [J]. Science of the Total Environment, 247(2): 253-261.

Van der Heijden M G A, Wagg C, 2013. Soil microbial diversity and agro-ecosystem functioning [J]. Plant and Soil, 363(1-2): 1-5.

Welbaum G E, Sturz A V, Dong Z, et al., 2004. Managing soil microorganisms to improve productivity of agro-ecosystems [J]. Critical Reviews in Plant Sciences, 23(2): 175-193.

Yuan Y, Dai X, Xu M, et al., 2015. Responses of microbial community structure to land-use conversion and fertilization in southern china [J]. European Journal of Soil Biology, 70: 1-6.

第二章　水源涵养区农田面源污染防控

第一节　我国水源涵养区农田面源污染现状及防治对策

一、我国农业面源污染现状

20多年来,中国已经成为世界上湖泊富营养化最严重的国家之一。过量氮、磷等面源污染物进入地表水体,正是造成诸多湖泊、水库和海湾富营养化和有害藻类"水华"爆发的重要原因之一,严重威胁水环境安全。在污染的地表水体中,农业面源污染所占份额越来越高,农业面源污染的危害也日益严重,对农业面源污染采取有效的控制措施,并进行农业面源污染控制工程建设已经成为中国地表水环境保护工作的当务之急。

农业面源污染是指在农业生产和生活活动中,溶解的或固体的污染物,如氮、磷、农药及其他有机或无机污染物质,从非特定的地域,通过地表径流、农田排水和地下渗漏进入水体引起水质污染的过程。典型的农业面源污染包括农田径流(化肥、农药流失)和渗漏、农村地表径流、未处理的农村生活污水、农村固体废弃物及小型分散畜禽养殖和池塘水产养殖等造成的污染。

由于面源污染具有多源性、随机性、广域性、难以监测性等特点,受到行业学者和管理部门的广泛关注。研究表明,面源污染已经成为水体污染的重要污染源,甚至是首要污染源。有学者指出在未来几十年,如何更好地控制面源污染将是我国水环境保护和农村地区最主要的问题之一。全国第一次污染源普查公报显示,农业源全氮、全磷(TP)的排放量分别占排放总量的57.2%和67.4%。农业生产中不合理的作物种植和畜禽养殖行为,是导致流域内大量氮、磷素随降雨和径流进入水体，引起水域生态系统功能弱化的关键因素。2017 年中国水资源公报显示，我国约 21.5% 的河流水质在Ⅵ类及以下；参与评价的 117 个湖泊和 1 038 座水库中，约有 76.9% 的湖泊和 27.1% 的水库处于富营养化状态。有预测指出，如果不加大治理力度，我国农业面源污染将进一步加剧，污染排放的分散化趋势将给治理工作带来更大挑战。

二、我国农业面源污染来源

流域是水环境的重要组成部分，也是水资源的开发与利用重要经济因素，流域自身具有流动性、跨区域性、整体性，保障流域水质安全尤为重要。近年来，我国湖泊流域水体的面源污染总态势呈加重之势，卢少勇等(2017)对洞庭湖流域进行研究，结果发现洞庭湖区全氮、全磷的污染负荷主要来自水田、旱地和畜禽养殖，在 2014 年洞庭湖区全氮、全磷年输出负荷总量分别达到了 103 643.71t、13 032.79t，农业面源污染负荷主要来源是旱地和畜禽养殖。胡芸芸等(2015)运用排污系数法对沱江流域污染物排放量进行估算发现，沱江流域农业面源污染物化学需氧量、全氮和全磷绝对排放(流失)总量分别为 $52.56 \times 10^4 t$、$4.10 \times 10^4 t$ 和 $0.55 \times 10^4 t$。沱江流域农业面源污染属于生产生活复合污染型，其中，畜禽养殖业源是沱江流域首要污染来源，全氮为首要污染物。谢经朝等(2019)对汉丰湖流域农业面源污染现状进行研究，结果表明，2015 年汉丰湖流域农业面源污染全氮和全磷的总负荷量分别为 2 721.42t 和 492.04t，并以肥料源和畜禽养殖源为主要来源。林雪原等(2014)对山东省南四湖流域进行研究发现，2012 年南四湖流域农业面源化学需氧量、全氮和全磷的排放量分别为 254 574.06t、116 976.87t 和 15 554.42t，排放强度分别为 $88.18kg/hm^2$、$40.52kg/hm^2$ 和 $5.39kg/hm^2$，其中污染物的主要来源为畜禽养殖，最主要的污染物是全氮。

由于各地区的自然地理环境、社会经济、人类活动以及实际水质监测状况等不同，各流域的污染程度和污染来源也存在差异，但总的来看，我国水环境状况面临着较为严峻的面源污染问题。

三、农业面源污染防治对策

农业面源污染是一个十分复杂的自然过程，是在一块地或一个区域通过地表径流、土壤渗透进入水体，没有固定的排放点，其污染源的不确定性和污染影响范围的广阔性使得不可能在野外对所有面源污染进行监测，也无法采取集中治理的方法解决农业面源污染，高昂的投入使得观测只能在极为有限的范围内进行，这就给面源污染的识别带来了不确定性，进而造成调控策略的偏差。但可以根据其特点采取针对性的措施减轻危害，目前减少农业面源污染的措施可归纳为 2 个主要方面，即控制肥料向农业生态系统的投入和减少污染物从农业生态系统的输出。

1. 源的控制

在肥料种类的选用方面，可以采用控释或缓释肥料和有机肥料。国外缓释肥料主要用在草坪、园艺等领域。我国对于缓释肥和控释肥的技术水平、产业规模还远不能满足农业生产的需要，还有很大的发展潜力。实施合理科学的作物肥料处方技术，有利于土壤养分有效利用。提倡多施有机肥，我国施用有机肥料的历史悠久，种类繁多；有机肥中的腐殖质可以提高土壤的保肥性能，还可以增强土壤微生物的数量和活力，减轻氮肥氨挥发损失，减缓磷、钾肥在土壤中的固定，提高供肥能力。在施肥方式的改进方面，施肥应尽量考虑分次施肥、深施和平衡施，并结合当地设计出有效的施肥方式，如在干旱与半干旱地区，可以采用孔源施肥；在农业面源污染负荷较严重情况下，可以考虑对某季作物不施肥或尽量少施肥，以兼顾农业的经济效益和环境效益。肥料的混合使用和减少肥料施用速率也可以持续地减少氮素从农田中的损失。此外，还可根据农田土壤特征、农作物生长状况、农作物对养分的吸收特性，合理安排施肥量、施肥方法和次数，使土壤中的养分水平保持在既能满足作物生长的需求，又不对环境产生显著的危害。

2. 扩散途径控制

保护性耕作方式是减少农药和营养物流失的最流行的控制途径之一。段亮等（2007）通过田间实验研究表明，地表覆盖和氮肥深施均能有效地降低氮流失量，其中地表覆膜、秸秆覆盖、肥料条施和穴施分别可降低 60.3%、59.8%、50.1% 和 52.4% 的氮流失。此外，免耕、少耕法、水土保持技术等都有助于控制非点源污染的扩散。利用不同植被对土壤养分吸收能力的互补效应和景观要素（如池塘、湿地、沙层过滤带及植被缓冲带等）对污染物的截留和过滤能力，在一定程度上也可以减少其农田地表和地下径流损失。此外，节水灌溉若能与耐旱品种结合起来应用，污染防治效果会更好。

第二节　丹江口水源涵养区农田面源污染现状及评价

一、丹江口水源涵养区农田面源污染现状

　　丹江口库区位于我国南水北调中线工程源头，是生态功能极重要区和生态环境极敏感区。国务院 2017 年批准的《丹江口库区及上游水污染防治和水土保持"十三五"规划》(以下简称《规划》)目标是库区水质长期稳定达到 GB 3838－2002《地表水环境质量标准》Ⅱ类水标准。农业面源的污染与水质保护和环境保护关系十分密切，农业面源污染是影响其水质的首要因素。降低库区农业面源污染对保障水质安全达标意义重大。按照国家提出的"先节水后调水，先治污后通水，先生态后用水"的总体方针，必须加大库区水源地面源污染治理力度，改善生态环境，杜绝水质污染，确保京津冀地区饮用上放心水(兰书林，2009)。

　　合理估算其水源区农业面源污染物的流失量对确保该水库水质有着重大意义。这几年内丹江口水库湖北水源地全氮和全磷超标，尚达不到国家地表水Ⅱ类水质标准要求，有水体富营养化风险。全氮和全磷超标主要是由于农田面源污染、畜禽养殖废物、农村生活废物废水、水土流失等原因引起的(李莉等，2014)。其中耕地和居民地是面源污染全氮的关键源区。全氮污染易导致水体富营养化甚至诱发水华。丹江口水库水源区全氮和全磷的流失量进行研究，污染物的流失以氮为主，全氮流失量是全磷流失量的 7.156 倍(李中原等，2017)。丹江口水库历年全氮浓度在 0.99～1.50mg/L，均值为 1.25mg/L，并呈现逐年升高态势；硝态氮是水源区全氮的主要组成部分，平均占比 70%左右(辛小康和徐建锋，2018)。禽畜养殖产生的污染物流失量最多，占总流失量的 69.93%，农田化肥产生的污染物流失占总流失量的 21.99%(王国重等，2017)。灌河产生的污染物最多，其次是丹江、淇河、滔河，但在流失强度上却是滔河最大，其次是灌河、丹江、淇河(李中原等，2017)。汉江及其支流全氮年入库负荷为 2.706×10^4 t，为

水源区全氮负荷的主要来源；面源污染是水源区全氮升高的主要驱动力，对全氮输出负荷的贡献率在60%以上(辛小康和徐建锋，2018)。张小勇等(2012)对丹江口库区湖北水源区31个乡镇的农业面源污染现状进行调查，农业面源主要污染物全氮、全磷和化学耗氧量的产生量分别为2 066.93t、240.93t和16 540.18t，排放量分别为1 432.28t、161.83t和4 546.65t；全氮、全磷为该区域农业面源的主要污染物，其等标污染负荷分别占所有农业面源等标污染总负荷的50.26%和41.38%，化学耗氧量只占8.36%。

龚世飞等(2019)以湖北省十堰市郧阳区谭家湾小流域为研究对象，分析丹江口库区农业地表径流及其水质污染特征，识别流域水质污染风险变量，探究主要潜在污染物时空排放规律，估算流域污染负荷并分析污染物来源贡献，应用因子分析方法，通过周年常规监测，对核心水源区典型小流域的地表径流及其水质污染特征进行了分析，并探讨了其时间差异性。同时采用平均浓度法估算了流域内面源污染负荷量和各污染源类型对主要潜在因子负荷的贡献率，主要结果如下。

1. 流域水质污染特征

水质污染特征见表2-1。不同监测断面间的水体浊度、色度及流量变化趋势一致，自上而下逐步增加，下游与上游间存在显著差异($P<0.05$)，这与下游人为活动干扰及断面控制面积的增加有关；其他污染指标在不同空间尺度上变化趋势不明显且各监测断面间差异不显著。参照GB 3838－2002《地表水环境质量标

表2-1　流域水质指标统计描述

断面	pH值	电导率(S/m)	浊度(NTU)	色度(PCU)	流量(m^3/s)
上游	7.54±0.26a	0.62±0.03a	4.32±2.03b	10.83±6.76b	0.09±0.14b
中游	7.61±0.24a	0.60±0.04a	6.95±3.53ab	18.87±8.09ab	0.20±0.11ab
下游	7.62±0.13a	0.61±0.04a	10.25±6.55a	23.52±12.26a	0.36±0.12a

断面	TN(mg/L)	NH_4^+-N(mg/L)	NO_3^--N(mg/L)	TP(mg/L)	COD(mg/L)
上游	1.74±0.51a	0.09±0.05a	1.23±0.34a	0.06±0.02a	10.22±2.32a
中游	1.75±0.72a	0.12±0.08a	1.16±0.42a	0.08±0.03a	10.90±2.35a
下游	1.80±0.64a	0.11±0.06a	1.26±0.37a	0.06±0.02a	10.42±2.20a

准》，各监测点全氮平均质量浓度均已超过Ⅳ类水标准(≤1.5mg/L)；全磷平均质量浓度接近Ⅱ类水标准(≤0.1mg/L)；铵态氮和化学需氧量的平均质量浓度保持在较低水平，均不超过I类水标准(铵态氮≤0.15mg/L、化学需氧量≤15mg/L)；硝态氮的平均质量浓度则远低于水源地标准限制(≤10mg/L)。

2. 流域水质污染风险变量分析

应用因子分析方法识别面源污染主效因子，不同监测断面水质污染特征的因子分析特征向量、特征值和方差累积贡献率如表2-2所示。选取pH值、电导率、浊度、色度、流量、全氮、铵态氮、硝态氮、全磷和化学需氧量10个与水质关系密切的指标进行因子分析。依据特征值大于1的要求，提取前3个主因子做因子载荷分析，用以评估该流域面源污染风险，即F1、F2、F3，其累计贡献率为82.178%，能较好地反映原始数据的基本信息。在影响水质的因子中，F1的贡献率为31.538%，其中全磷所占的因子载荷较大，且与F1呈较强的正相关，主要代表了水体中P的含量；F2贡献率为27.133%，其中化学需氧量、流量所占的因子载荷较大，且均与F2呈正相关关系，主要表征水体中化学需氧量含量水平及地表径流量；F3贡献率为23.462%，主要代表水体中全氮含量。总体来看，全氮、全磷、化学需氧量以及流量是引起该流域农业面源污染风险的主要潜在变量。在分析该流域水质污染特征时，应着重关注全氮、全磷、化学需氧量以及流量变化，以降低该流域农业面源污染风险。

表2-2　单位特征向量、特征值和方差累计贡献率

指标	F1	F2	F3
TN	−0.045	0.210	0.966
NH_4^+-N	0.022	0.048	0.181
NO_3^--N	0.030	−0.059	−0.029
TP	0.876	0.277	−0.232
COD	0.247	0.822	0.417
pH值	−0.035	0.005	0.049
电导率	0.464	−0.328	0.314
浊度	−0.346	0.159	0.333

（续表）

指标	F1	F2	F3
色度	−0.353	−0.020	0.242
流量	−0.051	0.872	−0.202
特征值	3.056	2.761	2.409
贡献率	31.583	27.133	23.462
累计贡献率	31.583	58.716	82.178

3. 流域农业面源污染时空排放规律

流域内上、中、下游3个监测断面主要污染源周年时空排放特征如图2-1至图2-3所示。由图可见，各断面化学需氧量、全氮、全磷浓度随流量变化同步波动，且变化趋势基本保持一致，其中化学需氧量的浓度变化比全氮和全磷剧烈得多。化学需氧量浓度变幅在6～15mg/L，5月当流量达到最大值时出现浓度高峰。全氮浓度长期稳定在2mg/L左右，1－4月上、中、下游平均浓度分别为1.34mg/L、1.11mg/L和1.30mg/L；5－9月随着地区降雨量增多，流量增大，全氮含量均不同程度升高并维持在较高水平，上、中、下游平均浓度依次为2.22mg/L、2.54mg/L和2.46mg/L；此后浓度逐渐趋于稳定。全磷含量随流量变化波动幅度相对较小，全年保持在0.5～1.2mg/L，但依然在5－9月出现了相对高峰，上、中、下游平均浓度分别达到0.08mg/L、0.11mg/L和0.10mg/L，其他时段全磷含量则相对较低。

4. 流域面源污染负荷估算及来源构成分析

不同监测断面水质污染特征的因子分析结果表明，引起流域农业面源污染的主要因素是全氮、全磷、化学需氧量以及流量，应用平均浓度法估算全氮、全磷和化学需氧量污染负荷量。上游、中游、下游流域监测断面全氮年负荷量分别为4.94t、11.04t、20.43t；全磷年负荷量分别为0.17t、0.50t、0.68t；化学需氧量年负荷量分别为29.02t、68.78t、118.27t。流域内上游、中游、下游土地利用类型差别明显，上游主要为林地，中游主要为规模化循环养殖业，下游主要为农业用地及生活区。根据不同流域区间土地利用类型和污染源年均负荷量，分析流域各土地利用类型对流域污染物的贡献。从全氮负荷上来看(图2-4)，农业及生活

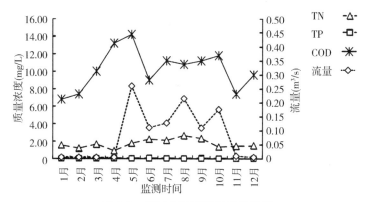

图 2-1　流域上游污染物排放特征

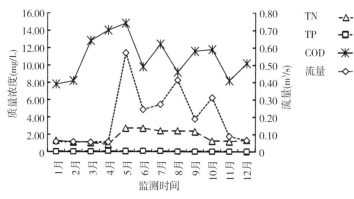

图 2-2　流域中游污染物排放特征

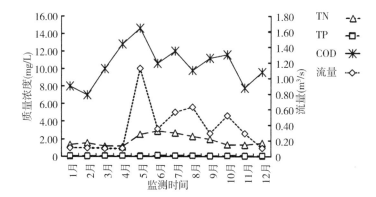

图 2-3　流域下游污染物排放特征

区对全氮贡献最大，为46%，规模化养殖区和林地贡献依次为30%和24%。从全磷负荷上来看(图2-5)，规模化养殖对全磷的贡献将近一半，农业及生活区和林地贡献分别为26%和25%。农业及生活和规模化养殖对化学需氧量贡献较大，分别为42%和34%，林地贡献率为24%(图2-6)。综合来看，减轻流域面源污染负荷，应加大对农业及生活区和规模化养殖的控制管理。

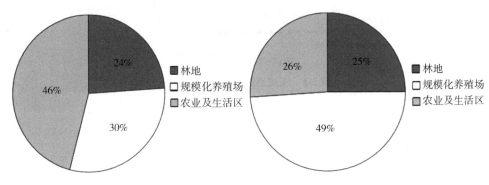

图2-4　年均全氮负荷占比分布　　　　图2-5　年均全磷负荷占比分布

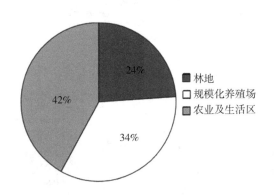

图2-6　年均化学需氧量负荷占比分布

　总的来看，丹江口库区流域内水体浊度、色度及流量在上游与下游间存在显著差异，全氮、全磷、化学需氧量、铵态氮、硝态氮、pH值和电导率在不同监测断面间差异不显著；全氮、全磷、化学需氧量和流量是影响库区水质、造成污染风险的主要潜在因子；5—9月，随着降雨量和流量的增加，同步出现农业面源污染排放高峰。流域内,上游、中游、下游流域监测断面全氮年负荷量分别为 4.94t、11.04t、20.43t,TP 年负荷量分别为 0.17t、0.50t、0.68t,化学需氧量年负荷量分别为 29.02t、68.78t、118.27t。农业生产及生活对全氮贡献较大,规模化养殖对全磷贡献较大,两者联合对化学需氧量负荷贡献率达到 76%。大量氮磷随水土流失进入水体是引起小流域面源污染负荷偏高的主要原因,加大对农业生活区和规模化畜禽养殖的控制管理,构建植被缓冲带等减少水土流失措施,对有效防治丹江口核心水源区典型小流域的面源污染具有重要作用。

二、丹江口水源涵养区农田面源污染特征

1. 污染来源的分散性、复杂性以及溯源的困难性

受农业生产现状的影响,丹江口区农业面源污染来源广泛分散而且复杂,涉及的地域范围广,不仅包括农田径流、农户的生活污水排放和村镇地表径流,还包括农村生活垃圾及固体废弃物、小型畜禽养殖和池塘水产养殖等造成的污染。这就造成了难以在发生之处进行监测、真正的源头难以或无法追踪,治理难度加大。

2. 污染物排放的不确定性和随机性

农业面源污染物的排放受时间、空间的影响较大,排放过程具有明显的不确定性和随机性。同时,农户的施肥行为、生活用水等习惯、畜禽养殖等行为都因人的主观意愿而变,同时降水的不确定性也影响着面源污染的发生,因此造成了农村面源污染排放源、排放时间以及空间分布的不确定性和随机性。此外,污染物在进入水体之前的沿程迁移路线千差万别,无疑加大了污染负荷估算的难度。

3. 污染物以水为载体,其产流、汇流特征具备较大的空间异质性

农业面源污染实际上是指对水体的污染,各种污染物以水为载体,通过地表径流或者地下径流进入江河湖泊,进而形成规模大且浓度低的江河湖泊污染,由于农村地域宽广、土地利用方式多样、地形地势复杂,这就造成降雨引起的产流汇流特征受空间地形的影响,具备较大的空间异质性,污染物的排放区和受纳区难以准确辨认,污染高风险区难以辨识。

4. 污染物具有量大和低浓度特征,难治理,成本高,见效慢

不同于点源污染,农业面源污染物一般是化学耗氧量、全氮和全磷,排放的

大部分污染物在进入水体后浓度相对较低，全氮浓度一般低于10mg/L，全磷浓度一般低于2mg/L。由于浓度低，污染物来源多而分散，造成治理难度加大，传统的脱氮除磷工艺去除效率较低且成本高，见效慢。有效去除低浓度的面源污染物是当前面临的一大难题。

三、丹江口水源涵养区农田面源污染形成的原因

1. 化肥流失

由于丹江口库区周围多为山地，耕地资源紧张，并且大部分耕地土壤为山坡地，肥力较低，因此农民向土地中投入大量化肥以提高作物产量。农业农村部的一项调查显示稻田的氮素利用率为30%～35%，而磷利用率则仅为10%～20%，养分利用效率普遍低下，导致农田径流中全氮和全磷排放量普遍增加。对丹江口湖北水源区进行调查，种植业源的全氮和全磷等标污染负荷量分别占所有农业面源等标污染负荷总量的36.08%和21.71%，是区域内水体富营养化风险的主要构成因子。房珊琪等(2018)研究表明南水北调中线水源地化肥施用量明显过量且逐年增加，2002－2014年，化肥施用量净增长214.44kg/hm^2，其年均增长率达到3.03%。

2. 畜禽和水产养殖

畜禽和水产养殖过程中的残饵以及产生的排泄物等，也是农业面源污染物的主要类型。张小勇等(2012)研究表明在丹江口库区湖北水源区水产养殖业源和畜禽养殖业源占所有农业面源等标污染总负荷比例分别达到14.91%和13.05%，孟令广等(2017)研究结果表明畜禽养殖对水源地全氮具有最大的贡献率。畜禽粪便生产量大，养分含量高，然而粪便利用率低，成为重要的污染来源；水产养殖对库区水体水质有着直接、迅速的影响，需要更为严格的规模控制。

3. 土地利用不当

在山区，不合理的土地利用导致的土壤侵蚀是造成农业面源污染的另一个主要原因，因为营养物质可随流失的土壤迁移进入下游水体。传统的顺坡耕种、陡坡耕作、复种等种植效率高，更易加剧土壤侵蚀。而土壤侵蚀是规模最大、危害程度最严重的一种农业面源污染，它在损失土壤表层有机质层的同时，许多营养及其他污染物进入水体形成严重的农业面源污染。

4. 农村径流和分散式生活污水的排放

受传统生活习惯影响，我国农村生活以一家一户一院的形式为主。农村污水包括农村生活污水(如粪尿水、洗衣水、厨房水等)和农村生产废水(由散户畜禽养殖、小作坊等排放)。农村生活污水和生产废水未经处理的直接排放也是引发农业面源污染的主要原因。由于缺乏管理和规划，大部分农村地区没有污水收集和处理系统，也没有垃圾收集和处理系统，这种分散式的生活污水或垃圾渗滤液直接进入河流和农田生态系统中，势必形成大规模和低浓度的面源污染负荷。

四、未来丹江口地区面源污染治理的发展趋势

1. 系统控制与区域治理结合

面源污染是导致河流、湖泊水体富营养化的主要污染源。如何有效地控制农村的面源污染是消减河流污染负荷、减轻湖泊富营养化危害、改善河流湖泊水质的重要前提。在过去单项技术突破的基础上，对面源污染实行系统控制，实施面源污染"源头减量(reduce)－前置阻断(retain)－循环利用(reuse)－生态修复(restore)"的"4R"技术体系，从而达到全类型、全过程、全流域(区域)的控制，是农业面源污染治理的发展方向。

2. 技术研发与工程示范结合

面源污染的治理是一个综合性工程，高效实用的面源污染治理技术是改善农村生态环境的重要支撑，尤其是开发适合我国农村居住特色、高度集约化的生产方式的面源污染治理技术更加迫切。面源污染中主要污染物是氮、磷等，实现氮、磷的循环利用，不仅可以减少其对水环境的污染，也可补充农作物生产所需的养分，实现污染治理与养分利用的双赢。在技术突破的基础上，把技术转化为治理工程是面源污染治理的重要保障。

3. 面源污染控制与管理结合

农业面源污染来源复杂，要确保面源污染治理取得实效，必须建立农村面源污染管理体系。包括农村污染物的堆放与收集条例、污染物的处理处置规定、污染物治理技术规范、污染治理工程长效运行与维护条例等。同时，在农村要进行生态文化与环保意识的教育，提高农户的环保意识与参与程度，以实现面源污染

治理的长效化。在政策保障方面，要研究与面源污染控制相关的生态补偿政策、产业转型政策、税收调控政策等，并逐步开展试点和示范。

4. 建立农业面源污染监测评价与预警体系

根据丹江口区的土地利用类型和农业生产的多样性，应在不同类型区建立农业面源污染的监测系统，摸清农业面源污染的主要来源及负荷量，主要的排放途径与时空分布，识别面源污染的高风险区域，为有效控制面源污染提供基础数据与依据。在国家级农业环境监测网络的基础上，通过数据分析与系统集成，建立农业面源污染的预警体系，及时发布污染风险预警，为全面控制农业面源污染奠定基础。

第三节 农业面源污染的防控技术与研究方法

一、农业面源污染的治理与防控

针对丹江口水源涵养区农业面源污染问题，中国农业科学院农业资源与农业区划研究所碳氮循环与面源污染创新团队通过实地考察、实验示范，因地制宜地提出土壤养分固持－源头控制－过程拦截－末端治理利用的农业面源污染防治策略(图 2-7)。以减少农田氮磷投入为核心、拦截农田径流排放为抓手、实现排放氮磷回用为途径、水质改善和生态修复为目标的农田种植业面源污染治理集成技术。旨在提升丹江口水源涵养区水质保护、水源涵养和促进当地高效生态农业发展。

(一)养分固持技术

由于养分利用效率低且肥料投入过量，直接导致了农田中氮和磷的过度排放，通过添加土壤养分吸附固持材料，增加土壤养分库容能力，降低流失风险。例如施用肥料增效剂、土壤改良剂等增加土壤对养分的固持，从而在源头上减少养分流失。

1. 肥料增效剂在水稻上的应用效果研究

20 世纪 50 年代以来，有学者开始研究肥料增效剂，肥料增效剂能够减少养

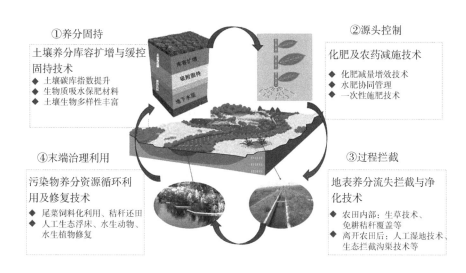

①养分固持

土壤养分库容扩增与缓控固持技术
- ◆ 土壤碳库指数提升
- ◆ 生物质吸水保肥材料
- ◆ 土壤生物多样性丰富

②源头控制

化肥及农药减施技术
- ◆ 化肥减量增效技术
- ◆ 水肥协同管理
- ◆ 一次性施肥技术

④末端治理利用

污染物养分资源循环利用及修复技术
- ◆ 尾菜饲料化利用、秸秆还田
- ◆ 人工生态浮床、水生动物、水生植物修复

③过程拦截

地表养分流失拦截与净化技术
- ◆ 农田内部：生草技术、免耕秸秆覆盖等
- ◆ 离开农田后：人工湿地技术、生态拦截沟渠技术等

图 2-7　农业面源污染防治技术

分损失，抑制肥料的流失或者降解，达到肥料缓释增效的效果，从而提高肥料利用率，减轻肥料污染。杨勇等(2015)通过田间实验研究不同肥料增效剂对水稻产量和肥料利用率的影响。

(1)技术要点。实验采用田间小区实验，小区面积 $20m^2$，小区田埂隔开。共设 7 个处理：NCK－不施肥；YCK－复混肥 $675kg/hm^2$；DCD－复混肥 $675kg/hm^2$+双氰胺 $5.00kg/hm^2$；HQ－复混肥 $675kg/hm^2$+氢醌 $2.70kg/hm^2$；NAM－复混肥 $675kg/hm^2$+复合增效剂 $2.13kg/hm^2$；ANO－复混肥 $675kg/hm^2$+多维肥精 $1.00kg/hm^2$；PASP－复混肥 $675kg/hm^2$+聚天冬氨酸 $0.85kg/hm^2$。肥料增效剂用量根据研究基础设定。小区种植密度株行距为 $16.7cm×20.0cm$，每穴 2～3 苗。各施肥处理氮、P_2O_5、K_2O 用量分别为 $135kg/hm^2$、$67.5kg/hm^2$、$67.5kg/hm^2$。施肥处理以 60%复混肥及抑制剂作基肥施用，40%复混肥及抑制剂作分蘖肥施用。将每小区肥料和增效剂放入塑料盆中充分混匀后均匀施入小区内。

(2)技术效果。施肥量相同的条件下，施用肥料增效剂能够改善水稻产量构成因素，特别是能增加有效穗和每穗粒数，水稻籽粒增产效果明显，增产幅度在 3.51%～6.15%。肥料增效剂能够有效增加水稻养分积累量，提高肥料利用效率，双氰胺氮、钾肥料利用率最高，分别达到 64.21% 和 48.45%，磷肥利用率为 24.67%，仅次于氢醌。添加肥料增效剂氮、磷、钾肥料利用率分别提高 2.29%～8.44%、3.91%～7.40%、2.90%～8.72%。

2. 土壤改良剂的应用效果研究

土壤改良剂作为养分固持材料在农业面源污染防控方面具有较多的研究，土壤改良剂可以有效改善土壤结构，增加团聚体数量和总空隙度，降低土壤容重，同时调节土壤 pH 值，增加土壤对养分离子的吸附量等，从而使土壤保水保肥的能力加强。姬红利等(2011)以设施农业土壤和坡耕地土壤为研究对象，采用外源施用土壤改良剂研究土壤改良剂对土壤解吸过滤液中全磷和可溶性全磷的浓度变化影响；代琳等(2016)通过大田实验方法，研究分析生物质炭不同施入量对旱作农田白浆土土壤碳、氮变化的影响，具体研究与结果如下。

(1)施用土壤改良剂对磷素流失的影响研究。

①技术要点。田间实验选择在滇池流域上蒜乡的坡耕地中开展。实验区规格为 15.0m×27.0m，平分为 4 个处理小区，选取 3 个同样大小规格的样地作为空白对照，四周利用防水材料围隔，其中地下隔离深度 50cm，地上隔离材料高出地面 50cm，小区外周设有径流收集池。采用面施的办法施用 4 种材料：硫酸亚铁(FES)，硫酸铝(ALS)，聚丙烯酰胺(PAM)，五氯硝基苯(PCNB)，施用方法为撒施，撒施配比为：改良剂：水 = 1：500，单位面积改良剂施用量为 0.3g/m²。在主要的雨天(一般为降水量≥10mm，即在施加后第 15d 和 25d)，分别收集径流雨水，并测试分析径流雨水中的全磷和可溶性全磷浓度。

②技术效果。施加改良剂后，径流雨水中 TP 和 TDP 值明显降低，FES，ALS 和 PAM 的施用对降低 P 素流失具有明显的效果。

(2)生物质炭施入对土壤碳氮变化的影响。

①技术要点。播种前，通过旋耕机将生物质炭一次性深翻施入白浆土中。每个小区面积 30m²，小区周边种植同样品种玉米，以去除边际影响。实验按照生物炭施入量设 4 个处理：空白对照(CK) 0t/hm²；处理 1(B1) 10t/hm²；处理 2(B2) 20t/hm²；处理 3(B3) 30t/hm²。实验作物为玉米。大田底肥施尿素 200kg/hm²、二铵 150kg/hm²、钾肥 50kg/hm²，追肥施尿素 120kg/hm²。采取大垄双行种植，足墒播

种，全生育期无人工灌溉，田间管理一致，按高产田水平进行管理。

②技术效果。生物质炭施入土壤可有效提高土壤有机质(SOM)、全氮、微生物生物量碳(MB-C)、微生物生物量氮(MB-N)、硝态氮、铵态氮含量，且均随施入量的增加而提高。与对照(CK)处理相比，土壤 SOM 与全氮含量分别提高了6.88%～43.77%、1.68%～15.91%，土壤 MB-C 与 MB-N 分别提高了 9.76%～60.88%、6.72%～68.91%。添加生物质炭可以显著提高各深度土层铵态氮和硝态氮含量，其中生物质炭施用量为 30t/hm² 时为白浆土旱作农田土壤的最佳施用量。

3. 填闲作物的种植

填闲作物是在主要经济作物收获后，引入一类既可以在时间和空间上填补土地空闲间隙，充分利用自然资源生长，又可以培肥地力减少养分损失的作物。填闲作物一般具有生长期短，地上部及根系生长迅速、生物量大、根系深等特点，能够保持土壤中氮素等养分，有效降低土壤水分渗漏和硝酸盐淋洗等。目前，填闲作物主要分为夏季填闲作物(如甜玉米、桂麻和芥菜等)和冬季填闲作物(如紫云英、黑麦草、二月兰等)。根据当地情况有针对性的种植填闲作物能够有效提高土壤氮素等养分的贮藏和循环能力，而且还能显著改善土壤–作物环境。梁浩(2016)在北京郊区开展了 3 年的田间实验，探讨填闲作物种植对京郊设施菜地夏季敞棚期氮素淋失的阻控作用(图 2-8)。

图 2-8　设施菜地休闲期种植甜玉米

（1）技术要点。设施菜地设有 3 个肥料处理：不施肥(CK)、当地习惯施肥 (N1-施氮 380kg/hm²) 和优化施肥处理(N2-施氮 260kg/hm²)。在夏季休闲期除了选取前茬实验中的 3 个肥料处理(CK、N1 和 N2)作为实验处理外，另外增设 2 个填闲甜玉米种植处理，即分别在 N1 和 N2 处理中进行裂区实验，单设甜玉米种植处理，记为 N1C 和 N2C，小区面积为 6.5m×4.0m。每年实验开始前甜玉米在温室进行育苗，实验开始时移栽定植，株行距 30cm×50cm，定植密度约 9.15×10⁴ 株/hm²。甜玉米种植期间不施肥不灌溉，仅接收自然降水，人工除草。

（2）技术效果。休闲处理的水分消耗项主要是蒸发和渗漏，而填闲处理的水分消耗项主要是蒸腾和渗漏，各处理水分渗漏量由大到小依次为：CK、N1、N2、N1C、N2C，甜玉米的种植提高了土壤水分的上行通量，减少了近 42% 的水分渗漏量。同时甜玉米的种植消耗了土体储存的水分。填闲处理的氮素淋洗量范围为 1.3～50.9kg/hm²，远低于施肥处理和不施肥处理。种植甜玉米的 N1C 和 N2C 处理氮素淋洗量分别比 N1 和 N2 处理降低 80% 和 85%。

(二) 源头控制技术

1. 果园化肥减施增效技术

为追求果园产量，化学品投入强度增加，过量或不合理地使用化肥不仅会增加农业生产成本，土壤肥力下降，造成土壤养分失衡，导致农业面源污染加剧等问题，并且对于果树而言，施肥量过高会造成树体营养供应不平衡，导致果树营养器官的生长，会同花与果实争夺养分，造成生理落果。如何提高果实的品质和产量，减少对环境产生污染成为亟须解决的问题。

化肥减施增效技术的主要方法：一是要减去不合理施肥造成的多用的部分化肥，提升利用效率；二是要推进有机肥与无机肥的结合。只有两者双管齐下，才能保证绿色高效的施肥，提升经济效益，改善生态环境。周喜荣等(2019)以葡萄为研究对象，探究不同施肥葡萄园土壤肥力、葡萄产量与品质的影响。

（1）技术要点。实验采用 6 年生当地主栽葡萄品种"红地球"，小区面积 3.0m×30.0m，株距 0.5m，篱架南北向栽植，田间日常管理同大田。实验采用随机区组设计，共设置 6 个处理，4 次重复，共 24 个小区。具体施肥量见表 2-3。

表2-3　有机肥与化肥配施不同处理施肥量

| 处理 | 生物有机肥 | | 化肥 | | | |
	比例 （%）	施肥量 （t/hm²）	比例 （%）	尿素 （kg/hm²）	磷酸二铵 （kg/hm²）	硝酸钾 （kg/hm²）
CK	0	0	100	508.23	689.13	1 011.11
T1	20	7.20	80	410.88	550.00	802.22
T2	40	14.40	60	307.82	406.52	606.67
T3	60	21.60	40	210.95	265.22	397.78
T4	80	28.80	20	104.57	130.41	197.78
T5	100	36.00	0	0	0	0

（2）技术效果。有机无机肥配施均有助于改善果园土壤养分，培肥土壤，增加土壤有机质、土壤碱解氮与有效磷含量；提高葡萄产量，并显著改善鲜食葡萄品质，经济效益提升明显，但完全有机肥配施不利于经济效益的提升。结果表明，有机肥与化肥配施比例为60%（T3），即60%生物有机肥，21.60 t/hm²+40%化肥，各项指标均处于优等以上水平，为最佳配施比例。

2. 茶园化肥减施增效技术

（1）技术要点。实验设置为小区对比实验，设置6个处理：CK－100%化肥；F1－80%化肥；F2－50%化肥；OF1－80%化肥+20%有机肥；OF2－50%化肥+50%有机肥；OF3－20%化肥+80%有机肥，每个小区的面积为21 m²（3 m×7 m）。各小区随机排布，各个小区之间设1 m隔离行，并采用田埂方式将各小区分隔开，防止各小区间出现串水现象。100%化肥处理中年纯氮施用量为450 kg/hm²，茶园中氮：P_2O_5：K_2O的施用比例为3∶1∶2。各个小区水分管理、病虫害防治等管理措施相同，保证茶树正常生长。

2017年，化肥减施处理中，化肥施用时间为4月1日、5月20日、8月1日，各施肥时间化肥施用量比例为50%、25%、25%；配施有机肥处理中，有机肥于4月1日一次性施入，配施的化肥施用方式同化肥减施处理。2018年，有机肥和化肥于7月13日一次性施入，施肥量占2017年全年的2/5。肥料施用采用沟施的方法，按照径流水的流向，在每个小区设置1个径流桶，用于径流水的收集。

（2）技术效果。茶园化肥施肥量减少20%，茶园土壤速效养分仍可以达到Ⅰ级土壤肥力标准，保证茶叶生长所需养分；随施肥量的减少，径流全氮、全磷浓度显著降低($P<0.05$)；茶叶产量与茶叶品质均未达到显著性差异($P<0.05$)；有机肥-化肥配施比例为 20%～50% 时，达到最佳效果，茶园土壤中铵态氮、有效磷、有效钾含量较单施化肥有所提高，土壤养分含量达到 I 级土壤肥力标准；径流全氮、全磷浓度显著降低。2017 年全年茶叶产量较 CK 显著提高，2018 年茶叶产量亦显著增加。

3. 菜园土壤保水培肥技术

(1) 设施菜地滴灌优化施肥的减排效果。设施蔬菜由于其经济效益和复种指数高，已经成为全球一种重要的蔬菜种植模式。在中国设施蔬菜种植面积达到了 26 700hm^2，占世界设施蔬菜面积总量的 90% 以上。随着社会的进步和人们生活水平的提高，在未来几年中种植面积仍将呈持续增加的趋势。设施菜地不同于大田作物，往往具有施肥量大、灌溉频繁等特点。滴灌施肥技术不仅可以提高作物产量、水肥利用效率，而且可以减少农田土壤 N_2O、NO 排放，受到了国内外学者的广泛关注。谢海宽等(2019)以北方典型设施菜地为研究对象，分析研究滴灌施肥条件下设施菜地 N_2O、NO 排放。

(2) 技术要点。实验设 4 个处理，分别为：漫灌－不施氮肥(CK)；漫灌－农民习惯施肥(FP)；滴灌－农民习惯施肥(FPD)；滴灌，优化施肥(OPTD)。每个处理 3 次重复。实验小区面积为 48m^2(6m×8m)，小区间由隔离带隔开。黄瓜于 2016 年 3 月 9 日定植后立即采用漫灌方式灌水，灌水量为 87.17mm。有机肥和磷肥均作为底肥于定植前一次性施入，化学氮肥和钾肥基追比例为 3∶7。总生育期追肥 6 次，比例为 1∶1∶1∶1∶1∶2。所有处理基肥撒施后翻耕入土；CK 和 FP 处理将追施肥料溶于灌溉水后随水漫灌施入，FPD 和 OPTD 处理采用滴灌，在伸蔓期、开花期和结瓜期将追施肥料随水滴入作物根部附近土壤，黄瓜生长季滴灌水量是漫灌的 75%。各处理肥料施用量和灌溉管理措施如表 2-4 所示。

表 2-4　不同处理施肥量和灌水量

处理	有机肥氮 (kg/hm^2)	化肥(kg/hm^2)			总生育灌溉量(mm)							
		N	P_2O_5	K_2O	3月9日	4月5日	4月24日	5月9日	5月20日	6月2日	6月8日	总量
CK	0	0	120	200	87.17	59.22	42.34	47.81	85.31	59.53	36.56	418

（续表）

处理	有机肥氮（kg/hm²）	化肥（kg/hm²）			总生育灌溉量（mm）							
		N	P₂O₅	K₂O	3月9日	4月5日	4月24日	5月9日	5月20日	6月2日	6月8日	总量
FP	500	700	120	200	87.17	59.22	42.34	47.81	85.31	59.53	36.56	418
FPD	500	700	120	200	87.17	44.38	31.72	35.78	64.06	44.69	27.5	335
OPTD	500	420	120	200	87.17	44.38	31.72	35.78	64.06	44.69	27.5	335

注：4月15日和4月24日为黄瓜伸蔓和开花期，5月9日至6月8日为结瓜期。

（3）技术效果。相同氮肥施用量条件下，滴灌施肥处理（FPD）相比漫灌施肥（FP），不仅能保持作物产量，而且能减少 N_2O、NO 排放总量34.4%、9.0%；滴灌施肥条件下，减少40%氮肥投入（OPTD）比 FPD 分别减少 N_2O 和 NO 排放34.7%和9.1%。FP、FPD 和 OPTD 处理的 N_2O 排放系数依次为1.78%、0.94%、0.53%，NO 排放系数依次为0.08%、0.06%和0.09%（表2-5）。

京郊设施菜地夏季 N_2O 排放强，NO 排放弱。在不改变施肥量前提下，采用滴灌施肥可在保持作物产量的同时，显著减少 N_2O 和 NO 排放。采用滴灌的同时，优化肥料施用量可以进一步减少 N_2O、NO 排放。

表2-5　不同处理 N_2O 和 NO 的排放总量、排放强度和排放系数

项目	处理	平均排放通量 [μg/(m²·h)]	季节排放总量（mg/m²）	排放强度	排放系数
N_2O	CK	817.0±98.00c	7.32±0.38d	0.08±0.00c	
	FP	2 557.7±128.00a	28.69±0.57a	0.24±0.01a	1.78a
	FPD	1 696.8±112.00b	18.62±1.47b	0.15±0.01b	0.94b
	OPTD	1 132.5±117.00c	12.16±0.79c	0.11±0.01c	0.53c
NO	CK	22.85±1.76d	0.32±0.01c	$3.47×10^{-3}±0.00$b	
	FP	59.94±5.19a	0.86±0.03a	$7.23×10^{-3}±0.00$a	0.08b
	FPD	52.92±4.80b	0.77±0.05b	$6.31×10^{-3}±0.00$a	0.06c
	OPTD	47.62±4.53c	0.70±0.03b	$6.45×10^{-3}±0.00$a	0.09a

注：同列数据后不同小写字母表示处理间在0.05水平差异显著。

4. 粮田土壤保水培肥技术

水稻−油菜轮作制是长江中下游最具代表性和分布最广泛的耕作制度，在农业生产中占有举足轻重的地位。为了满足对油菜、水稻等作物的需求，往往通过过量施用氮肥来保证作物产量，施肥在农业的可持续生产中扮演着重要的角色。传统的施肥方式施肥量大、施肥次数多、氮肥利用率低，易造成养分随径流、淋溶及挥发损失，导致农业面源污染的产生。为简化施肥管理，减少劳动力投入和降低成本，实现作物环境效益、产量效益和经济效益的多赢，一次性施肥技术得到了更多的应用。一次性施肥技术是指在作物根际附近只进行一次基施肥的技术，多以控释肥施用为主，根据作物不同生长发育阶段对养分的需求，通过在肥料的表面包上一层膜来控制肥料养分的释放速度和释放量，具有减少施肥量和施肥次数、节约化肥生产原料、提高肥料利用率、简化操作等优点(丁武汉等，2019)。

(1)技术要点。田间实验采取随机区组处理，设置 5 个处理，分别为：不施肥对照处理(CK)、农民习惯施肥处理(FP)、优化施肥处理(OPT)、一次性基施尿素处理(UA)、一次性基施控释肥处理(CRF)。优化施肥处理施肥量是根据当地测土配方施肥结果确定的施氮量。追肥按照水稻季(基肥 70%+分蘖肥 30%)，油菜季(基肥 60%+越冬期 20%+抽薹期 20%)进行施肥。油菜季和水稻季基肥施用均采用沟施肥，施肥深度为 10cm，OPT、UA 和 CRF 处理均施用相同量的氮肥，各处理的磷肥和钾肥用量都是 $75kg/hm^2$，均在播前撒施。

(2)技术效果。油菜季和水稻季土壤渗漏液中氮素的主要形态不同，油菜季渗漏液中以硝态氮为主，水稻季渗漏水中硝态氮和铵态氮各占约50%。从整个轮作周期看，氮素淋失主要发生在水稻季，与 FP、OPT 和 UA 相比，CRF 氮淋失总量分别显著减少 33.7%、20.8% 和 20.7%；但各施肥处理对油菜季氮素淋失影响不显著(表2-6)。在相同施氮量的条件下，与 OPT 相比，UA 不仅保证油菜和水稻均稳产，而且使油菜季氮肥农学效率显著提高了 15.1%，但是没能提高水稻季氮肥农学效率；CRF 水稻产量和氮肥农学效率均差异不显著，但油菜产量和氮肥农学效率分别显著提高 10.7% 和 18.9%。经济效益上，与 OPT 相比，UA 和 CRF 处理油菜分别增收 3 660元/hm² 和 3 048元/hm²，水稻分别增收 3 162元/hm² 和 2 220元/hm²。

表 2-6 水稻－油菜轮作系统不同施氮处理下氮淋失总量和淋失率

处理	淋失总量(kg N/hm²)		淋失率(%)	
	油菜季	水稻季	油菜季	水稻季
CK	4.72±0.34a	8.04±0.86b	—	—
FP	6.88±0.56a	12.72±0.94a	3.3±0.3a	6.1±0.5ab
OPT	5.63±1.39a	10.64±0.35a	3.4±0.9a	6.5±0.2a
UA	5.76±0.30a	10.63±0.43a	3.5±0.2a	6.4±0.3a
CRF	5.00±0.50a	8.43±0.45b	3.0±0.3a	5.1±0.3b

(三) 过程阻断技术

过程阻断技术是指在污染物的迁移过程中, 对污染物质进行拦截阻断和强化净化, 延长其在陆域的停留时间, 最大化减少其进入水体的污染物量。目前常用的技术有两大类, 一大类是农田内部的拦截, 如稻田生态田埂技术、生物篱技术、生态拦截缓冲带技术、果园生草技术; 另一大类是污染物离开农田后的拦截阻断技术, 包括生态拦截沟渠技术、人工湿地塘技术、生态丁型潜坝技术、生态护岸边坡技术、土地处理系统等。这类技术多通过对现有沟渠塘的生态改造和功能强化, 或者额外建设生态工程, 利用物理、化学和生物的联合作用对污染物主要是氮磷进行强化净化和深度处理, 实现氮磷等难减量化的农业面源污染物质最大化从系统内去除。

1. 农田内部拦截

(1) 果园生草技术。果园生草技术是一种较为先进的果园管理技术, 于 19 世纪始于美国, 随着割草机和灌溉系统的发展, 使果园生草栽培模式得以大力推广。与传统果园土壤管理技术相比, 生草技术能够改善土壤结构, 提高蓄水保墒的能力, 增加土壤微生物数量、有机质和养分含量, 改善果园小气候。

关于果园生草方面已有不少研究, 目前生草模式主要有 2 种: 人工生草和自然生草, 又有全园生草、行间生草和株间生草等模式; 人工生草一般选择具有对环境适应强, 水土保持效果好, 矮秆、浅根, 不利于天敌滋生繁殖, 并且耐阴性、耐践踏性强, 有一定产草量、覆盖率高的草种。常用的有豆科和禾本科植物，如豆科的三叶草、草木樨和紫花苜蓿及禾本科的早熟禾、鸭茅和黑麦草等。播种时间多在春(3－4月)、秋(9月)两个季节进行，种植方式一般为条播和撒播。种植后进行适当的田间管理。

果园生草是果园土壤管理制度一次重大变革，我国果园生草技术起步较晚，在20世纪80年代初进行逐步实验和推广，并取得了一定的成效。毕明浩等(2017)为了探究生草覆盖对果园面源污染的防控作用在山东10年生果园研究果园生草覆盖、生草刈割和清耕3种管理措施对氮素表层累积及其流失的影响。朱先波等(2020)为探究生草对猕猴桃果园的生态效应，以猕猴桃果园为研究对象，进行自然生草和人工生草实验。

①果园生草对氮素表层累积及径流损失的影响。

(a)技术要点：采用模拟降雨实验的方法研究氮素径流和渗漏损失。实验设3个处理，分别为：生草处理－人工种植鼠茅草；刈割处理－人工种植鼠茅草，在鼠茅草枯萎后(7月上旬)刈割，仅留下地表以上1cm；清耕处理－不种植鼠茅草，并定期清除其他杂草。每个处理重复3次。模拟降雨设计：在鼠茅草生长季结束后1年内进行3次模拟降雨实验，模拟降雨阶段在鼠茅草生长旺盛，枯萎和萌芽时期。用喷壶进行模拟降雨，3次模拟降雨量分别为50mm、85mm、75mm。

(b)技术效果：研究结果表明，果园生草覆盖可提高土壤肥力，种植鼠茅草处理的土壤表层(0～1cm)矿质氮含量达到生草刈割和清耕处理的2.6倍和4.5倍，径流液矿质氮浓度增加20.9%～42.6%；同时减少径流水损失效果显著，综合3次降雨，生草覆盖使矿质氮的径流损失比清耕降低90%，并且增加深层(25cm)渗漏89.6%。对提高果园保水保肥、减少果园面源污染具有重要的意义。

②十堰猕猴桃果园生草生态效应的分析。

(a)技术要点：实验在两个地块(长平塘村和高岭村)采取随机区组设计，共设置3个处理，处理一，种植白三叶，行间种植豆科白三叶，2017年9月23日播种，播种量为30kg/hm²，于猕猴桃园中耕除草后均匀撒播于小区。处理二，种植多年生黑麦草，行间种植禾本科多年生黑麦草，2017年9月23日播种，播种量为30kg/hm²，于猕猴桃园清耕除草后均匀撒播于小区。处理三，自然生草

（CK）。每个处理设置 3 个重复，小区面积 60m²，含 5 株猕猴桃（株行距为 2.5m×
4.5m）。两个地块在种草前每亩施入 20kg 复合肥作为基肥，种草后不进行施肥；
人工生草在苗期进行 1～2 次人工除草；实验期间不除草，每年割草 4 次，留茬
10～15cm（图 2-9）。

（b）技术效果：相对自然生草，人工
生草可以有效降低果园内的杂草种类和
数量，提高土壤有机质、碱解氮、速效
磷和速效钾含量，降低碱性土壤的 pH
值，其中种植黑麦草效果更好；人工生
草和自然生草在改善土壤温度、提高果
树产量和改善果实品质方面无显著差异。
在长平塘村和高岭村，相比自然生草和

图 2-9　猕猴桃园生草培肥土壤

种植黑麦草，种植白三叶可以大幅降低猕猴桃果园内的杂草种类和数量；在高岭
村，人工生草可以显著提高土壤的湿度（$P<0.05$）；随着种植时间的延长，相对
自然生草和种植白三叶，种植黑麦草提高土壤中碱解氮、速效磷和速效钾含量的
效果更为显著。研究表明，相比自然生草和种植白三叶，十堰市猕猴桃果园更适
合种植黑麦草。

（2）轮作制度调整技术。长期大量施肥不仅导致菜田土壤质量下降，大量氮、
磷等营养元素利用率低，还将造成地下水污染、硝态氮累积和土壤酸化等一系列
环境问题。科学的轮作可以协调作物与土壤之间的关系，减少病原微生物在土壤
的累积，同时避免养分的异常积累和过量消耗，促进作物的高效生产。大量研究
表明，不同作物合理轮作有利于降低氮素等流失淋溶，减少农业面源污染。闵炬
等（2018）为减少土壤氮素径流损失利用固氮作物养分减投与轮作制度调整技术进
行研究；章明清等（2013）为提高肥料利用率，降低土壤氮、磷流失，利用了蔬菜
和水稻在氮、磷吸收强度上的差异，开展了四季豆－瓢瓜－早稻轮作 3 年定位田
间实验，以下为具体措施及效果。

①集约化农田氮素减排增效技术实践。

（a）技术要点：选择轮作制度四季豆－瓢瓜－水稻轮作，设置田间定位实验。

氮、磷各设 5 个水平，共 10 个处理。实验中氮肥用尿素，磷肥用过磷酸钙，钾肥用加拿大氯化钾，实验地不施有机肥。过磷酸钙全部做基肥，氮、钾肥则分基肥和追肥施用，基肥中氮、钾肥各占 50%。剩余的氮、钾肥在四季豆做追肥平分 2 次施用，瓢瓜的追肥则平分 3 次施用。

(b)技术效果：结果表明，经济施肥量为四季豆氮 155kg/hm² 和 P_2O_5 79kg/hm²、瓢瓜氮 247kg/hm² 和 P_2O_5 130kg/hm²，早稻不施肥。取得最佳经济效益的施肥处理，净增收比其他氮、磷水平提高 1.6%～46.8%，氮肥利用率从四季豆和瓢瓜连作的 45.1%提高到四季豆－瓢瓜－早稻轮作的 65.6%，磷肥利用率则从 17.9%提高到 26.5%。四季豆－瓢瓜－早稻轮作的土壤硝态氮和有效磷含量分别为四季豆和瓢瓜连作的 27.5%和 87.0%，为基础土壤硝态氮和有效磷含量的 63.7%和 93.9%。可见，菜－稻轮作较蔬菜连作促进了氮、磷高效利用，降低了土壤氮、磷流失潜力。

②菜－稻轮作对菜田氮、磷利用特性和富集状况的影响。

(a)技术要点：以太湖地区的设施蔬菜实验点为研究平台，设置 2 种轮作制度：农民传统轮作模式(芹菜－番茄－莴苣)和优化轮作模式(金花菜－番茄－莴苣)。每种轮作模式下设置 2 种施氮处理：N1 为农民习惯施氮处理，根据实验所在地农户的平均施氮水平确定，芹菜、金花菜、番茄、莴苣施氮量分别为 620kg/hm²、190kg/hm²、370kg/hm²、490kg/hm²；N2 为优化施氮处理，芹菜、金花菜、番茄、莴苣施氮量分别为 500kg/hm²、150kg/hm²、280kg/hm²、420kg/hm²。

(b)技术效果：传统的集约化蔬菜轮作中引入豆科作物金花菜，可减少周年全氮淋失约 40%，与减量施氮措施相比，改变轮作模式对全氮淋失量的阻控效果更加显著；从全年经济效益来看，在相同施氮处理下，优化轮作模式的经济效益显著高于传统轮作模式，其中以优化轮作模式+减量施氮处理最高，并且可使经济效益提高 29%。

(3)保护性耕作技术。保护性耕作是一种减少土壤扰动和保持地表覆盖的耕作方式，目前已经成为可持续农业的主要技术之一。保护性耕作有利于减少水土流失、改善土壤理化性质和表层土壤的微生物特性、提高作物产量，其主要措施有少耕、免耕、秸秆和残茬覆盖等。大量研究表明，保护性耕作技术能够增加土壤大团聚体含量，提高土壤有机碳含量，促进土壤有机碳的固定。李景等(2015)在 1999 年黄土高原坡耕地区开始长期定位实验，探究保护性耕作对土壤表层(0~10cm)有机碳的影响。

(a)技术要点：实验开始于 1999 年，实验小区种植的作物为冬小麦，夏季休闲(图 2-10)。共设 4 个处理，3 次重复。少耕无覆盖(RT)：小麦收获时留茬10cm，秸秆和麦穗带走不还田，小麦收获后翻耕 20cm，之后耙糖；免耕覆盖(NT)：小麦收获时留茬 30cm，剩余秸秆脱粒还田；深松覆盖(SM)：小麦收获时留茬 30cm，剩余秸秆脱粒后还田，小麦收获后间隔 60cm 深松 30~35cm；传统翻耕(CT)：小麦收获时留茬 10cm，秸秆和麦穗带走不还田，小麦收获后翻耕20cm，不耙糖，播种前进行第 2 次耕翻，施肥，耙糖，播种。各处理施肥量相同，均为氮 150kg/hm^2，P$_2$O$_5$ 105kg/hm^2，K$_2$O 45kg/hm^2。

(b)技术效果：15 年长期免耕覆盖和深松覆盖处理显著提高了土壤 0~10cm 表层有机碳含量及储量，同传统翻耕处理相比，有机碳含量分别提高了 22.9%和 21.8%，有机碳储量分别提高了 21.8%和 16.7%，固碳速率分别为 0.09t C/(hm^2·a)和 0.06t C/(hm^2·a)。微团聚体(<0.25mm)存储了大部分的有机碳，占总团聚体有机碳储量的 65%，但其有机碳含量较低。大团聚体(>0.25mm)有机碳含量较高，约为微团聚体的 3~8 倍。长期保护性耕作(包括免耕覆盖和深松覆盖)提高了黄土坡耕地区土壤及团聚体有机碳储量，是有利于该地区土壤增碳的管理措施。

2. 离开农田后拦截阻断技术

(1)生态拦截沟渠技术。生态沟渠拦截技术在我国起步于 21 世纪初，作为农田生态系统和水域生态系统的过渡地带，是农业面源污染物的最初汇聚地，也是下游湖泊、河流等收纳水体的输入源，其主要措施是在沟渠内种植植物，减缓水流流速，促进泥沙颗粒的沉淀，增加对水体中氮、磷等元素的吸收和拦截作用。生态沟渠遵循生态学原理，在不破

图 2-10 保护性耕作技术

坏水土、气土交换和生态结构的前提下，通过工程技术对地形进行改造，构建稳定的生态系统从而对污染水体进行拦截净化的目的。生态沟渠技术不需要额外占用土地资源，且运行费用低，具有很好的应用前景(图 2-11)。

王晓玲等(2015)以太湖西岸何家浜流域典型农田作为研究对象，探究生态沟渠对水稻不同生长期内的 3 场降雨径流的氮磷去除效果，将当地自然排水沟渠进行改造为生态沟渠，横断面为梯形，沟底种植了茭白，沟壁种植了狗牙根和假稻，研究生态沟渠对降雨径流中氮磷拦截去除效果和沟渠底泥中氮磷的变化，结果发现在 3 场不同强度的降雨过程中，生态沟渠对全氮、全磷的平均去除率分别达到 31.4%、40.8%；生态沟渠底泥全

图 2-11 生态沟渠技术

氮、全磷浓度在水稻的生长周期内呈现先增加后降低的趋势，说明生态沟渠具有一定的自净能力，对氮磷的拦截去除具有可持续性。

(2)人工湿地技术。人工湿地是 20 世纪 70 年代出现的一种污水处理和修复技术，主要是利用湿地生态系统中的物理、化学和生物的共同作用，去除水中的污染物。根据人工湿地水流流动方式的不同，一般可分为表面流人工湿地和潜流人工湿地，其中潜流人工湿地又分为水平潜流人工湿地和垂直潜流人工湿地。由于人工湿地具有成本低、易维护和处理效率高等优点，许多地区湖泊河流等都采用过人工湿地工程技术以控制面源污染。

蒋倩文等(2019)以典型农业小流域为研究对象，建立以生态湿地为主的小流域面源污染生态工程综合治理系统，研究水体氮磷污染物的去除效果。主要包括下列 3 项生态治理工程：组合生态湿地处理工程、多级人工湿地拦截工程、景观型生态湿地净化工程，结果表明：组合生态湿地处理工程对农村分散式生活与养殖混合废水全氮、全磷的平均去除率为 87.1% 和 90.9%；多级人工湿地拦截工程对农田排水与分散式养殖混合废水 TN、TP 的平均去除率为 85.7% 和 84.9%；景

观型生态湿地净化工程对末端汇水区水体中全氮、全磷的去除率在27.1%～67.4%和13.3%～81.5%。整个生态工程综合治理系统对流域TN和TP污染物的总拦截量占研究区农业面源全氮、全磷总污染负荷的35.3%和43.6%。

（3）生态拦截缓冲带技术。缓冲带是指位于污染源及水体之间的植被（森林，草地，灌木和农作物）区，能够拦截地表径流中的污染物。在15－16世纪时，欧洲开始利用植被缓冲带技术阻控农业面源污染，通过缓冲带可有效拦截、滞留泥沙和减少氮、磷等污染物，达到净化和改善水质的功能，降低面源污染的影响。

李伟等（2011）探究不同植被缓冲带对坡耕地地表径流中氮磷的拦截效果，在江苏省宜兴市的某一菜地设置缓冲带，菜地中间是一条宽0.3m的集水沟；缓冲带长6.5m，宽2.0m，菜地和缓冲带之间设置一条宽0.3m的布水沟，其作用是将集水沟收集的菜地排水均匀分布到缓冲带中进行处理，其中选取狗牙根作为缓冲带拦截植物。结果表明，随着缓冲带宽度的增加，缓冲带对菜地排水中各形态氮、磷的拦截效率在逐渐增加，但其拦截效率的增幅却在逐渐降低，综合考虑氮、磷拦截所应达到的效果指标和节约用地的原则，缓冲带的最佳宽度设置为1.5m，此时缓冲带对溶解态氮、磷的处理效率分别为30.3%和54.9%，对颗粒态氮和磷的去除效果分别达到91.2%和94.4%，对全氮（颗粒态+溶解态）和全磷（颗粒态+溶解态）的去除效果分别达到56.1%和85.9%。

（四）末端治理利用

1. 循环利用技术

循环利用技术即将污染物中包含的氮磷等养分资源进行循环利用，达到节约资源、减少污染、增加经济效益的目的。例如对旱地（果园和菜地）的径流进行收集，回灌到稻田中去，实现养分的循环利用（图2-12）。面源污染中氮磷钾等营养元素是农作物或其他植物生长发育所必需的营养元素，通过植物的吸收以及土壤等的吸附固持，能够实现对农业面源污染水体中养分再利用。

（1）茶园种养结合生态循环技术。

①技术概述。随着茶叶生产的发展，机械化作业程度的不断提高，农家肥的减少茶园普遍出现缺有机肥现象，茶芽生长减弱，树势衰老加快，改造年限提前，导致茶树经济生产年限周期明显缩短。为改变这一现状，特提出以养畜积

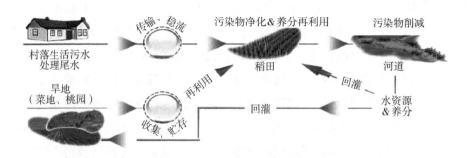

图 2-12　农村各类养分的循环利用示意图

肥、畜肥培茶；种草养畜、种养结合的茶畜草组合型生态茶园建设，促进茶叶生产可持续发展。为解决茶园有机肥短缺的问题，实行养禽、养羊积肥；但养禽、养羊又势必解决畜禽饲料短缺的问题。以种草来供应禽、羊饲料，从而解决禽、羊青饲料的问题，草引进后生长非常好，不仅产量高、草质高，营养丰富，且一年可以收获多次，2 种草搭配种植，还可以解决青饲料断档的问题。通过以种促养、以养促种，种养结合方式，在巩固提升茶园的基础上，通过茶园生态立体种养模式，既能增加茶农收入又能提高茶园管理质量，实现一地多用一地多收的一举多赢效果(过婉珍等，2004)。

②技术要点。分别在安康市汉滨区仁义茶叶种植合作社和紫阳县科宏茶业公司基地设置常规茶园，茶园+羊，茶园+牧草，茶园+牧草+羊 4 种不同生产模式。黑麦草具有产量高，草质好，不仅是羊的优质饲料，也是鸡、鹅、鱼、猪的好饲料。隔一年40%的茶园上一次畜肥的要求。即每年解决茶园畜肥的问题。以养羊解决肥源。每头羊年积羊粪450kg，45 头羊积的肥可解决 15 亩茶园的肥源，每亩茶园隔年可施上 1 350kg，可大大改善目前茶园因单一施用化肥所带来的土壤硬化、板结、吸肥吸水能力弱，茶芽生长后劲不足等现状。并采用放养与圈养结合，以降低饲养成本。

对羊、鸡栏肥需经堆积发酵熟化，使虫、卵及有害生物死亡后再施入茶园，杜绝有害生物带入茶园。茶园逐年轮番得到有机肥的使用，土壤理化性状得到改善，土壤有机质含量增加，土层加厚，土壤中生物如蚯蚓等不断繁殖增多，土壤空隙度增加，通透性改善，茶树抗逆能力强，对夹叶减少，有了良好的高产土壤条件，加上精心管理，达到茶叶持续稳产、高产的目的就为期不远。

比较各处理间在土壤有机质、病虫草害发生情况和防治投入、茶树生长和茶叶产量与品质、实际经济效益等方面的差异。同时从适宜牧草品种的筛选，茶园配套耕作和肥料施用管理技术等方面进一步优化"羊－草－茶"生态栽培模式，在提高茶园水土保持能力的同时降低茶园病虫草害和农药用量，构建绿色高效生态茶园生产模式。

③技术效果。在前期冬季低温和春季倒春寒严重发生的情况下，黑麦草和苜蓿长势比较好，能够实现 1 800kg/亩和 1 500kg/亩的牧草收割量，可以满足 5 只羊 3 个月的牧草需求量，从而实现 3 400元/亩的增收。如茶园施有机肥，每千克鲜叶高出 0.12 元计算，每亩可获净收入 627 元，比单一施用化肥提高效益 29.8%。

（2）沼液利用技术。

①技术概述。沼液是以规模化养殖场粪污为主要发酵原料，经沼气池制取沼气后的液体残留物，是沼气厌氧发酵后的产物。因沼气发酵过程中大量的氮、磷、钾、氨基酸、B 族维生素和生长素被保留下来，其速效养分含量高，作物可快速吸收利用沼液中的养分，不但能提高作物的产量与品质，还具有一定的防病抗逆作用，是优质的有机肥料。

针对果、菜、茶等主要经济作物，果树主要采用沼肥穴施，设施蔬菜采用固肥撒施、液肥提纯后通过水肥一体化施用，茶叶采用固肥撒施、液肥喷灌等方式。沼肥施用量及施用时间依据不同区域果、菜、茶作物养分需求确定。在果园、菜园和茶园种植和畜禽养殖均具有优势的区域，通过新建或优化提升已建沼气工程，配套建设沼肥生产运输、沼气利用、"三园"沼肥施用机具及设施，根据区域特点和不同品种养分需求，推广适宜的沼肥施用技术。结合云计算、大数据、物联网和"互联网+"等新一代信息技术和互联网发展模式，建设覆盖全国的信息化科技服务和监控平台，对果(菜、茶)沼畜循环系统运行情况进行研判和评价，对循环模式运行水平进行优化提升。

郧阳区海拔较高，具有众多养殖企业，控制其生产废水排放是丹江口库区水源地保护的重点。与十堰市农科院经作所合作在位于郧阳区的项目核心示范区的养殖场附近，设置田间实验，开展幼龄茶园沼液施用技术研究，重点解决十堰地区新植茶园栽培过程中的土壤培肥、草害控制以及茶苗养护等技术问题，并对周边进行示范推广。沼渣、沼液是有机质厌氧发酵的副产物，营养成分丰富，被作为有机肥料在农业生产中广泛应用与十堰农科院经作所合作在位于郧阳区的项目核心示范区的养殖场附近，设置田间实验，开展幼龄茶园沼液施用技术研究，重点解决十堰地区新植茶园栽培过程中的土壤培肥、草害控制以及茶苗养护等技术问题，并对周边进行示范推广。沼渣、沼液是生物资源循环利用的重要环节，是一种优质的有机肥料，应用于茶叶生产上具有较高的社会生态效益和经济效益，对于提高茶叶的产量和质量都有积极作用。在谭家湾小流域的幼龄茶园沼液施用技术研究实验主要设置了专用肥（分 3 次施用）、有机肥（1 次施用）+专用肥（50%、分 3 次施用）、沼液+专用肥（75%、分 5～6 次施用）、有机肥（1 次施用）+沼液+专用肥（50%、分 5～6 次施用）共 4 个处理。重点监测土壤养分。

增产增效情况：沼液施用情况下茶树长势良好，明显优于空白对照茶园。沼渣、沼液可以替代部分化肥，促进茶树生长发育，增加茶叶的叶面积、单叶重和百芽重，提高茶叶产量。

②技术要点及效果。2018 年按照实验方案时间节点，对茶园进行春茶采摘前追肥和春茶采摘季结束后追肥，并根据天气和沼液情况对不同实验处理不定期施用沼液。茶树发育状况，比较不同的沼液利用模式在幼龄茶园的应用效果，提出适宜模式并进行示范应用。结果表明：幼龄茶园原先种植不规范及不成行的现象比较突出，经过两年的努力，目前实验区茶树已呈现较好的长势。从去年实验开始实施至今，茶树长势良好，明显优于空白对照茶园。据茶园所有者反馈，今年已经开展春茶采摘，沼液施用方式有 3 种，喷施、撒施、浇施。沼渣、沼液由于发酵原料的不同，营养成分差异较大，在茶叶上的施用量不尽相同。研究报道的施用量：喷施每亩 20～50kg；撒施、浇施每亩 1 000～4 000kg；作为底肥每亩 3 000kg 左右。

沼渣、沼液成分较多，营养全面，施用于茶叶，可提高茶叶品质，降低茶叶中 Zn、Mg、Pb 的含量。沼渣、沼液中有多种活性成分，可以抑制某些病虫害，见表 2-7。沼液根灌对茶饼病和茶炭疽病田间发生量有影响，春茶防治效果优于夏秋茶，相对防治效果达到100%；茶炭疽病最高相对防治效果达到79.72%，对茶棍蓟马的相对防效为45.38%，对茶假眼小绿叶蝉的相对防效为61.67%。喷施沼液具有防治茶蚜，抑制茶饼病危害效果；对小绿叶蝉的发生影响不明显，调查中未见茶毛虫发生(樊战辉等，2014)。

表 2-7　沼液施用对茶园病虫害的防治效果

病虫害	根部施肥	叶面喷肥
茶饼病	有效	有效
茶炭疽病	有效	有效
茶棍蓟马	有效	有效
茶蚜虫	不明显	有效
茶小绿叶蝉	有效	不明显
茶毛虫	有效	不明显

沼渣、沼液在茶叶生产中的施用技术标准，由于发酵原料不同，沼液中的氮、磷、钾含量不一致，因而在利用沼液作茶叶肥料时，需配合无机化肥施用。特别是要根据茶叶生长发育的规律以及对养分需求的特点，制订统一的施用标准体系，实现茶叶生产的安全高产的目标。

(3)秸秆还田技术。秸秆是重要的农业资源，富含有机质、氮、磷、钾和微量元素，还田是秸秆的主要利用方式，秸秆耕翻入土后，在微生物作用下发生分解，在分解过程中进行腐殖质化释放养分，增加土壤有机质含量，微生物繁殖增强，改善土壤结构，同时秸秆还田可减少农田的氮、磷径流损失量。目前，秸秆还田施肥对农田地表径流氮、磷流失的影响研究已很多有报道，如刘红江等(2012)利用大田实验研究秸秆还田对稻麦两熟制农田周年地表径流氮、磷、钾流失的影响，具体实验和结果如下。

①技术要点。选择地力相对一致的平整实验田，每块田都有独立的灌排水沟。小麦季农田排水口和排水沟底部处于同一水平面，低于田面10～15cm；水稻季每次灌水单位面积的灌水量大致相当，农田排水口采用约5cm高的平水口，让径流自由发生，每块田四周有宽约50cm的土埂。两季均设置常规处理(A)、

秸秆还田(B)、秸秆还田减肥(C)、肥料运筹(D)和少免耕(E)5个处理组合。

②技术效果。秸秆还田能够显著降低稻麦两熟制农田周年地表径流氮、磷、钾流失量,使稻麦两熟制农田地表径流氮、磷、钾流失量分别比常规处理下降7.7%、8.0%、6.8%,显著降低了地表径流氮、磷、钾流失率。同时秸秆还田可以培肥地力,水稻成熟期土壤速效养分质量分数显著提高,速效氮、速效磷、速效钾分别比常规处理增加13.6%、15.7%、13.9%;作物产量比常规处理略有增加。

(4)水源涵养区蔬菜废弃物饲料化加工技术。

①技术概述。水源涵养区蔬菜种植业发达,蔬菜产业也是当地农业支柱产业之一。在大量生产鲜菜、加工蔬菜的同时,每年都会产生大量的尾菜等蔬菜废弃物,这些废弃物不但造成农业生物量的浪费,在种植和集中加工地区还会导致生态环境的面源污染。因此,如何解决尾菜等蔬菜废弃物产生的环保压力,成为区内蔬菜种植基地和主产区所面临的重要问题。

前期研究表明,大部分尾菜等蔬菜废弃物富含蛋白质和糖等有机质,是潜在的优质的青粗饲料和蛋白质饲料资源。中国农业科学院饲料研究所单胃动物饲料创新团队通过实地调研,实验示范,研发了"水源涵养区蔬菜废弃物饲料化加工技术",实现尾菜等蔬菜废弃物的饲料化利用,解决储存和利用的难题,提高蔬菜种植业的经济效益。

②技术要点。尾菜等蔬菜废弃物中含有蛋白质、淀粉、糖等动物必需的营养成分以及多种活性成分,也是微生物增殖必需的碳、氮来源。但过高的水分和所含的粗纤维、植酸、鞣酸、芥酸等抗营养因子也影响其饲用价值。根据不同尾菜的营养特性,以尾菜为主,科学搭配其他廉价碳源和氮源配制发酵基质,接种优选的益生菌进行固态发酵,一方面可降解尾菜中粗纤维以及其他抗营养因子、提高养分消化率,另一方面也产生菌体蛋白和乳酸等代谢产物,提高基质营养价值、改善适口性。此外,固态发酵饲料中丰富的活菌也有利于动物肠道健康。

设备和条件要求。尾菜原料堆场:干净的水泥或其他非裸露地面,喷洒无残留消毒剂(二氧化氯)或日光曝晒消毒;青饲料粉碎机:可将物料切成1~2cm的段；饲料混合机：用于混合切碎的尾菜和其他辅料，也可在干净无污染的场所用铁锹手工拌匀；发酵袋：装有呼吸阀的发酵用塑料袋；发酵场地：用于码放袋装发酵饲料的房间，最好有保温条件。

发酵基质配比：发酵基质的配比根据不同类型尾菜的水分、氮、碳含量特性进行设计(表 2-8)。

表 2-8 配制基质比例(以西兰花茎叶为例)

项目	配比(%)	项目	配比(%)
尾菜	55～65	麸皮	15～25
玉米粉	10	玉米皮或谷糠	5～10
发酵菌液	0.5		

尾菜发酵饲料成品质量指标：发酵时间长短主要取决于温度。一般夏季发酵5～7d，冬季发酵 12～15d。发酵过程中会产气胀袋，发酵完成后发酵袋呈真空负压。开袋有发酵后的酸香气味。表 2-9 是西兰花茎叶发酵饲料成品的质量指标。发酵成品储存期长达一年。

表 2-9 西兰花茎叶发酵饲料成品的质量指标

项目	指标	项目	指标
水分(%)	≤65.00	粗蛋白(%)	≥9.14
粗脂肪(%)	≥1.10	粗纤维(%)	≤6.30
粗灰分(%)	≤5.80	钙(%)	≥0.24
全磷(%)	≥0.34	中性洗涤纤维(%)	≤31.00
乳酸(mg/g)	≥19.66		

尾菜发酵饲料用法用量：尾菜发酵饲料可用于饲喂猪、禽、牛、羊、兔、鱼等动物。具体应根据不同尾菜发酵饲料的养分含量确定。猪饲料中一般推荐用量为5%～15%，其中断奶仔猪10%，生长肥育期5%，哺乳母猪15%。禽饲料中一般蛋鸡蛋鸭料5%～10%，肉鸡肉鸭料5%。按比例与全价饲料混合均匀后使饲用。牛、羊等动物可以定量直接饲喂，牛每天 1～2kg，羊每天 0.5kg，或根据采

食情况略做调整。兔按10%～20%比例与其他饲料混合制成颗粒饲料饲喂。草食性鱼饲料中用量可10%～15%，用于其他水产动物不应超过5%。

注意事项：要严格把控尾菜原料质量，腐烂、木质化、气味浓烈的尾菜不可加工饲料；合格的尾菜原料应尽快加工使用，堆放时间不可过长，夏天不得超过12h，其他季节不能超过24h；发酵失败(包括胀袋、破袋漏气、发霉、腐败)的饲料不得饲用，可作为有机肥无害化处理；尾菜发酵饲料水分较高，养分相对含量低，酸性强，不可大量使用或作为单一饲料饲喂。应严格按照推荐比例限量使用；发酵饲料密封破坏后将迅速变质，开袋后应尽快用完。

2. 生态修复技术

生态修复是农村面源污染治理的最后一环，也是农村面源污染控制的最后一道屏障。狭义地讲，其主要指对水体生态系统的修复，通过一些生态工程修复措施，恢复其生态系统的结构和功能，包括岸带和护坡的植被、濒水带湿地系统的构建、水体浮游动物及水生动物等群落的重建等，从而实现水体生态系统自我修复能力的提高和自我净化能力的强化，最终实现水体由损伤状态向健康稳定状态转化。更广义地讲，生态修复是指农业生态系统的整体修复，通过生态工程措施恢复和提高系统的生物多样性，从而实现生态系统的健康良性发展。目前常用的技术有河岸带滨水湿地恢复技术、生态浮床技术、水产养殖污水的沉水植物和生态浮床组合净化技术等。

(1) 人工生态浮床。人工生态浮床广泛应用于富营养化、水体污染的河流、湖泊等水环境修复技术中，运用无土栽培技术将陆生或水生植物种植在浮床载体上，浮于水面，利用植物对营养物质的吸收和吸附作用净化水体水质。生态浮床技术具有投资少，适应性强和生物安全性高的优点，因此广泛在许多湖泊、河流、水库等水体的生态修复、生态整治工程中应用。目前，在水环境污染处理中，应用较多的植物有美人蕉、水龙、水序菜、空心菜、水芹菜、生菜等，这些植物生长快、分株多、生物量大、根系发达，并具有很大的应用价值和经济价值。

郑立国等(2013)以组合型生态浮床对水体修复及植物氮磷吸收能力进行研究，以聚苯乙烯发泡板作为浮床，浮床植物以水生植物和陆生喜水植物为实验植物，选择美人蕉、菖蒲、薄荷、再力花、水稻，植株固定在填有陶粒、蛭石的营养钵内。结果表明，经过4个多月的组合型生态浮床生态修复，天鹅湖上覆水和沉积物中全氮、铵态氮和全磷的去除率分别达到 61.92%、63.09%、80.0%、23.79% 和 37.04%，全磷含量升高了 43.71%；再力花和美人蕉对氮磷的吸收速率较高，对氮的吸收速率达到 12.19g/(m^2·d) 和 7.90g/(m^2·d)，对磷吸收分别达到 0.81g/(m^2·d) 和 0.99g/(m^2·d)。通过浮床系统植物水上部分的收割可以有效去除水体中的氮磷。

(2) 水生植物修复技术。水生植物修复污染水体技术是一种经济有效的治理措施，其主要机理是利用水生植物的生长过程对氮、磷等营养物质进行吸收，减少水体污染，同时在植物根际区域为微生物提供生长适宜的环境，有利于硝化和反硝化反应来加速促进氮营的消耗；植物生长期间与水中的浮藻类进行空间和营养竞争，抑制其生长，从而达到水体净化和修复目的。水生植物一般分为挺水植物、浮叶植物、沉水植物及漂浮植物等四类，一般选取本地物种、具有较好适应能力、生长速度快、对营养物质具有较强富集吸收能力、易于管理且具有经济价值等植物。由于水生植物修复具有投资低、耗能低、无二次污染的优点，目前在国内外得到广泛的应用。

张志勇等(2015)进行水葫芦减少滇池外海北岸封闭水域的内源氮、磷等污染物的研究，在滇池外海北岸，采用不透水软围隔材料构建了 0.25km^2 封闭水域，选择生长健壮的水葫芦放养于围栏内，结果显示：水葫芦放养后生长迅速，每吨鲜重水葫芦吸收氮 1.63kg、磷 0.35kg，通过水葫芦种养示范工程，直接由示范工程水域吸收带走氮 1.15t、磷 0.25t；水葫芦根系具有较好的吸附拦截浮游藻类效果，水葫芦采收后并未引起二次污染，水质无恶化趋势。规模化控养水葫芦可显著消减水体氮、磷等内源污染负荷，同时对浮游藻类吸附拦截效果明显。

(3) 水体动物修复技术。最常见的是生物操纵法，水生动物操纵净化水体的理念最先是 1975 年由捷克水生生物学家 Shapiro 等提出的，指出利用调整生物群落结构的方法来控制水质。利用水生动物治理水体污染，尤其是水库、湖泊型水体富营养化的常用技术，通过去除食浮游生物者或添加食鱼动物捕食浮游植物，从而过滤悬移质，降低浮游植物的数量，间接降低水体中氮、磷等营养盐的含量，提高水的透明度改善水质。有研究向养殖塘中放养螺蛳对鲫鱼养殖塘的底泥和水质的改善效果，结果表明，通过放养螺蛳使得养殖塘水质的污染状况有所缓解，有利于净化水质(孟顺龙等，2011)。张国栋等(2011)向池塘中投入鲢鱼、鳙鱼和草鱼3种鱼，结果发现鲢鳙鱼对富营养化水体的水质净化有显著的作用，明显降低了水中全氮、全磷含量和高锰酸盐指数(COD_{-Mn})。

二、农业面源污染研究方法

(一)农业面源污染定量化研究方法

污染负荷的量化研究是面源污染治理与控制的关键，许多发达国家都把控制农业面源污染作为水质保护与管理的重要组成部分，尤其是随着水环境实施总量控制的管理，农业面源污染的定量化尤为重要。计算面源污染负荷主要研究方法有野外实地监测，人工模拟实验和计算机模拟等。这些方法均能够跟踪监测或模拟氮素流失对环境的影响过程，并对面源污染控制技术的有效性进行相应评价，其中模型化研究是面源污染研究的主要方向。

1. 野外实地监测

在早期的研究工作中，几乎所有数据都来自野外实地监测。目前在野外实测时，一般采用径流小区收集基础数据，然后推算整个研究区的非点源污染负荷量。测量和计算氮素渗漏淋失量的方法较多，常用方法之一就是土壤氮素质量平衡法，其特点是用土壤化学方法分别定量输入、输出项含量，间接地用差减法求出淋失量，其精度取决于相关项的测定情况。而以水分质量平衡为基础的各类方法目前则运用最多，主要有田间渗漏计法和多孔杯-水量平衡综合技术。淋失量计算基于渗漏液浓度(C)和水量(D)，C和D的乘积即为淋失总量。渗漏计法是研究水分迁移和氮素淋失的最直接、有效的手段，其优点是能直接定量C、D值，缺点是安装复杂，对土壤的扰动大，并且通过底部开放而难以模拟底土的基质势(吸力)，常用的如土柱和盘式采样器。多孔技术与水量平衡结合的方法也被广泛用来研究轻质土壤上的氮素淋失(李晓欣等，2006)，多孔杯可获取浓度C，而通过水量平衡的方法可用来计算渗漏水量D，可以说，D值的获得是目前淋失量计算的核心和难点。然而，由于田间实际情况的复杂性和其他因素如土壤孔隙、灌水量和作物长势的空间变异性，不同年型降雨量都是影响氮素流失负荷的主要因素，而且由于数据资料收集困难或可靠性差等缺点，这些都能影响污染负荷的估算精度，因此，目前野外实测方法多数情况下是作为辅助手段，用于非点源污染模型的验证和参数的校正。

2. 人工降雨模拟实验

通过人为控制条件模拟各种自然条件下的非点源污染，可以获取大量在野外工作很难或无法得到的数据，并可以解决野外实测研究周期长、耗资高等缺陷。如黄满湘等(2001)在室内降雨模拟实验条件下模拟农田径流中氮的流失过程，结果表明农田暴雨径流氮养分的流失量与累积径流量成正相关，减少地表径流和土壤侵蚀降低表土中速效氮养分含量是减少农田地表径流氮流失的关键。目前，人工模拟实验主要用于面源污染机理和模型参数的研究，但考虑到田间实际情况的复杂性，此方法仍然存在一定的局限性。

3. 模拟模型化研究

流域内面污染物负荷的研究是面源污染控制的前提，如何准确评价污染物负荷及贡献率成为迫切需要解决的首要问题。对于流域研究而言，由于通过田间监测耗时费力，完全依靠布点观测是不现实的。而最为有效和直接的研究方法是建立模拟模型。模型是对流域面源污染复杂的自然、化学和生物等过程的数学描述，对于污染负荷的预测、控制方案的模拟制订又具有现场监测手段所欠缺的预测功能，因此，模型也成了国际上流域农业面源污染研究的重要工具。

(二) 农业面源污染评价模型——DNDC 模型

由于农业生态系统碳氮循环的源、库、流及其反馈机制非常复杂，尤其在人为干扰下会更加复杂，大多数因果关系都是非线性的，简单的经验性模型无法应用于此类复杂系统，为了描述、预测这一复杂的系统过程，应用过程模型(又称机理模型)不可避免地成为一种重要而被广泛接受的研究方法。迄今为止，国际上已开发出许多功能各异、能描述碳氮循环的复杂的生物地球化学过程模型，如比较著名的 CENTURY、DAYCENT、ROTHC、WNMM 和 DNDC 模型等。

CENTURY 模型是一个基于过程的陆地生态系统生物地球化学循环模型，由美国科罗拉多州立大学的 Parton 等(1987)建立，最早用于模拟草地生态系统的碳、氮、磷、硫等元素的长期演变过程，改进后广泛应用于农田、森林及草原等生态系统。CENTURY 模型特点在于同时考虑了土壤养分和水分对植物生物量和生产力的影响，以及土地利用方式和人类管理活动对土壤养分和植物产量的影响。该模型根据碳循环子模型中碳的周转速率将土壤有机碳库分类为 3 部分：速效库、慢性库、惰性库，目前国内外学者利用该模型对土壤有机碳的模拟做了大量的研究，并取得了较好的结果。CENTURY 模型运转以月为步长，后发展成为以日为步长的 DAILY-CENTURY，即 DAYCENT 模型(Parton et al.，1998)。

ROTHC 模型是 Jenkinson 于 1977 年以英国洛桑实验站长期实验为基础上建立的土壤有机碳周转模型，能够模拟土壤有机碳在一定土层深度中土壤有机碳的动态变化。ROTHC 模型特点是所需输入参数较少并且对土壤有机碳储量模拟精度较高，将有机碳库划分为 5 个部分，即易分解植物残体(DPM)、难分解植物残体(RPM)、土壤微生物量(BIO)、腐殖化有机质(HUM)和惰性有机质(IOM)。首先 DPM 和 RPM 分解为 CO_2、BIO 和 HUM 又进一步分解为 CO_2、BIO 和 HUM，在分解过程中土壤湿度、温度和植被覆盖等因素的调控。ROTHC 模型在经过不断的完善和发展，能够较好地模拟不同地区的农田、森林、草地等土壤有机碳。

WNMM 模型即农业水氮管理模型，由澳大利亚墨尔本大学的 Li 等(2007)开发，主要用于模拟不同农业管理模式下土壤水分迁移、溶质运动、碳氮循环和作物生长等过程。WNMM 模型主要适用于干旱半干旱气候条件下的作物，着重于水肥管理措施对温室气体排放的影响。该模型与地理信息系统(GIS)相结合，所需数据分为 GIS 图层信息、数据库格式的源数据、参考数据和控制数据，在澳大利亚和中国应用较多。

DNDC 模型由美国新罕布什尔大学发展建立生物地球化学模型(DeNitrification-De-Composition，DNDC)(Li et al.，1994)，与以上这些模型相比，最大的特点就是除能同时模拟 CO_2、CH_4 和 N_2O 排放过程外，还能定量评价对作物产量、氮素淋失等的综合调控机制，已成为各国科学家研究农业生态系统碳氮循环重点关注的模型之一。随着各项研究工作的深入，我国科学家经过不断地改进和扩充，也发展了适用于我国特有的农业生态系统的 DNDC 模型，不仅模型本身对我国农业生产中碳氮循环过程或机理的描述越来越精细，而且在评估和预测气候变化或管理措施的改变对作物产量、土壤碳的固定、温室气体排放以及面源污染的综合影响取得了较好的应用效果。以下对 DNDC 模型进行详细介绍(谢海宽等,2017)。

DNDC 模型是目前国际上最成功的生物地球化学模型之一,可以被发展为适合一个特定国家或地区环境条件的模型。我国科学家经过不断地改进和扩充,发展了适用于中国特有的农业生态系统的版本。通过修改土壤水氮运移过程的缺省参数,引入了地表径流曲线和修正的通用土壤流失方程来控制和模拟地表径流,加入了薄膜覆盖管理模式的参数化模块,补充了种养结合的子模型。这些改动不仅增加了模型模拟土壤水氮运移、氮素淋失、地表径流的能力,而且提高了模型在不同生产管理模式下的应用范围。改进后的模型针对土壤有机碳变化、温室气体排放、氮素平衡等方面进行了大量验证,并在点位和区域尺度上进行了广泛应用;此外,对 DNDC 模型存在的问题,如模拟结果不准确、模型参数矫正困难、模型模块不足等进行了讨论;最后,明确了模型在我国农业生产中的贡献,以期为模型的研究和应用提供参考,更好地服务于中国农业生产。

1. DNDC 模型在中国的改进

DNDC 模型最初是以反硝化作用和分解作用为主要模拟过程,用于美国农业土壤中 N_2O、CO_2 等温室气体的排放。随着科学技术的发展,农田管理措施也有了很大改进,模型之前所拥有的模块已经不能满足当前的实际情况,在模型中加入新的模块已经成为模型发展的一项重要任务,比如引入了一个虚拟水库来控制排水流,并采用 Langmuir 方程模拟土壤中铵根离子的吸附与解吸过程,从而提高了模型模拟土壤水氮运动的能力。然而,针对中国特有而复杂的农业生态系统,如气候时空差异大、多作物轮作、地块小差异大、农田管理新技术新材料不断出现等,DNDC 模型仍缺乏合适的参数和功能模块,因此,我国的研究者根据不同需求对模型进行了不断的改进和扩充,不仅模型本身对过程或机理的描述越来越精细,也使 DNDC 模型可以更适应我国农业生产的具体情况。

(1)氮的淋溶流失。氮的淋溶所引起的环境问题越来越受到广泛关注。淋溶不仅受地理条件或水文过程控制,而且受植物、土壤环境制约。李虎等利用 DNDC 模型对山东省典型作物种植模式冬小麦地的水分和氮素淋失量进行估算,并用田间实测到的土壤淋溶水量和硝态氮的垂直运移规律来验证，发现模型对土壤中水分和氮素运移模拟的准确性还存在一定偏差，尤其是对氮素淋失量的模拟，其主要原因是模型在一个地方设定的默认参数值，应用到另外一个地方时，可能需要修改和验证内部参数，这就需要大量的田间实测数据。因此，Li 等(2014)进一步利用中国北方地区 4 种典型种植模式(包括冬小麦/夏玉米轮作、冬小麦/大葱间作、春玉米和设施蔬菜)不同处理的观测数据，采用逐步测试方法对模型中控制水、氮运移的 3 个缺省参数进行测试和修改，校正后的模型不仅提高了模型模拟土壤中水、氮迁移转化过程，同时可以在不影响其他子模块的条件下准确模拟作物的产量和温室气体的排放，进一步扩大了模型的应用范围，也为研究农田土壤氮素淋失机理及其环境效应提供了重要工具。

(2)氮的径流流失。DNDC 模型是根据一维垂向土壤水分的基本方程来动态模拟土壤中水分的运动过程，如：降雨、蒸发、蒸腾、渗透等，其最大的缺点是不能模拟土壤中水分的侧向和水平流动，因此不能够估算泥沙沉淀量以及营养元素与地表径流间的相互关系。而要全面预测氮素的运移过程及其环境效应，土壤水分水平流的信息是必需的。Deng 等(2011)为了使模型可以在日尺度上同步模拟水流量和氮的生物地球化学循环，将可以表示地表径流曲线(SCS 曲线)和修正的通用土壤流失方程(MUSLE 方程)并入 DNDC 模型中。这些改动同时提高了模型对氮素通过地表径流流失和地下排水流失的模拟能力。在四川盐亭县的验证结果表明，修改后的 DNDC 模型在地表径流量、地表径流的氮损失方面的模拟值与实测值的 R^2 分别为 0.99、0.98，作物产量的平均误差为 7.7%。Zhao 等为了使 DNDC 模型可以准确模拟稻田氮的径流流失，对 DNDC 模型进行了一些修改，包括：加入一个田地边缘高度因子；对氮肥在土壤和水中重新定义了分区；允许尿素溶解进水中；校准了 DNDC 模型中的土壤淋溶率。修改后的模型提高了水稻产量、地表径流的 N 损失、地表淋溶的 N 损失等方面的模拟精度。

(3)覆膜节水。水资源缺乏和分布不均等问题，严重制约着我国农业和区域经济的发展。覆膜节水栽培技术已在我国北方地区，尤其是西北地区等得到了大力推广。Han 等(2014)为了使 DNDC 模型可以应用于干旱节水覆膜农业，在原有的 DNDC 模型中加入了覆膜范围和覆膜持续时间 2 个新参数，用户通过定义这 2

个参数可以模拟薄膜覆盖的影响。由于在原来的 DNDC 模型中，当地表处于裸露状态时，土壤表层温度等于来自气象数据的每日平均空气温度和该日最高空气温度的平均值。而在覆膜条件下，土壤与空气的热交换会受到阻碍，因此修改了覆膜条件下的 2 个参数：降低土壤蒸发，提高土壤温度。并且设定了新的土壤温度（0～50cm）计算方式。土壤温度、水的投入、风速等的影响都可以在模型中通过 Pen-man-Monteith 方程及其相关的方程计算，使修改后的模型可以定量化计算出土壤蓄水量以满足作物每日的生长需水。经过改进后的 DNDC 模型可以较好地模拟土壤温度和土壤水分，在薄膜覆盖条件下，R^2 分别达到 0.86 和 0.72；对照区 R^2 也分别达到 0.80 和 0.79。值得一提的是，不管是对照区还是薄膜覆盖区改进后的模型对于作物产量的模拟都偏高，这表明模型仍有进一步改进的空间。

（4）种养系统结合。种养系统结合作为一种典型的生态农业循环模式，对减少农业面源污染、节约肥水资源、优化资源配置具有重要作用，是促进现代农业可持续发展的重要途径之一。Gao 等（2014）模拟了山东小清河流域畜禽养殖系统和农田生态系统的碳氮循环，在最初的 DNDC 模型中加入了畜禽养殖模块，以追踪种养结合系统的碳氮循环，并可以量化来自养殖场和农田中通过大气和水损失的氮，形成了 Manure-DNDC 模型。改进后的模型能够完全模拟种养结合生态系统的碳、氮和水的循环，通过计算每日来自养殖场和农田的 N_2O、NO、NH_3、N10 流量，可以计算出通过大气损失的氮；模型中加入了可以表示地表径流的 SCS 曲线和可以表示土壤流失的 MUSLE 方程，用来模拟氮的地表径流和地下淋溶，并且可以模拟田间和流域的土壤水文状况。经过大量观测数据验证表明，Manure-DNDC 模型在作物系统方面可以很好模拟冬小麦和夏玉米的生长曲线；在家禽养殖系统方面可以很好地模拟氮的相关数据，但是排泄物中的碳数据低于实测值。总的来说，改进后的模型可以用于种养结合系统氮素循环的模拟研究，在碳循环研究方面还需进一步改进。

2. DNDC 模型在中国的验证和校正

模型验证是利用实测数据和模型预测结果进行对比分析，以确定模型是否符合实际。目前，对比分析的指标主要是均方根误差（RMSE）和决定系数（R^2）。RMSE 为 0 时，表示模拟效果最好；决定系数（R^2）越接近 1，表明模拟值与实测值的拟合度越好。表 2-10 总结了 DNDC 模型在我国不同区域使用时，模拟值与实测值拟合程度的相关性情况。如以贵州田间测得的 N_2O 通量验证了该模型，结果表明模型能有效反映气候、农业活动及土壤性状对 N_2O 释放的影响；在山东济南对 DNDC 模型对于氮素淋失的估算进行验证，模型较好地模拟了土壤中 NH_4^+ 和 NO_3^- 随灌溉和施肥条件不同的动态变化。大多数的研究都表明，模拟值与实测值之间有较好的相关性，如在河北曲周实验站的土壤有机碳(SOC)含量模拟值和实测值的 R^2 达到 0.97；在新疆模拟棉花田 CO_2 排放 R^2 为 0.81；在山东省泰安市模拟的农田 N_2O 排放 R^2 为 0.82~0.87。由于农田土壤环境受多种因素的影响，并且不同地区气候、土壤类型差异较大，导致模型的输出结果与实测值之间存在偏差，这就需要对模型进行校正。模型的校正包括对模型缺省参数的修改和模型缺失模块的补充。由于模型的代码是不公开的，增加模型的模拟模块存在一定难度，因此 DNDC 模型的校正主要集中在对模型缺省参数的修改上。如在山东省泰安市大汶口镇实验点采用试错法对 DNDC 模型中与土壤性质有关的参数(如初始硝态氮、铵态氮、土壤孔隙度、田间持水量等)进行校正，校正后的模型可以更准确地模拟该地的土壤性质，同时可以较好地模拟玉米生长期内 N_2O 的排放规律；薛静等在河北省曲周实验站也采用试错法对 DNDC 模型中与冬小麦和夏玉米生长相关的参数(如籽粒最大生物量、生物量在籽粒的分配比例、叶面积指数、固氮系数等)进行校正，校正后的模型可以较好地模拟当地农田叶面积指数、作物产量，同时模拟和再现当地农田土壤 N_2O 的季节变化特征；通过江苏省宜兴市的长期定位实验采用贝叶斯推断的方法，对模型参数不确定性进行研究，结果表明在 DNDC 模型输入参数数据质量不明的情况下，利用贝叶斯推断和MCMC 方法能够有效地实现模型输入参数的自动校正和 SOC 模拟结果不确定性的定量评价。

表 2-10 DNDC 模型模拟值与实测值对比和验证

作物系统	验证	R^2	均方根误差	地点
小麦/玉米/大葱等	产量、N 淋失	—	—	山东省济南市

（续表）

作物系统	验证	R^2	均方根误差	地点
小麦/玉米/油菜等	N_2O	0.72~0.76	—	贵州省农业科学院土壤肥料研究所实验站
冬小麦/夏玉米	SOC	0.97~0.98	—	河北省邯郸市曲周实验站
棉花	CO_2	0.81	—	新疆
冬小麦/夏玉米	N_2O	0.82~0.87	—	山东省泰安市
大豆	N_2O	0.574	—	北京市昌平区
玉米	SOC	0.975	—	内蒙古武川中后河，黑龙江省龙江县
棉花/冬小麦/夏玉米	CO_2、N_2O	0.79~0.90	—	河北省邯郸市
冬小麦/夏玉米	N 淋失	0.94	—	河南省封丘县
冬小麦/夏玉米	SOC	—	<10.0%	河南省封丘县
春小麦/豌豆	SOC	0.895~0.977	—	甘肃省定西市安定区
冬小麦/夏玉米	N_2O、地表温度	0.980(地温)	—	河北省农业科学院衡水实验站
小麦/水稻	N_2O、氨挥发	0.53、0.68	—	湖北省农业科学院南湖实验站
小麦/玉米/大葱等	淋溶水量、N 淋失	—	—	小清河流域
冬小麦/夏玉米	再生水、N_2O	0.701（再生水）	—	北京市通州区
水稻	SOC	0.95~0.98	<10.0%	西南大学实验农场
冬小麦/夏玉米	产量、N 淋失	—	—	四川省盐亭县
水稻/小麦	N_2O、CH_4	—	—	南京市秣陵县
冬小麦/夏玉米	SOC、产量	—	—	陕西省杨凌县
春玉米	SOC	—	<10.0%	吉林省公主岭市
春玉米	CO_2、N_2O、产量	—	<14.0%	辽宁省凌海市
小麦/玉米	SOC	0.904	—	新疆乌鲁木齐市
小麦/玉米	SOC	—	<10.0%	河南省郑州市，北京市昌平区

注：SOC—土壤有机碳。

3. 模型在中国不同农田尺度上的应用

(1) 点位尺度。DNDC 模型在国内的应用始于 20 世纪 90 年代后期，主要集中在农田 SOC 动态变化、农田温室气体如 CO_2、CH_4、N_2O 的排放以及农田氮素淋失估算。表 2-11 DNDC 模型在我国点位尺度上的运用情况。

表 2-11　DNDC 模型在点位尺度上的应用

作物系统	验证	地点
小麦/玉米/大葱等	产量、N 淋失	山东省济南市
冬小麦/夏玉米	SOC	河北省邯郸市曲周实验站
棉花	CO_2	新疆
冬小麦/夏玉米	N_2O	山东省泰安市
冬小麦/夏玉米	SOC	河南省封丘县
春小麦/豌豆	SOC	甘肃省定西市安定区
水稻	SOC	西南大学实验农场
冬小麦/夏玉米	产量、N 淋失	四川省盐亭县
冬小麦/夏玉米	SOC、产量	陕西省杨凌示范区
春玉米	SOC	吉林省公主岭市
小麦/玉米	SOC	新疆乌鲁木齐市
小麦/玉米/油菜	N_2O	河南省郑州市，北京市昌平区
水稻	CO_2	四川省金堂县
水稻	C、N 循环	湖北省梁子湖湿地
小麦	C、N 循环	陕西省长武县

①作物产量。用 DNDC 模型模拟了陕西省杨凌示范区不同施肥处理下的 20 年间小麦、玉米产量的变化；在辽宁省凌海市用 DNDC 模型模拟了不同管理措施对春玉米产量的影响，结果表明，减少氮肥、增加秸秆还田，有助于提高该地区春玉米产量。

②N_2O 排放。用 DNDC 模型模拟了山东省泰安市大汶口镇冬小麦夏玉米的 N_2O 排放规律，研究发现在大喇叭口期、小喇叭口期的排放峰值受降雨和基肥的控制，乳熟期排放峰值受降雨和追肥的控制。以贵州省农业科学院土壤肥料研究所实验站田间测得的 N_2O 通量验证了该模型，并用模型估算了不同施肥条件和耕作措施、不同降水量和温度下该地区的 N_2O 排放通量。

③有机碳动态变化。在河北省邯郸市曲周实验站用 DNDC 模型模拟了不同翻耕方式对土壤有机碳变化的影响，结果表明免耕并施用 112.5kg/hm² 氮肥(纯 N)再配合每年秸秆还田 4 500kg/hm² 的土壤有机碳比初始值增加了 62.0%，翻耕并施用 187.5kg/hm² 氮肥、150kg/hm² 磷肥再配合每年秸秆还田 4 500kg/hm² 的土壤有机碳含量比初始值增加了 56.0%。在河南省封丘县用 DNDC 模型模拟了不同施肥处理下不同时间段内土壤有机碳的变化，结果表明施用有机肥土壤有机碳的增加效果比化肥效果明显。

④土壤呼吸。在新疆用 DNDC 模型模拟了棉田的土壤呼吸，结果表明模型大约低估了 CO_2 累积排放的 15.0%，但是模型可以较好地模拟根呼吸；在四川金堂县地区模拟了冬水田－水稻田、油菜－水稻田、小麦－水稻田 3 种轮作制度下的土壤呼吸量，结果表明：3 种模式下水稻生长期 CO_2 排放通量差别不大，但是在非水稻生长期油菜－水稻田、小麦－水稻田 2 种模式下 CO_2 排放通量分别为冬水田－水稻田休闲期的 5.8 和 6.2 倍。另外，根际呼吸是植物生长的生态系统中土壤呼吸的主要部分，整个生长期的根呼吸贡献率平均为 59.1%～63.0%。

⑤淋溶淋失。在山东省济南市唐王庄用 DNDC 模型模拟了该地农田和设施蔬菜的土壤氮淋失情况，结果表明由于土壤中氮的迁移转化是非常复杂的过程，同时又受降水和灌溉等因素的影响。虽然模拟结果与实际值间存在偏差，但考虑到田间实际情况的复杂性，模型已较好地表现了土壤氮素的基本迁移规律。模拟了四川盐亭县紫色土农业生态实验站土壤氮素淋失情况，结果表明该地小麦玉米轮作期内累积氮流失量高达 36.93kg/hm²，占全年氮肥用量的 13.2%。

(2)区域(或流域)尺度的应用。模型在点位尺度上的验证和工作，是为了在更大的区域尺度上进行应用。任何重大的生态环境问题都是在大尺度上发生的，模型只有在大区域或国家尺度上有适应性才值得研究和推广。DNDC 模型的区域模拟功能是在点位模拟的基础上进一步扩展的，即将区域划分为许多小的单元，并认为每一小单元内部各种条件都是均匀的，模型所需的各个模拟单元因地而异地输入参数，如气象、土壤、作物类型和管理措施等均来自提前建立的 GIS 数据库，模型对所有单元逐一模拟，每一单元每一种作物类型以最敏感因子(如土壤有机质)的最高、最低值分别运行模型 2 次，以减小误差，每一模拟单元的结果进行加和即得到区域模拟结果。表 2-12 列举了部分 DNDC 模型在我国区域尺度上的应用。

表 2-12　DNDC 模型在区域尺度上的应用

作物系统	验证	地点
作物/蔬菜和养殖场	N 淋失	山东省小清河流域
冬小麦/夏玉米	N_2O、CO_2	河北省
冬小麦/夏玉米	N 淋失	天然文岩渠流域
小麦/玉米/蔬菜	N 淋失	山东省小清河流域
小麦/玉米/水稻等	产量	国家尺度
水稻	产量、CO_2、N_2O、CH_4	国家尺度
小麦/玉米/水稻等	N_2O、CO_2、CH_4	国家尺度
小麦/玉米/水稻等	SOC、CH_4、N_2O	国家尺度
水稻	N_2O、CO_2、CH_4	国家尺度
冬小麦/夏玉米	N_2O、CO_2	河北省
小麦/玉米/水稻等	SOC	国家尺度
小麦/玉米/水稻等	SOC	国家尺度
小麦/玉米/水稻等	SOC	国家尺度
小麦/玉米/水稻等	氮素平衡	国家尺度
水稻	CH_4	国家尺度
水稻	CH_4	三江平原
大豆	N 循环	三江平原
小麦/玉米/水稻等	N_2O	国家尺度
水稻	CH_4、N_2O	长江三角洲
玉米/大豆/高粱等	SOC	辽宁省
玉米/大豆/小麦	SOC	内蒙古自治区
小麦/玉米/大豆等	SOC	黑龙江、吉林、辽宁省
玉米	SOC	黑龙江、吉林、辽宁省
小麦/玉米/水稻等	SOC	陕西省
玉米/大豆/小麦等	SOC	密云水库上游

（续表）

作物系统	验证	地点
水稻	CH_4	太湖地区
小麦/玉米/大豆等	SOC	国家尺度
水稻	CH_4	太湖地区
水稻	CH_4	三江平原
水稻	气温、降水	国家尺度

①作物产量。用 DNDC 模型模拟了土壤有机碳变化对作物产量的影响，结果表明当土壤有机碳含量增加 $1gC/kg$，东北地区玉米产量可增加 $176kg/hm^2$；华北地区夏玉米与冬小麦轮作，产量可增加约 $454kg/hm^2$；西北玉米产量可增加 $328kg/hm^2$；中南地区单季水稻产量可增加 $185kg/hm^2$；华东地区双季稻产量可增加 $266kg/hm^2$；西南地区水稻与冬小麦轮作产量可增加 $229kg/hm^2$。在国家尺度上用 DNDC 模型模拟了我国水稻产量变化，模拟结果与当年实测结果有较好的一致性。

②N_2O 排放。李长生等用 DNDC 模型以中国 2 483个县的点位实验模拟估算了中国农田生态系统的温室气体 N_2O 排放，结果表明减少 N_2O 的有效措施是根据土壤氮矿化率来确定因地而异的施肥量，有效降低高肥力土壤因过量施肥而造成 N_2O 高排放的现状。在黑龙江、河北、甘肃、湖南、江苏、四川不同农田生态系统实测 N_2O 的排放量验证了 DNDC 模型，并且预测了该地区不同施肥和秸秆还田处理下的 N_2O 释放通量；采用 DNDC 模拟了水稻田温室气体的排放并进行区域预测，对不同管理措施下中国水稻生产 20 年后的净温室气体排放量以及产量的增加情况进行预测。模拟了不同的农田管理措施对华北平原冬小麦/夏玉米轮作地温室气体排放的影响，结果表明增施有机肥和增加秸秆还田比例替代增施化肥能有效降低该区域温室气体的排放。

③有机碳动态变化。以模型估算了中国农业生态系统土壤碳库的饱和水平及其固碳潜力，指出中国农田土壤固碳潜力为 -0.969 Pg，从总固碳潜力看，湖南省最高，达 13.5 Tg，黑龙江省最低，为 -421.4 Tg，有 21 个省市自治区的农田土壤固碳潜力为负值，表明这些省市自治区的农田土壤应释放相应数量的碳素才

会达到平衡。利用模型模拟了中国 6 个主要农区土壤有机碳长期的动态变化，并指出增加秸秆还田比例和增施有机肥有利于提高土壤碳汇。以模型估算了中国不同地区农田土壤的 SOC 含量以及每年损失量。

④土壤呼吸。用 DNDC 模型对黄淮海平原河北省范围内农田土壤 CO_2 排放量的估算表明，全省释放的 CO_2 有 40.0% 左右来自冬小麦/夏玉米地，并提出减少该地区农业土壤 CO_2 排放量的措施应集中用于排放量高的县市和这些地区的冬小麦/夏玉米地。DNDC 模型不仅可以预测农田温室气体排放，还可以定性识别出温室气体排放高的地区，从而有针对性地根据当地情况提出具体管理措施。

⑤淋溶淋失。用 DNDC 模型模拟了山东省鲁北平原南部小清河流域农田和设施蔬菜地的氮素淋失情况，结果显示流域氮淋失存在较大的空间区域差异，根据不同地区的实际情况进行水氮管理，对减少氮素的无效丢失十分必要。邱建军等模拟估算了中国农田的氮素平衡，从结果可以看出在氮肥施用量高的地区，淋溶丢失的氮素也较多。

⑥CH_4 排放。用 DNDC 模型模拟了集中排水和连续淹水措施下中国水稻田 CH_4 的排放状况，对 1990 年中国水稻田 CH_4 排放模拟的结果表明：集中排水措施下的排放量为 2.3～10.5 $TgCH_4/a$，连续淹水措施下的排放量为 8.6～16.0 $TgCH_4/a$。表明集中排水可以同时降低 CH_4 排放的最小值和最大值，并且通过量化对大气的影响，发现降低中国水稻田 CH_4 排放对空气质量有重要影响。用 DNDC 模型并结合遥感制图技术对三江平原水稻 2006 年的 CH_4 排放进行模拟，模拟结果与实际结果相比，每年每公顷 CH_4 排放量在空间上的差异为 38.6～943.9kg，并且土壤 SOC 含量高、作物生长周期长、生物量大都会增加水稻田 CH_4 的排放。

4. 模型的不足

（1）模拟结果的不准确。总的来说，DNDC 模型可以准确模拟温室气体排放和土壤有机碳变化等，但还存在一些不足。研究结果基本正确模拟旱地农田大豆 N_2O 排放通量的生长期变化，但模型低估了干旱期和非农业活动期农田 N_2O 排放通量. 主要是由于模型认为农田排放 N_2O 在时间上是不连续的，其排放过程受降雨和农业活动所驱动。因此，对于干旱期和非农业活动期农田的 N_2O 排放反应灵敏度不够。李虎等在山东济南唐王庄的研究结果表明，模型在田间灌溉水量较大的情况下对淋溶水量的估计偏高。这可能是由于土壤中各剖面的饱和导水率不同所致，而模型只能详细模拟 0～50cm 土层的土壤水分运动，对于更深的土层，模型认为各土层物理性质均一。勾继等在华东地区稻麦轮作农田生态系统的研究结果表明：小麦生长前期 N_2O 排放实测值比模拟值高 3～4 倍，模拟的 N_2O 排放总量低于实测值的原因，很可能是低估了反硝化作用的 N_2O 排放量。表明模型还需要得到更广泛的校准和验证。

（2）模型校正的困难。DNDC 模型需要输入的参数较多，并且受环境和气候因素影响较大。不同区域的生态环境和气候不同，因此 DNDC 模型在应用到不同地区的时候可能需要对参数进行修改，即对模型进行校正。目前模型校正主要面临着两个问题：如何准确找到校正的参数和模型的代码是不公开的。模型中任何一个单独的过程如作物生长、土壤质地、气候条件等子模型对土壤碳、氮的动态变化、N_2O 排放等都是相关的，这就使得模型的校正变得困难，即使是有编码能力的研究者，也很难去准确找到需要校正的参数。目前，广泛使用的模型参数校正方法只有 2 种(试错法和贝叶斯推断法)，从而限制了提高模型的准确性。

（3）模型模块的缺乏。DNDC 模型最初是针对农田生态系统中碳氮循环过程而开发的，几十年来经过不同研究工作者的改进已经可以模拟包括森林、草地、湿地等所有生态系统的碳氮循环。随着科学技术的发展，农田管理措施也有了很大改进，模型之前所拥有的模块已经不能满足当前的实际情况。比如近年来设施蔬菜的种植面积逐年增加，成为氮素污染的重要原因之一；我国农业生产中磷流失造成的水体污染日益严重；生物肥料、微量元素肥料等新技术的应用，使模型之前所拥有的模块已经不能满足当前的实际情况，因此在模型中加入新的模块已经成为模型发展的一项重要任务。如在模型中加入设施菜地大棚环境模块、磷流失子模型模块、新型肥料的施用模块。模型的使用是为了更好地服务科学实验，当其不能满足科学工作的需要时，我们应该勇于创新，建立适合当前环境的新型 DNDC 模型。

(4) 区域尺度模拟的不确定性。模型发展的主要目的是为了在区域尺度上的应用。由于气候的空间差异性很大，从点位尺度上的验证到区域尺度的应用均非常困难。虽然 DNDC 模型有按照比例从点位扩大到区域尺度模拟的能力，但受输入数据的质量和模型中对生物化学过程模拟的精确性的限制，也造成了区域尺度上模拟结果的不确定性。为了解决这个问题，首先应该提高输入数据如气候、土壤性质、农田管理措施的准确性，其次提高模型对土壤中水氮移运等过程的模拟能力。

(三) DNDC 模型验证和应用实例

1. DNDC 模型在小清河流域的验证和校正

农田氮肥施入土壤后有 3 个去向，一部分氮素被当季作物吸收利用，一部分残留于土壤中，另一部分则离开土壤和作物系统而损失。在目前普遍高施氮量和大水漫灌的情况下，残留在土壤剖面中的硝态氮随水逐年下移，最终离开土体进入地下水是氮素损失的主要途径。以环渤海集约化农区典型流域——山东小清河流域为例，现阶段该流域氮肥用量仍然保持着较快增长的势头，大大超过氮肥的合理施用量，氮素的大量盈余必然会导致氮肥向水体的直接流失显著增加，并且部分氮素还会积累在土壤中，对地下水造成潜在的威胁。DNDC 模型可与地理信息系统及流域模型耦合，适合于点位和区域尺度的土壤碳氮循环，已有众多研究者将 DNDC 模型用作流域氮流失机理及其污染。因此，应用已建立的基于氮循环的机理过程的 DNDC 模型，从空间尺度上利用不同地点不同作物系统的田间定位观测数据对模型进行验证，并与 GIS 技术相结合建立流域数据库，利用该模型从宏观尺度上识别全流域氮流失的负荷及关键源区，能够定量分析农田氮污染的主要来源和贡献。

冬小麦/夏玉米轮作是小清河流域典型的种植制度，而且在野外实验中，所获取的该地点的气象数据、土壤数据以及田间管理措施更详细，取样时间更长，所获取的资料更丰富，因此模型的验证和校正主要以冬小麦-夏玉米轮作系统作为参数调试和模块修正的对照值，其他的作物系统(大葱以及设施蔬菜)的不同处理主要用以检验模型校正的有效性。

(1) 水分淋失量模拟。水在田间经历着一个极为复杂的运动过程。大气降水或灌溉水到达地表后，一部分被渗吸进入土体变成土壤水；另一部分则有可能以地表径流形式流走。入渗水在土壤剖面上以饱和或非饱和流继续下移，经历重力水和水势梯度等再分配以及内排水过程。在入渗－再分配－内排水这一紧密相连的过程中，一部分水流到根层以下，如果不断得到下渗水补充的话，可继续下移，直到地下水；或者暂时贮存于底土内，干旱季节水再回升到根层内。另一部分土壤水被植物根系吸收，除少量贮存于植物体内，大部分则经过叶面蒸腾进入大气，或直接通过土壤蒸发散失到大气中。可溶性的溶质在水分的作用下，可直接被作物吸收，或运移到根区范围以外淋失到地下水里。如图 2-13 所示，DNDC模型通过追踪每日的降雨和灌溉输入的水量、植物阻截水分、地表水汇集、地表水径流、土壤渗透流、重力流以及植物蒸腾蒸发量等，就可以计算土体内水分亏缺度和水分淋失量。

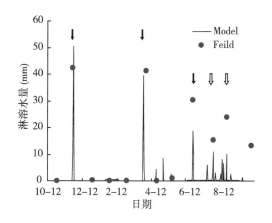

实箭头－灌溉；空箭头－降水。

图 2-13　冬小麦/夏玉米轮作土壤中水分淋失量模拟值和实测值对比

　　模型计算结果是以日为时间步长的，即模型认为土壤水向下淋失的过程中，需要一段时间才能淋失到土壤底层，而田间观测的水分渗漏量实际上为这几日的累计量。因此将模型的模拟结果分别进行累加就可得到该时段总的水分渗漏量，然后再与田间观测结果对比分析。田间观测表明，土壤中水分运动主要受土壤质地以及降雨和灌溉的影响，只有在大的降水或灌溉后才能收集到一定量淋溶水，其余几次基本没有或很少。对比分析表明模型基本上捕捉到了田间观测到的强降雨、灌溉后淋溶水量峰值，而且在出现时间上也较为相近。需要指出的是模型结果也还存在一些偏差，即在玉米生长季节，降水量较大的情况下，模型低估了水分淋失量(图 2-14)，这可能由于模型认为一部分水量通过径流损失了，而实测中径流水量几乎没有。通过比较全年水分淋失量的模拟值和观测值，Theil 不等系数为 0.34，模拟精度不高。

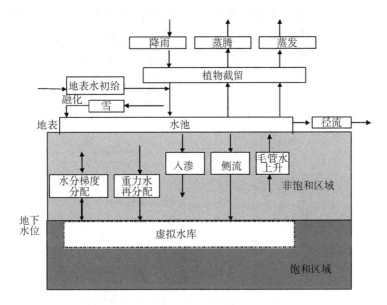

图 2-14　DNDC 模型中土壤水分运动图

(2)氮素淋失量模拟。模型考虑氮素的循环过程包括矿化、固定、反硝化、氨挥发、豆科植物的氮固定、化肥和有机肥的施用、植物吸收、径流和渗漏损失等过程；土壤有机氮分为可矿化氮和稳定氮，其中矿化考虑了氨化和硝化两个过程，速率取决于可矿化氮的数量，并受土壤温度和湿度的影响。在旱地土壤中硝化作用非常易于进行，因此土壤中无机氮主要以硝态氮的形式存在。根据田间实测结果，淋溶水中铵态氮的浓度一般低于 1mg/L，远小于硝态氮的浓度。而且模型认为淋溶水中氮素形态全部是以硝态氮的形式存在的，铵态氮被吸附在土壤表面不易随土壤水分淋溶到土壤深层，故可以不考虑铵态氮的影响。模型模拟结果表明，一次大的降水或灌溉后，氮素淋失发生在随后的3~4d时间里，而实测到的氮素淋失量实际是这段时间氮素淋失总量，因此与实测值进行对比分析前，需要将这段时间的氮素淋失量的模拟值进行累加。通过实测值与模拟结果对比表明（图2-15），模型基本上捕捉到了实测中的小麦返青施肥后、玉米生长季施肥后大量的氮素淋失量。而在其他时期模拟的氮素淋失量较实测值都明显偏小，这可能由于模型认为当过量的氮肥施入土壤中后，由于土壤pH值偏碱性，大量的氮转化为 NH_3 挥发，因而模拟的氮素淋失量偏小。同时比较实测和模拟的全年氮素淋失量，Theil 不等系数为 0.43，这表明模拟精度也偏低。因此必须通过校正模拟参数来提高模拟精度。

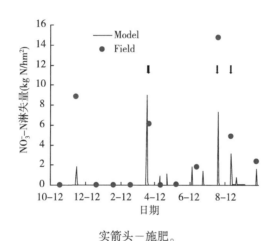

实箭头—施肥。

图 2-15 冬小麦/夏玉米轮作土壤中 NO_3^--N 淋失量实测值与模拟值比较

（3）模型的校正过程。模型的校正过程模型的校正主要从水文模块和氮素损失模块进行，主要的校正参数如表 2-13 所示。校正过程如下：采用试差法，即在合理的范围内微调部分直接决定氮素淋失量的参数 DF，然后再调整其他参数值，或者几个参数同时调整，直至模型结果与实测值相近。

表 2-13　DNDC 模型中用于校正土壤水分淋失量及 NO_3^--N 淋失量的参数

参数	方程	描述	DNDC 缺省值	测试值范围
DF	Day_ leach_ NO3 = DF * (day_ clay_ N-base_ clay_ N) * day_ leach_ water * F_ IrriMethod	解吸附系数，决定了硝态氮淋失量。值越大，氮素淋失量越大	15	2～30
dDVD	Day_ leach_ water+ = (dD-VD * WaterPool)	方程中系数，决定了水分从土壤孔隙中的淋失量。值越大，水分淋失量越大	0.000 1	0.000 1～0.002
fsf	Volatilization_ NH3 = 0.01 * (float) pow (10.0, fsf) * NH3 [1] * (…)	函数中系数，决定了 NH_3 的挥发量。系数值越大，NH_3 挥发越大，氮素淋失量越小	0.01	0.001～0.01

　　不同参数值条件下，DNDC 模型在冬小麦-夏玉米轮作地模拟氮素和水分淋失量的表现如表 2-14 所示。首先校正氮素损失模块，即分别改变 DF 值和 fsf 系数值，表中可以看出单独改变这两个参数值，氮素淋失量模拟值和实测值的 Theil 不等系数 U 值仍比较大，不能满足精度要求。而且这只能改变氮素淋失量的大小，并不能改变水分淋失量，因此还必须结合修改水文模块的 dDVD 参数。当增加 dDVD 的值从默认的 0.000 1 到 0.001 后，土壤水分淋失量有了较大的提高，因而也增大了氮素淋失量，越接近于实测值，模型结果似乎可以接受，但此时模拟的 NH_3 挥发量达到了 212.7kg N/(hm^2 · a)，占到了当年总施肥量 596.25kg N/(hm^2 · a) 的 36% 以上，但根据实地的调查结果，实际氮肥通过 NH_3 挥发损失量为 30% 左右，模拟值偏大，因此需要适当减少 NH_3 挥发量，即减小 fsf 系数值。经过一系列的调整后，对于冬小麦－夏玉米系统，保持 DF 缺省值不变，dDVD 参数值为 0.002，fsf 系数值为 0.008 时，氮素和水分淋失量的 Theil 不等系数 U 值分别为 0.18 和 0.037。在此参数下 DNDC 模型对冬小麦/夏玉米轮作系统水分和硝态氮的淋失模拟效果最好(图 2-16；图 2-17)。同时对模拟值和实测值进行相关分析表明，模型计算与田间测量的淋溶水量及硝态氮淋失量的相关系数(r)分别达到了 0.94(n=12) 和 0.91(n=12)，经相关系数显著性 T 检验，P<0.01，相关性显著，这表明模型经过校正后，DNDC 能更好地模拟和再现该地区冬小麦－夏玉米轮作系统农田土壤水分以及氮素的淋失，充分说明校正后的模型参数是合理的。

表 2-14 不同校正参数下 DNDC 模型在冬小麦-夏玉米轮作地模拟输出值比较

参数值	NO₃⁻N 淋失量（kg N/hm²）			水分淋失量(mm)		
	实测值	模拟值	U	实测值	模拟值	U
DF=15，dDVD=0.000 1，fsf=0.01	38.76	22.1	0.430	176.49	116	0.343
DF=2	38.76	12.39	0.680	176.49	116	0.343
DF=15	38.76	22.1	0.430	176.49	116	0.343
DF=30	38.76	24.4	0.370	176.49	116	0.343
fsf=0.005	38.76	35.1	0.094	176.49	116	0.343
dDVD=0.001	38.76	36.6	0.056	176.49	157	0.110
dDVD=0.001，fsf=0.005	38.76	50	0.290	176.49	157	0.110
dDVD=0.002，fsf=0.008	38.76	45.8	0.182	176.49	170	0.037

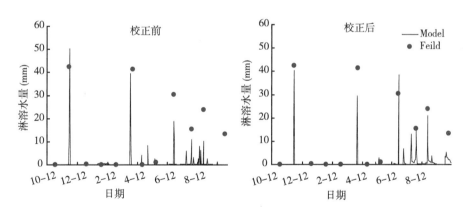

图 2-16 模型参数校正前后土壤中水分淋失量模拟值和实测值比较

2. 应用 Manure-DNDC 模型模拟畜禽养殖氮素污染

畜禽养殖是重要的农业面源氮素污染源头，大量的畜禽粪便施入农田后，会加大农田氮素径流和淋溶损失强度。畜禽养殖废弃物氮素污染过程复杂，涉及动物自身营养循环以及废弃物通过不同途径进入环境的过程，目前大多通过排放系数法估算畜禽养殖过程产生的氮素污染负荷(高懋芳等，2012)。应用最新版 Manure-DNDC 模型，基于遥感和 GIS 建立流域范围非点源污染数据库，模拟分析

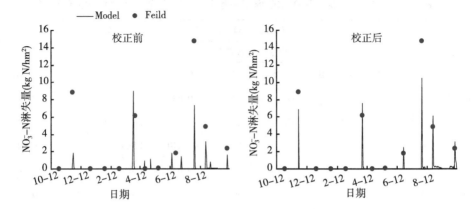

图2-17　模型参数校正前后 NO$_3^-$-N 淋失量实测值与模拟值比较

各主要类型畜禽污染物产生量，以及粪便管理过程中的氮素流失量。

Manure-DNDC 模型自问世以来，在近20年的时间里，模型的开发者不断对它进行修改与完善，并在世界各地得到广泛的验证和应用。最初的模型由3个子模块组成，分别是水热、分解和反硝化，用于模拟农业土壤中由降水驱动的 N_2O、CO_2、以及 N_2 排放，随后在模型中加入了植物生长子模型以及作物管理方案的模拟。2000年，首次提出了厌氧球(Anaerobic balloon)的概念，并成为模拟土壤中氧化与还原反应的核心内容。农业生态系统碳氮循环过程中，营养物质损失的方式有很多种，除了气态损失以外，淋溶和地表侵蚀也会有大量营养物质流失，造成地表水和地下水的污染。为此，模型分别加入了土壤水分垂直运动和氮素吸收过程模拟，以及地表径流和碳氮侵蚀过程模拟。另外，由于畜禽养殖在农业生态系统碳氮循环中的作用越来越引起人们的重视，Manure-DNDC 模型加入了畜禽养殖与粪便管理模块，模拟整个农业生态系统碳氮循环。到目前为止，模型一共包括8个子模块，各模块包含的主要内容以及模块之间的关系如图2-18所示。

畜禽养殖是农业生态系统碳氮循环的重要组成部分，它与农田的作物生产是紧密结合的，农田中的部分产品流入畜禽养殖系统中，成为动物饲料，动物产生的粪便等经过收集、处理，重新进入农田。畜禽粪便在收集、储存、处理以及转运过程中，会产生甲烷排放、氨气挥发、以及径流侵蚀等，造成养分流失和环境污染。不同种类的畜禽粪便在性质上有较大差别，影响粪便生物地球化学变化的

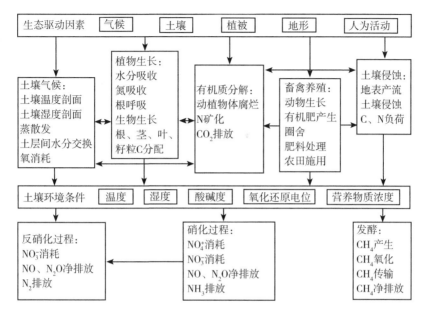

图 2-18　Manure-DNDC 模型结构

因素也有很多，数学模型能够较好地模拟这一过程。

Manure-DNDC 模型基于畜禽养殖过程中的一系列生物地球化学过程，将畜禽喂养、圈舍管理与环境控制、粪便存储与处理等过程有机地结合在一起，重点表现碳氮的运移、转化规律，CH_4、N_2O、NO、CO_2、NH_3 的排放通量，模型的结构如图 2-19 所示。针对非点源污染，模型加强了畜禽养殖、粪便处理过程和农田氮素淋失的模拟，为流域总体氮负荷评价提供了新的方法。

Manure-DNDC 模型能够模拟的动物种类主要有奶牛、肉牛、小牛、猪、羊和家禽，支持圈舍养殖和放牧 2 种养殖方式。在畜禽粪便处理过程中，可以模拟堆肥、沼气池、氧化塘、消化池等主要的粪便处理方式，模型对每一种处理方式的过程都进行了详细地描述。为了检验 Manure-DNDC 模型对中国畜禽养殖过程中碳氮模拟的适应性，"环渤海区域农业碳氮平衡定量评价及调控技术研究"项目组对 Manure-DNDC 模型模拟数据与典型监测点的实测数据进行了比较，并根据中国畜禽养殖特点，对模型进行了改进，增加了不同的畜种养殖模块、不同的饲

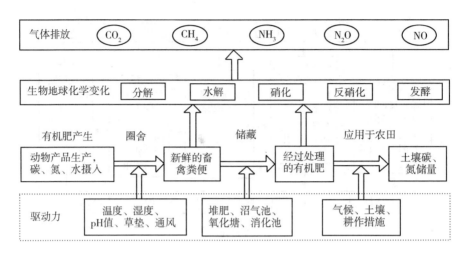

图 2-19　畜禽养殖生物地球化学过程模型结构

养阶段、固液分离和固体粪便贮存模块等，并对其中的主要参数进行了校正。

　　Manure-DNDC 模型畜禽养殖子模块输入参数主要有 4 类，分别是畜禽类型和饲养方式、畜舍条件、粪便处理方式、有机肥施用方式，具体参数如表 2-15 所示。输出参数主要有粪尿产生量，动物饲养、堆肥、氧化塘、施入农田等环节产生的各种温室气体总量，饲养过程、粪便处理、以及施入农田后的氮素淋溶量。

表 2-15　畜禽养殖子模型输入参数

项目	输入参数
畜禽类型和饲养方式	牲畜类型、头数、每天喂养的干物质总量和粗蛋白含量
圈舍条件	通风状况、单位牲畜所占面积、草垫、粪尿处理方式
堆肥	体积大小、密度、堆肥时间、添加物质
消化池	容量、表面积、覆盖物、排水频率
氧化塘	容量、覆盖物、存储时间
沼气池	容量、CH_4产生量
有机肥施用于农田	比例、碳氮比调节、深度、作物、土壤

第四节　农业面源污染政策及防控建议

一、农业面源污染相关政策

进入 21 世纪以来，随着对点源污染进行有效控制后，面源污染的问题日益被人们关注，成为重要的环境问题。农业面源污染是社会经济因素和自然环境因素交互作用的结果，因此，对其防控治理不仅要探究合理的技术应用，还要结合社会经济发展的变化，制订更加完善的具体政策措施，减少农业面源污染，保护生态环境。

美国作为经济大国，农业面源污染问题突出，其治理水平也在世界上处于领先地位，具有较为完善的防控政策。1972 年美国颁布了《清洁水法案》，设定了全国性的水质目标，并制定了确保相关的监管机制，之后进行了 3 次修改，在第 3 次修改中将重点集中到面源污染的控制上。尽管《清洁水法案》有许多成功之处，但是目前仍然存在多种水质问题，随后美国又出台了一系列法规、政策以及保障体系，如《农场安全农村投资法》《环境质量激励计划》等。总的来看，面源污染防控责任主要是由州政府进行承担，地方法律与联邦法律互补，而联邦政府则提供一定的科技和财政支持，依靠联邦和各州政府的激励手段，鼓励自发的污染控制。随着农业面源污染问题的动态变化逐步推进相关法律政策，在联邦与各州之间制定相互协调的配套政策，为农业面源污染防控奠定了基础。

与美国不同，欧盟对面源污染的控制除了环境立法外，还实施行业规制政策，以"共同农业政策"配合环境立法来控制面源污染。欧盟对环境保护问题的关注开始于世界环境大会之后，1991 年颁布了《硝酸盐指令》，目的是减少由农业生产的硝酸盐对水环境造成污染；同年欧盟又出台了《杀虫剂法》，目的就是控制杀虫剂的最大使用量。进入 21 世纪后，欧盟开始实施农业与环境交叉配合协议，对进行环境友好的生产耕作方式的农民进行财政支持，达到防治农业面源污染的目的。此外，由于欧盟各国的农业面源污染情况不同，因此各国有针对性地制定相关规章政策来引导和鼓励本国农户。通过实施一系列农业污染防控的法律法规、政策措施和经济手段等的实施，欧盟各国对农业面源污染取得了有效控制。

在我国工业化发展初期，农业环境一直缺乏有效治理，农业面源污染严重影响了土壤、水体和大气的质量，随着农业环境污染日益严重，我国在 1973 年拟定了《关于保护和改善环境的若干规定》，提出了关于植树造林、资源综合利用、水土保持、环境监测等多项关于环境保护的政策措施，标志着现代环境管理的开始。之后制定了一系列农业环境政策，主要以命令、控制手段为主，经济补偿和激励性措施少。进入 21 世纪，农业自身排放的面源污染问题变得不可忽视，2014 年《畜禽规模养殖污染防治条例》生效，标志着农业污染治理工作开始进入法制化轨道。现阶段，我国开始重视整个农业阶段的治理，农业环境项目投入力度加大，但仍存在政策体系不完整、目标界定较笼统，控制对象不明确、缺乏采用严格的管理措施等缺点。

二、农业面源污染防治的对策建议

(一) 建立完善的法规政策体系

目前我国现已制定了一系列针对农业面源污染防治条例等法律法规，并进行了相应的行动计划，取得了一定的成效，然而对于农业面源污染防治具体的、可操作性的规定和法律规范力度仍有所欠缺。因此完善的法律法规是农业面源污染防治的首要依据，制定和实施农业面源污染政策体系，明确农业面源污染防控的具体实施细则，提出科学的防治目标、思路、措施，科学指导开展农业面源污染防治。针对具体污染来源、成因和程度等来源制定标准，建设适合农村面源污染防治规章和政策。

1. 地膜残留污染防控相关政策建议

完善政策法规，促进依法行事。地膜残留是我国特有和新污染问题，关于这方面的法律法规还很不完善，国家和地方政府已经制定相关文件大部分属于应对目前紧急状态的临时之策，因此，与地膜残留污染相关的国家、地方有部分应该认真研究解决地膜残留污染的长久政策，从全局、长远的角度，在已有政策法规基础进行系统梳理和完善，明确地膜残留污染防治的责任主体，彻底解决目前地膜残留污染防治无法可依局面。完善补贴措施，促进地膜残留问题解决。完善合理的回收激励机制，以及实用高效的技术手段是地膜残留污染防治的重要方面。相关部门应该根据过去几年各地在地膜以旧换新、标准地膜补贴、农机补贴、可降解地膜替代等方面进行系统分析，进一步梳理和明确政策支持的范围和资金补贴力度，调动社会、企业和农民参与地膜残留污染防治的积极性，从而实现从目前点状回收到全地膜覆盖区域的地膜回收。

2. 加强畜禽养殖环境管控的政策扶持

近十年来，在国家政策和资金的大力支持下，各省市地区相继出台针对畜禽粪污治理的补贴政策，多集中在粪污处理设施及配套设备的一次性投资上，以财政专项形式实施对养殖场资金直补。政策扶持力度较大的多分布在东部沿海地区，包括江苏、浙江、上海、北京、天津等地。但总体来看存在下述问题：第一，粪污治理扶持政策覆盖范围窄，真正享受到补贴的奶牛场占极少数；第二，总补贴资金无论在畜牧、农业、环境各领域占比极小，且多缺乏稳定支持资金和倾斜机制；第三，单一按照畜禽养殖规模、废弃物产排量决定治理设施与设备建设投入及补贴额度，易分配不公。对此，应根据不同地区畜禽养殖业发展实际情况，加大畜禽废弃物的综合防治扶持力度，科学测算补贴标准，细化补贴和评估办法。建议将养殖类型、养殖规模、环境条件、主要环境问题、适合的清粪工艺和治理模式、技术手段等分门别类，对不同情况下养殖场的各环节成本投入和预期收益以及各利益相关方意愿进行综合评价，并以综合治理效果作为重要评价标准，科学核算出补贴额度和比例。

3. 建立健全肥料管理法律体系

目前，中国的肥料管理由发改委系统(负责化肥行业管理)、技术监督系统(负责磷复肥生产许可、肥料质量抽检)、农业系统(负责肥料登记、使用管理)和工商系统(市场管理)多个部门承担，市场管理经常出现主体不明确、政出多门、乱管滥罚等现象，这与中国尚未有一部完整的肥料管理法规有关。

我们可以借鉴国外成功经验和教训，如美国肥料管理都是由农业行政主管部门负责，管理效率非常高，美国各州都有肥料管理法规，规定明确细致，操作性强，市场监督过程规范具体。对肥料生产、销售、使用、管理等行为依法进行规范，提倡并鼓励农民开展测土配方施肥工作，培肥地力，促进中国农业持续发展。

4. 鼓励农业绿色发展

农业绿色发展是以提高农业综合经济效益，同时实现资源节约型和环境友好型绿色农业为目标，鼓励我国农业走绿色发展之路，不仅能提高农户收入，也能实现食品安全、资源节约、环境保护的可持续发展目标。农业绿色发展的重要原则是减少氮磷、农药、地膜等的环境排放，过高或过低的投入都无法实现高产、优质、资源高效和环境友好的协调；同时，随着我国农业集约化发展和人民水平提高，加强秸秆、动物粪尿等废弃资源在农业生产的循环利用，对促进农业绿色发展的实现具有重要作用。提高全社会绿色消费意识、健全体系与制度并强化科技支撑，对实现我国农业绿色发展，减少由于农业产生带来的面源污染具有重要意义。

（二）提升农业技术和推广

农业面源污染防治需要有效的技术做支撑，技术创新能力直接影响农业面源污染水平。大力推进农业防治、生态农业、绿色防控和无公害标准化农业废弃物回收利用等农业先进技术，有效降低农药、化肥使用量，提高使用利用效率，应用农业废弃物回收利用技术，对可循环利用的有机废弃物实现就近就地利用，从而减少农业面源污染等。

在不同区域间农业面源污染状况也各不相同，农业面源污染防控的侧重点重点、所需技术等都有明显差异，因此需要因地制宜，对防控技术进行科学诊断，探寻各地的难点、目标和有效路径，实施精准防治农业面源污染。充分发挥区域大学、科研机构的优势，开展技术的研究工作，加强与地方政府的合作，探索农业面源污染防治技术集成，建立示范工程，为各地的农业面源污染控制提供良好思路。

（三）开展宣传培训工作

通过宣传工作推进公众共同参与，召开培训会，进行现场讲解，利用电视、网络等新媒体进行宣传，加强农业面源污染防治的科学普及，提高环境保护意识，创造良好的社会舆论环境，使广大农民充分认识保护农业生态和维持土地持续产出能力的重要性。加强对农田合理使用的示范，对农民进行科学技术指导，如现代农业种植技术、精准施药技术、肥料施用技术等内容的培训，使农民对环境友好型农业技术能够容易接受和熟练掌握，从源头上减少污染。

建立农业生产环节补贴，鼓励农民在种植过程中收获农产品同时考虑对农村环境造成的不良影响，通过资金补偿方式鼓励农户绿色生产，提高环保意识，从而减少由于种植管理中产生的面源污染。同时督促公众共同参与污染防治，推动环境信息公开，发挥公众监督作用，建立与政府共同承担环境治理责任的有效形式。

参 考 文 献

毕明浩，梁斌，董静，等，2017. 果园生草对氮素表层累积及径流损失的影响［J］. 水土保持学报，31(3)：102-105.

代琳，聂颖，冯露，等，2016. 生物质炭施入对白浆土碳氮变化的影响［J］. 浙江农业学报，28(10)：1745-1754.

丁武汉，谢海宽，徐驰，等，2019. 一次性施肥技术对水稻－油菜轮作系统氮素淋失特征及经济效益的影响［J］. 应用生态学报，30(4)：1097-1109.

段亮，段增强，常江，2007. 地表管理与施肥方式对太湖流域旱地氮素流失的影响［J］. 农业环境科学学报(3)：813-818.

樊战辉，孙家宾，郑丹，等，2014. 沼渣、沼液在茶叶生产上的应用现状与展望［J］. 中国沼气，32(6)：70-73.

房珊琪，杨珺，强艳芳，等，2018. 南水北调中线工程水源地化肥施用时空分布特征及其环境风险评价［J］. 农业环境科学学报，37(1)：124-136.

高懋芳，邱建军，李长生，等，2012. 应用 Manure-DNDC 模型模拟畜禽养殖氮素污染［J］. 农业工程学报，28(9)：183-189.

龚世飞，丁武汉，肖能武，等，2019. 丹江口水库核心水源区典型流域农业面源污染特征［J］. 农业环境科学学报，38(12)：2816-2825.

国家环境保护总局，2002. 中华人民共和国地表水环境质量标准 GB3838－2002［S］. 北京：中国环境科学出版社.

过婉珍，雷鹏法，王一民，等，2004. 茶畜草组合型生态茶园建设［J］. 茶叶(3)：134-136.

胡芸芸，王永东，李廷轩，等，2015. 沱江流域农业面源污染排放特征解析
　　[J]. 中国农业科学，48(18)：3654-3665.

黄满湘，章申，唐以剑，等，2001. 模拟降雨条件下农田径流中氮的流失过
　　程 [J]. 土壤与环境(1)：6-10.

姬红利，颜蓉，李运东，等，2011. 施用土壤改良剂对磷素流失的影响研究
　　[J]. 土壤，43(2)：203-209.

蒋倩文，刘锋，彭英湘，等，2019. 生态工程综合治理系统对农业小流域氮
　　磷污染的治理效应 [J]. 环境科学，40(5)：2194-2201.

兰书林. 2009. 丹江口库区水源地面源污染现状与对策 [J]. 农业环境与发
　　展，26(3)：66-68.

李景，吴会军，武雪萍，等，2015. 15年保护性耕作对黄土坡耕地区土壤及
　　团聚体固碳效应的影响 [J]. 中国农业科学，48(23)：4690-4697.

李莉，潘坤，丁宗庆，2014. 南水北调丹江口库区水源地面源污染状况分析
　　[J]. 资源节约与环保(11)：149-150.

李伟，王建国，王岩，等，2011. 用于防控菜地排水中氮磷污染的缓冲带技
　　术初探 [J]. 土壤，43(4)：565-569.

李晓欣，胡春胜，张玉铭，等，2006. 华北地区小麦－玉米种植制度下硝态
　　氮淋失量研究 [J]. 干旱地区农业研究(6)：7-10.

李中原，王国重，左其亭，等，2017. 应用分形理论估算丹江口水库水源区
　　总氮、总磷的流失量 [J]. 水土保持通报，37(3)：302-306.

梁浩，胡克林，侯森，等，2016. 填闲玉米对京郊设施菜地土壤氮素淋洗影
　　响的模拟分析 [J]. 农业机械学报，47(8)：125-136.

林雪原，荆延德，2014. 山东省南四湖流域农业面源污染评价及分类控制
　　[J]. 生态学杂志，33(12)：3278-3285.

刘红江，郑建初，陈留根，等，2012. 秸秆还田对农田周年地表径流氮、
　　磷、钾流失的影响 [J]. 生态环境学报，21(6)：1031-1036.

卢少勇，张萍，潘成荣，等，2017. 洞庭湖农业面源污染排放特征及控制对
　　策研究 [J]. 中国环境科学，37(6)：2278-2286.

孟令广，徐森，朱明远，等，2017. 南水北调中线水源区氮磷面源污染负荷计算 [J]. 人民长江，48(20)：10-15.

孟顺龙，吴伟，胡庚东，等，2011. 底栖动物螺蛳对池塘底泥及水质的原位修复效果研究 [J]. 环境污染与防治，33(6)：44-47.

闵炬，孙海军，陈贵，等，2018. 太湖地区集约化农田氮素减排增效技术实践 [J]. 农业环境科学学报，37(11)：2418-2426.

王国重，李中原，左其亭，等，2017. 丹江口水库水源区农业面源污染物流失量估算 [J]. 环境科学研究，30(3)：415-422.

王晓玲，乔斌，李松敏，等，2015. 生态沟渠对水稻不同生长期降雨径流氮磷的拦截效应研究 [J]. 水利学报，46(12)：1406-1413.

谢海宽，江雨倩，李虎，等，2017. DNDC 模型在中国的改进及其应用进展 [J]. 应用生态学报，28(8)：2760-2770.

谢海宽，江雨倩，李虎，等，2019. 北京设施菜地 N_2O 和 NO 排放特征及滴灌优化施肥的减排效果 [J]. 植物营养与肥料学报，25(4)：591-600.

谢经朝，赵秀兰，何丙辉，等，2019. 汉丰湖流域农业面源污染氮磷排放特征分析 [J]. 环境科学，40(4)：1760-1769.

辛小康，徐建锋，2018. 南水北调中线水源区总氮污染系统治理对策研究 [J]. 人民长江，49(15)：7-12.

杨勇，蒋宏芳，荣湘民，等，2015. 不同肥料增效剂在水稻上的应用效果研究 [J]. 中国土壤与肥料(5)：83-87.

张国栋，2011. 利用鲢鳙鱼及水生植物控制平原水库富营养化的研究 [D]. 青岛：青岛理工大学.

张小勇，范先鹏，刘冬碧，等，2012. 丹江口库区湖北水源区农业面源污染现状调查及评价 [J]. 湖北农业科学，51(16)：3460-3464.

张志勇，徐寸发，刘海琴，等，2015. 滇池外海北岸封闭水域控养水葫芦对水质的影响 [J]. 应用与环境生物学报，21(2)：195-200.

章明清，李娟，孔庆波，等，2013. 菜－稻轮作对菜田氮、磷利用特性和富集状况的影响 [J]. 植物营养与肥料学报，19(1)：117-126.

郑立国, 杨仁斌, 王海萍, 等 . 2013. 组合型生态浮床对水体修复及植物氮磷吸收能力研究 [J]. 环境工程学报, 7(6): 2153-2159.

周喜荣, 张丽萍, 孙权, 等, 2019. 有机肥与化肥配施对果园土壤肥力及鲜食葡萄产量与品质的影响 [J]. 河南农业大学学报, 53(6): 861-868.

朱先波, 潘亮, 王华玲, 等, 2020. 十堰猕猴桃果园生草生态效应的分析 [J]. 农业资源与环境学报, 37(3): 381-388.

Deng J, Zhu B, Zhou Z, et al., 2011. Modeling nitrogen loadings from agricultural soils in southwest China with modified DNDC [J]. Journal of Geophysical Research, 116(G2): 1-13.

Gao M, Qiu J, Li C, et al., 2014. Modeling nitrogen loading from a watershed consisting of cropland and livestock farms in China using Manure-DNDC [J]. Agriculture, Ecosystems and Environment, 185: 88-98.

Han J, Jia Z, Wu W, et al., 2014. Modeling impacts of film mulching on rainfed crop yield in Northern China with DNDC [J]. Field Crops Research, 155: 202-212.

Li C, Frolking S, Harriss R, 1994. Modeling carbon biogeochemistry in agricultural soils [J]. Global Biogeochemical Cycles, 8: 237-254.

Li H, Wang L, Qiu J, et al., 2014. Calibration of DNDC model for nitrate leaching from an intensively cultivated region of Northern China [J]. Geoderma, 223-225: 108-118.

Li Y, White R, Chen D, et al., 2007. A spatially referenced water and nitrogen management model (WNMM) for (irrigated) intensive cropping systems in the North China Plain [J]. Ecological Modelling, 203(3-4): 395-423.

Parton W J, Hartman M, Ojima D, et al., 1998. DAYCENT and its land surface submodel: description and testing [J]. Global and Planetary Change, 19: 35-48.

Parton W J, Schimel D S, COLE C V, et al., 1987. Analysis of factors controlling soil organic matter levels in Great Plains grasslands [J]. Soil Science Society of America Journal, 51: 1173-1179.

第三章　水源涵养区畜禽养殖业废弃物综合利用技术

第一节　畜禽养殖低氮磷饲料生产技术

水源涵养区养猪业的集约化发展，在推动经济发展、增加农民收入的同时，也对生态环境造成了严重污染。猪场的污染源主要是粪尿中大量含氮、磷等物质，氮主要来源于饲料中未被消化利用的粗蛋白质，磷主要来源于饲料中未被消化利用的植酸磷和人工添加的磷酸盐。粪尿中的氮、磷进入地表水体后，导致水体的富营养化和水质恶化。排放的氮经微生物转化为氨气挥发也会造成大气污染。因此，如何解决氮、磷的过量排泄，缓解对生态环境的破坏是养猪业所面临的重要问题。

一、后备母猪全生育期内饲料和粪尿样品连续动态监测分析

为了有效地预防和控制畜禽粪便中氮、磷等营养成分对环境的污染，做好规模化生猪养殖场前端饲喂水平对粪便污染物排放量影响的监测工作是十分必要的。正常饲喂情况下饲料营养和饲喂水平对粪便产量及粪便污染物含量的影响研究对有效评估生猪养殖污染物排放能力，实现禽畜的精准营养配合、提高饲料中氮、磷等养分的利用效率具有重要意义。

（一）监测流程及测定方法

本过程以规模化养殖场为例，在正常饲喂条件下，对从断奶仔猪到后备母猪育成全过程中的饲喂水平及生猪粪便和尿液氮磷元素排放特征，进行长期连续动态监测分析，以期明确饲料投入水平与粪污排放量之间的相互关系，为制定畜禽

污染物源头减排方案提供基础数据。

选择丹系长白断奶仔猪2圈，每圈10头，在仔猪出生后28d，分开母猪进行单独饲喂。5d后选择体质量差异较小的健康仔猪转入种猪测定站，采用Nedap Velos种猪性能测定系统进行自动化饲喂，直至转入待配监测猪舍，全过程共63d。仔猪出生后第34─96d采集饲料、尿液和粪便样品，每10d采样1次，每次连续采样3d。饲料样品采集：每天从进料口采集1次，室内干燥保存。尿液样品采集：每天将新鲜尿液全部收集至塑料桶中混匀，−20℃密封保存待测。粪便样品采集：按照四分法进行采集（GB/T 25169−2010），每天8：00和20：00各取样1次，将采集的猪粪样品分成2份，一份经风干处理后过0.25mm筛，室内干燥保存，另一份置于−20℃冷冻保存。共采集7批次样品，合计21份饲料样品、42份猪尿样品和84份猪粪样品。

生猪采食量及体质量由Nedap Velos种猪性能测定系统自动记录。猪舍内采用干清粪工艺，收集猪粪并称总质量；地面下方单独设置尿液收集设施，收集猪尿并测量体积。

对饲料、猪尿和猪粪样品进行基础理化性质测定，包括总固体物质含量（TS）、挥发性固体物质含量（VS）以及酸碱度（pH值）。其中，TS和VS测定分别采用真空烘箱法和粗灰分测定法，pH值测定采用pH计法。饲料、猪尿和猪粪样品的排放特征分析，包括不同形态氮元素含量和全磷含量的测定，其中饲料和猪粪样品消解处理按照有机肥测定标准（NY525−2012）进行。全氮和铵态氮含量采用凯氏定氮仪测定，硝态氮含量采用酚二磺酸分光光度法（GB/T7480−1987）测定，全磷含量采用钼酸铵分光光度法（GB/T11893−1989）测定。每项测定指标均重复测定3次。

（二）监测进程中效果分析

1. 后备母猪饲料氮磷元素变化特征

不同生育期后备母猪饲料中铵态氮和硝态氮含量分别为3.43～5.25g/kg和0.53～1.52g/kg，铵态氮含量是硝态氮含量的3.41～6.54倍（图3-1）。育肥猪前期（生猪体质量40.1～70.0kg）饲料全氮含量最高，达到48.99g/kg，比仔猪阶段（生猪体质量20.1～40.0kg）和育肥猪后期（生猪体质量70.1～90.0kg）饲料全氮含量分别高出 7.69% 和 12.60%。与全氮含量相比，饲料中全磷含量较低，为 2.56～3.74g/kg，仅为全氮含量的 5.82%～7.82%。全生育期内后备母猪饲料氮磷比为 14.41±2.91。

随着后备母猪采食量增加，饲料中氮、磷素日均饲喂量明显升高，至生长中后期，氮、磷日均饲喂量趋于稳定(图 3-1)。全生育期内每头后备母猪全氮、铵态氮、硝态氮和全磷饲喂总量分别为 3 895.80g、422.17g、100.70g 和 277.00g。饲料中氮元素含量的高低，直接影响生猪体内蛋白质水平，而磷元素作为骨骼的主要成分，对血液的凝固、神经与肌肉的功能、体液的酸碱平衡、泌乳等方面起着重要作用，因此，合理的氮、磷配方饲料有利于生猪的健康快速生长。

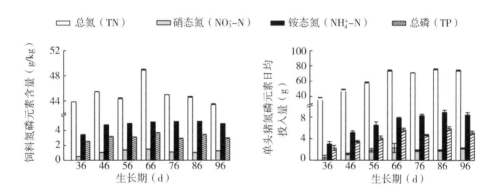

图 3-1　不同生育期后备母猪饲料氮磷营养元素变化特征

2. 不同生育期后备母猪尿液氮磷元素排放特征

后备母猪尿液全氮含量随体质量增加呈上升趋势(图 3-2)。仔猪阶段尿液全氮含量为 4.84～5.64g/L，约为育肥猪前期与后期阶段尿液平均全氮含量的 50%。铵态氮含量变化趋势与全氮含量较为相似，尤其在育肥后期阶段，尿液中铵态氮含量明显升高，最高达到 1.98g/L。随着体质量增加，单头后备母猪尿液全氮和铵态氮日均排放量升高，分别为 6.32～38.21g/d 和 0.14～7.13g/d(图 3-2)。全生育期内单头后备母猪尿液全氮排放量达到 1 130.42g，其氮素排放能力是相关文献报道的 1.15 倍，这可能与饲料配方中氮含量较高有关。

不同生育期后备母猪尿液全磷排放差异较大(图 3-3)。20kg 仔猪尿液全磷含

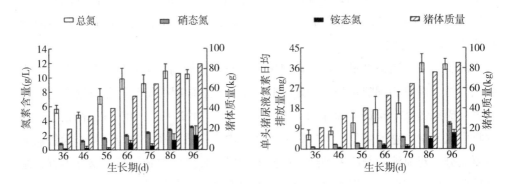

图 3-2　不同生育期后备母猪尿液氮素排放量

量最低，仅为 0.54mg/L；85kg 育肥猪尿液全磷含量最高，达到 35.35mg/L。尿液全磷日均排放量随后备母猪体质量增加明显升高。单头后备母猪全生育期内尿液全磷排放为 1 182.37mg，仅为尿液全氮排放量的 0.10%。

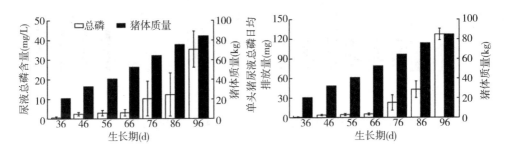

图 3-3　不同生育期后备母猪尿液磷素排放量

3. 不同生育期后备母猪粪便氮磷元素排放特征

后备母猪粪便中不同形态氮素含量变化特征如图 3-4 所示。仔猪阶段粪便全氮含量平均为 41.65g/kg，与相应生长阶段饲料全氮含量较为接近。随着生猪体质量快速增加，采食量明显增加，育肥猪前期阶段猪粪全氮含量迅速增高，至第 54d 达到 142.21g/kg。生长后期，因生猪消化能力进一步提升，粪便全氮含量下降，并稳定在 55g/kg 左右。猪粪全氮日均排放量变化趋势与其全氮含量变化趋势较为相近。40kg 猪全氮日均排放量最高，达到 29.08g/d。全生育期内单头猪粪全氮排放总量为 929.36g，占猪粪干物质排放量的 6.96%。不同生育期后备母猪粪便硝态氮含量差异较大，在 0.98~19.28g/kg 范围内变化。其中，仔猪阶段硝态氮日均排放量较高，且呈上升趋势。因为断奶仔猪对配方饲料未完全适应，氮的表观消化率较低，饲料中氨基酸分解生成的无机盐，不能被完全吸收而排出体外，因此出现峰值。育肥前期硝态氮日均排放量明显下降，并在生长中后期呈现小幅度升高趋势。随生猪体质量进一步增加，硝态氮含量再一次下降。整个生育期内，猪粪硝态氮排放量是铵态氮排放量的 7.22 倍。通过对比猪粪内不同形态氮素排放量，发现全氮排放量远高于铵态氮和硝态氮，说明大量氮素以有机态形式存在于猪粪中。猪粪不同形态氮素排放总量均低于猪尿，育肥猪前期尿液全氮和硝态氮排放总量分别是猪粪的 1.21 倍和 2.98 倍。由此可见，尿液是后备母猪培育过程中氮素污染物最大排放源。

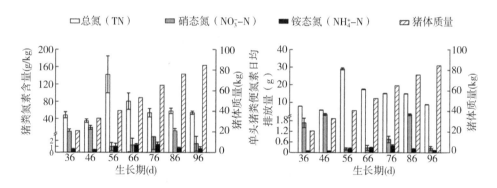

图 3-4　不同生育期后备母猪粪便氮素排放量

后备母猪粪便中全磷排放特征见图 3-5，其中 20kg 断奶仔猪粪便中全磷含量最高，达到 2.89g/kg。整个生育期内，猪粪全磷含量均明显高于同阶段猪尿全磷含量。后备母猪生育早期磷素消化率较低，大量磷素排出体外，这与仔猪处于断奶期，未能完全适应饲料有关。单头后备母猪粪便全磷日均排放量为 0.27~0.53g/d，低于粪便全氮日均排放量。全生育期内单头后备母猪粪便中全磷排放量为 27.53g，是尿液全磷排放量的 23.28 倍，说明后备母猪培育过程中磷素污染物的主要排放源为粪便。

针对不同生育期后备母猪昼夜活动习性不同，对猪粪氮磷元素昼夜排放特征

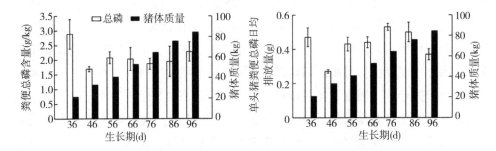

图 3-5　不同生育期后备母猪粪便全磷排放量

进行对比分析(表 3-1)。猪粪总固体物质含量(TS)和挥发性固体物质含量(VS)分别为 27.33%～31.79% 和 20.44%～23.05%，同一生育期内猪粪总固体物质含量和挥发性固体物质含量昼、夜间没有显著性差异。全生育期内猪粪 pH 值变化范围为 6.32～7.30，相同生育期内昼、夜间粪便样品 pH 值没有显著差异。仔猪阶段(第 34－36d)粪便样品全氮和硝态氮含量昼、夜之间差异显著($P<0.05$)，育肥前期阶段(第 74－76d)粪便样品铵态氮含量昼、夜之间差异显著($P<0.05$)。粪便全磷含量变化范围为 1.67～3.05g/kg，相同生育期内昼、夜粪便全磷含量没有显著差异。

表 3-1　后备母猪粪便氮磷元素昼夜排放特征比较

生长时间		总固体物质(%)	挥发性固体物质(%)	pH 值	铵态氮(g/kg)	硝态氮(g/kg)	全氮(g/kg)	全磷(g/kg)
第 34－36d	昼	31.79ab	20.64e	6.96ab	0.40h	12.98b	43.05e	2.73ab
	夜	31.67ab	20.93e	6.33b	0.56fgh	7.73c	54.02cd	3.05a
第 44－46d	昼	27.57e	21.31e	6.61b	0.48gh	20.70a	31.37f	1.67f
	夜	27.33e	20.44e	6.34b	0.49gh	17.87a	38.14f	1.71f
第 54－56d	昼	28.22de	21.81cde	6.65ab	0.98dc	0.75d	142.72a	2.04cdef
	夜	30.01abcd	23.05abcd	6.69ab	1.13bc	1.22d	141.70a	2.12cde
第 64－66d	昼	28.19de	22.02bcde	6.47b	1.32b	1.00d	84.29b	2.04cdef
	夜	29.18bcde	20.95e	6.38b	1.31b	1.50d	77.13b	2.03cdef

（续表）

生长时间		总固体物质（%）	挥发性固体物质（%）	pH值	铵态氮（g/kg）	硝态氮（g/kg）	全氮（g/kg）	全磷（g/kg）
第74—76d	昼	30.58abcd	23.47ab	7.30a	1.55a	3.00d	57.40cd	1.93def
	夜	30.86abc	23.62a	6.94ab	1.19bc	2.33d	50.08de	1.80ef
第84—86d	昼	28.83cde	21.40de	6.32b	0.80de	10.85bc	59.82c	1.78ef
	夜	29.59abcde	22.19abcde	6.20b	0.74ef	13.12b	56.57cd	2.12dce
第94—96d	昼	30.56abcd	23.02abc	6.80ab	0.65efg	1.15d	54.22cd	2.21cd
	夜	30.47abcd	22.81abcd	6.94ab	0.68efg	1.83d	53.46cd	2.36bc

4. 后备母猪氮磷污染物排放特征与饲喂投入水平的关系

后备母猪育成过程中，饲料配方及生猪采食量决定了饲喂投入水平。本研究中，在生育期63d内，后备母猪采食量从每头0.89kg/d增加至每头1.93kg/d。仔猪阶段，后备母猪饲喂氮磷投入水平随着采食量的增加而升高，至育肥阶段，饲料全氮和全磷日均饲喂量分别维持在每头73.84g/d和5.32g/d。图3-6所示为不同生育期后备母猪氮磷排放量与饲料投入水平比值。全生育期内全氮和全磷排放量分别为每头2 059.78g和28.71g，占饲料氮磷投入总量的52.87%和10.37%。育肥前期阶段和育肥后期阶段全氮排放量与饲喂氮素投入总量的比值明显高于仔猪阶段，其中54～56d和84～86d该比值最大，达到0.70。铵态氮排出量与投入量比值随后备母猪的生长呈上升趋势，育肥后期铵态氮排出量与投入量比值达到0.86。不同生育期内粪尿硝态氮排放量与饲喂硝态氮投入量比值呈现倍数增长，仔猪阶段和育肥后期硝态氮排放量分别是饲料硝态氮投入量的5.08倍和6.07倍。粪尿全磷排放量与饲喂投入量比值仅在仔猪生长阶段表现较高，达到0.21，育肥期阶段该比值随猪体对磷素吸收利用效率提高而下降至0.09。

在仔猪断奶初期，因氮表观消化率和磷消化率较低，导致大部分氮和磷素以粪尿形式排出体外。因此，建议在仔猪生育前期添加无抗发酵饲料，通过改善断奶仔猪肠道菌群结构减少腹泻率，提高氮磷吸收利用效率。猪尿中不同形态氮素和磷素日均排放量在生猪生长期内均随生猪体质量增加呈现上升趋势，尤其在育肥后期阶段，氮素日均排放量最高，达到37.94g/d。因此，建议在后备母猪生育

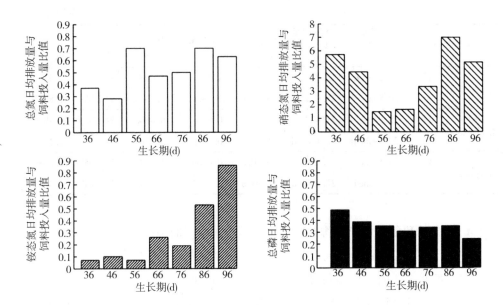

图3-6 不同生育期后备母猪氮磷污染物排放量与饲料投入水平比值

中后期饲料配方中添加植酸酶，以减少尿氮排放量。

二、低氮磷减排技术

(一) 氮减排技术

1. 技术概述

按照精准营养原则，在满足动物必需氨基酸营养需要的基础上降低饲料粗蛋白水平，一方面减少过量氮元素的摄入，另一方面提高饲料蛋白质的利用效率，从而降低粪尿中氮的排放量。

2. 技术要点

(1) 断奶仔猪(10～30kg 体重) 低蛋白饲料营养水平建议见表3-2。

表3-2 断奶仔猪饲料营养成分添加比例

营养成分	推荐水平
消化能(MJ/kg)	14.20

（续表）

营养成分	推荐水平
粗蛋白(%)	17.39
可消化赖氨酸(%)	0.94
可消化苏氨酸(%)	0.58
可消化蛋白质+胱氨酸(%)	0.54
可消化色氨酸(%)	0.17
可消化异亮氨酸(%)	0.52

（2）生长猪(30~60kg 体重) 低蛋白饲料营养水平建议见表 3-3。

表 3-3　生长猪初期饲料营养成分添加比例

营养成分	推荐水平
消化能(MJ/kg)	13.40
粗蛋白(%)	16.00
可消化赖氨酸(%)	0.80
可消化苏氨酸(%)	0.45
可消化蛋白质+胱氨酸(%)	0.40
可消化色氨酸(%)	0.17
可消化异亮氨酸(%)	0.42

（3）生长猪(60~120kg 体重) 低蛋白饲料营养水平建议见表 3-4。

表 3-4　生长猪后期饲料营养成分添加比例

营养成分	推荐水平
消化能(MJ/kg)	12.90
粗蛋白(%)	12.00
可消化赖氨酸(%)	0.70
可消化苏氨酸(%)	0.42
可消化蛋白质+胱氨酸(%)	0.36
可消化色氨酸(%)	0.12
可消化异亮氨酸(%)	0.35

(二)磷减排技术

1. 技术概述

植物性饲料原料中磷大部分以难降解的植酸形式存在，通过在饲料中添加饲用植酸酶降解植酸释放磷，提高饲料磷利用效率，从而减少过量磷的排放。

2. 技术要点

仔猪阶段添加植酸酶 500U/kg，中猪阶段添加植酸酶 300U/kg，大猪阶段添加植酸酶 250U/kg，可替代 0.1% 的非植酸磷。

三、环保型生态饲料的设计

(一)技术概述

环保生态型饲料应具备以下条件：饲料无臭味，无污染，消化吸收好，饲料利用率高；畜禽生产性能和繁殖性能好，疾病少，氮、磷及重金属元素排放少；禽畜产品安全、卫生、优质。因此，环保生态型饲料的生产必须在原料的选择、配方设计和加工饲喂等方面进行严格的质量控制。

(二)技术要点

(1)饲料原料的选择。应按照生产绿色畜产品和有机食品的要求，选择无农药、无"三废"污染、抗营养因子少的安全、优质、可靠的饲料原料，有条件的可进行农药、重金属等饲料卫生指标的检测。原料要采购方便，不能经常变动，还要容易消化吸收，因为消化率高可降低粪便中氮的排出量。

(2)按照饲养标准设计配方。根据不同品种、不同生理阶段、环境、日粮类型设计相应的营养水平，并充分考虑饲料原料因产地、品种、加工、储存等因素影响后的养分含量及生物学效价，避免营养浪费或不足。

(3)控制氮的排泄。采用"理想蛋白质模式"，从氨基酸平衡着手，在畜禽日粮中使用合成氨基酸或寡肽，能够降低日粮的蛋白质水平 2 个百分点或更多，提高日粮中氮的利用率，减少粪尿中氮的排泄量 20%～50%，粪尿中的臭味物质显著减少。日粮中蛋白质水平每下降 1 个百分点，粪尿氨气的释放量就下降 10%～12.5%。

(4)控制磷的排泄。畜禽饲料中大部分的磷属于有机态的植酸磷，它不仅难被动物利用，而且大部分又经畜禽粪尿排泄而导致严重的环境污染。日粮中添加植酸酶能使磷的利用率提高50%～80%，降低粪便中全磷含量25%～50%，同时还能提高钙、镁、铜、锌的吸收率和沉积率。

（5）使用有机微量元素。目前我国矿物质微量元素添加剂的使用多数还是无机盐类，其在动物体内的利用率低。与无机盐相比，有机微量元素以螯合物的形式添加到饲料中，可以提高其生物利用率。目前，以蛋氨酸锌、蛋氨酸锰、赖氨酸铜等对动物的效果最好。

（6）抗生素替代品的应用。长期以来，抗生素作为生长促进剂应用于畜牧业生产取得了良好的效果。但由于其耐药性、畜产品残留、过敏中毒反应及"三致"作用等危害日益严重，因此，在畜牧业生产中禁用抗生素已是大势所趋。目前用于替代抗生素的添加剂主要有以下几种：酶制剂、微生态制剂、中草药、酸化剂、寡聚糖、甜菜碱、糖萜剂和生物肽添加剂等。

（7）添加除臭剂。在禽畜的日粮中添加活性炭、沙皂素等除臭剂，能明显减少粪中的氨气及硫化氢等臭气的产生，减少粪中的氨气量40%～50%。从猪粪中分离获得粪臭素和吲哚降解菌两株并进行专利保藏(鉴定为不动杆菌)，确定了其适宜的培养条件，经粪便接种实验验证，48h内对吲哚的降解率可达82%，96h内对粪臭素的降解率可达到90.5%。

（8）改进加工工艺。饲料的粉碎，混合，制粒以及膨化等饲料加工工艺的改进，有助于改善饲料的适口性，提高畜禽对养分的利用率，减少饲料的浪费，减轻对环境的污染和降低成本。改善饲料的卫生，提高养分的消化吸收率。

四、环保型生态饲料的应用实例

（一）生长猪低氮磷重金属排放环保饲料配方应用

通过平衡必需氨基酸和应用植酸酶、有机微量元素，在常规日粮基础上降低粗蛋白3个百分点(降幅6.4%)，降低全磷23%，降低微量元素25%。采用该配方配制饲料并在安康阳晨公司开展120头的中试对比实验。实验结果表明，与常规饲料相比，采用环保饲料饲喂生长猪不影响生长性能，但降低猪尿氮含量8.8%。磷和微量元素仍在检测中。

（二）蛋鸡低氮低磷排放的环保饲料配方应用

通过氨基酸平衡和植酸酶应用，在常规日粮基础上减低粗蛋白1.5个百分点（降幅9%），进行了3 000只规模的产蛋鸡饲养实验，结果表明，与常规饲料相比，饲喂环保饲料对蛋鸡产蛋率无明显影响，但提高了平均蛋重，鸡粪含氮量降低9.1%。

第二节　畜禽养殖废弃物厌氧消化技术及设备

厌氧消化，是指有机物质（如人畜家禽粪便、秸秆、杂草等）在一定的水分、温度和厌氧条件下，通过各类微生物的分解代谢，最终形成甲烷和二氧化碳等可燃性混合气体的过程。厌氧发酵系统基于沼气发酵原理，以能源生产为目标，最终实现沼气、沼液、沼渣的综合利用。我国是世界上有机废弃物产生量最大的国家。每年农作物秸秆产量达到7.7亿t，畜禽养殖粪污产生量约38亿t，但无害化处理与资源利用率低，约55.6%的秸秆被直接焚烧或随意丢弃，畜禽粪污的资源化利用率不足60%，成为农业面源污染的重要来源，厌氧发酵是上述农业有机废弃物处理与资源化利用的有效途径。

厌氧发酵处理工艺有多种分类方法，根据发酵阶段所处的反应器的不同进行分类，可以分为两相发酵工艺和单相发酵工艺；按照发酵体系含固率不同可分为为湿式发酵、高浓度发酵和干式发酵（固态发酵）；按运行温度可以分为高温发酵、中温发酵和常温发酵；按原料构成可分为单一原料发酵和多原料混合发酵。

一、固液两阶段厌氧发酵技术及装置

为了克服现有湿式厌氧发酵技术的水资源浪费严重、沼液产生量大、容易产生二次污染等问题，本技术提供一种固液两阶段厌氧发酵装置及方法，通过产酸发酵和产甲烷发酵反应的合理匹配实现水解产酸和产甲烷过程的平衡，提高厌氧发酵效率。

（一）技术概述

本装置如图3-7所示，包括固体产酸发酵反应器1（4～6套）、液体产甲烷反应器5、产酸发酵液收集罐9、沼液收集罐10、循环加热装置6、沼气计量器15、搅拌机8、污水泵11、16、17和18、液位传感器12、温度传感器7和自动控制柜13。本技术提供的装置中液相发酵装置体积小、升温快、保温好、耗能低；装置占地小、投资少，与传统湿式发酵相比较，可节省投资约20%，该装置和方法适用于猪粪、秸秆、蔬菜残体、餐厨垃圾和城市垃圾等有机废弃物的资源化处理利用，节水、无沼液排放、无二次污染等特点，而且底物转化率与容积产气率高。具体使用方法如下。

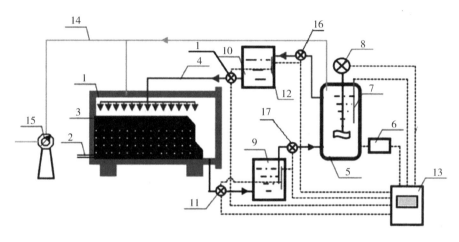

图3-7 厌氧发酵装置

（1）将不同有机废弃物和接种物按比例混合，混合好的原料通过活动门进入卧式干发酵反应仓，关闭卧式干发酵反应仓门，定时启动鼓风曝气系统，在好氧微生物作用下对反应器内物料增温，关闭曝气系统开始厌氧发酵，产酸发酵产生的酸化液定时泵入产酸发酵液收集罐。

（2）将产甲烷发酵反应器中的沼液泵入沼液收集罐后回流至固体产酸发酵反应仓，产酸发酵液收集罐中的酸化液经沉淀后泵入产甲烷反应器进行发酵。

（3）发酵的前10~15d，每天控制产酸发酵液至收集罐、然后回流至产酸发酵反应仓的次数在2~3次。

（4）发酵开始后每隔6~10d，按上述方法操作另一套卧式干发酵反应仓；每个干发酵反应仓运行30~35d后结束发酵，关闭反应仓沼气通道和渗滤液阀门，打开通气阀门，以鼓风系统向固体产酸发酵反应仓内曝气，每次 10～15min，次数依据实际情况确定，2～3d 后将反应仓内发酵后的物料排出，重新填料，重复运行。

（5）通过沼液回流至固体产酸发酵反应器的量、回流频率、固体产酸发酵反应装置个数、产甲烷发酵反应器有效容积等参数的控制，高效耦合固体产酸和液体产甲烷两阶段，实现沼液的零排放。

（二）技术要点

（1）固液两阶段厌氧发酵装置将产酸和产甲烷两个过程分阶段进行，通过产酸和产甲烷分阶段进行、产甲烷阶段沼液回流至产酸反应器等方法，避免了酸积累导致的抑制现象，有利于厌氧发酵稳定运行，将固体产酸发酵和液体产甲烷发酵两个微生物反应过程分离，为不同微生物创造最佳的代谢条件，提高厌氧消化效率，通过固体产酸发酵反应器与液体产甲烷反应器高效耦合（有效容积和数量间有效配比），实现了产酸发酵和产甲烷发酵平衡，提高了产沼气效率。

（2）在产酸发酵反应器配有好氧曝气装置，在厌氧消化初始阶段通过定时曝气可提高产酸发酵前期的反应温度、缩短发酵时间，在发酵结束后可通过曝气加速脱水干燥。

（3）通过调整液态产甲烷发酵沼液回流至固体产酸发酵反应器的频率和回流量，以及产酸发酵渗滤液在产酸发酵反应器的定时循环淋洗，促进产酸发酵进行，采用多个固体产酸反应器并联，然后与 1 个产甲烷反应器串联，克服了传统干发酵产气不稳定问题。

（4）发酵后的沼渣含水量低，可直接作为肥料用于农业生产，避免了后期脱水、干燥等工序。与湿式厌氧消化相比，采用固液两阶段厌氧发酵没有沼液排放，每吨发酵料液减排 0.74t 沼液，节约了后续处理费用。以干清粪为例，采用固液两阶段厌氧发酵，处理每吨粪便节约 2.1t 水。

（5）液相发酵装置体积小、升温快、保温好，耗能低；装置占地小、投资少，与传统湿式发酵相比较，可节省投资约 20%。

（6）适用于猪粪、牛粪、秸秆、蔬菜残体、餐厨垃圾和城市垃圾等有机废弃物的资源化处理利用，通过固体产酸与液体产甲烷两阶段的高效耦合，实现了沼液零排放、无二次污染。

二、控制厌氧干发酵酸抑制工艺措施

厌氧发酵过程主要包括水解产酸、乙酸化和产甲烷三个阶段，其中水解产酸和已酸化(产酸发酵)的主要微生物和产甲烷主要微生物种类不同，代谢繁殖速率相差几倍，导致水解产酸速率和产甲烷速率差异较大。在固态发酵中，因为容积有机负荷高，导致有机酸积累现象比较严重，使 pH 值<6.0，甚至更低，从而抑制产甲烷微生物的活性(适宜的 pH 值在 6.5～7.5)，采用分层接种的方式可有效避免发酵过程有机酸的积累，使 pH 值在 7.2 以上，从而保证产甲烷菌活性和产甲烷发酵的正常进行。

针对以上问题，开展了猪粪秸秆混合发酵、渗滤液回流以及分层接种等工艺措施对厌氧干发酵过程挥发性脂肪酸积累和产气效果影响，确定最佳工艺措施，为猪粪等农业固体废弃物的厌氧干发酵提供技术支持。

该研究以猪粪和秸秆为主要原料，鲜猪粪取回后储存于(4 ± 1)℃的冰箱，秸秆风干后粉碎至 0.5～1.0mm，并存放于干燥阴凉处。接种物取自正常运行的中温混合厌氧反应器(Continuous stirred tank reactor，CSTR)。活性污泥取出后10 000r/min 离心 20min，上清液与沉淀物(接种物)储存在(4 ± 1)℃的冰箱内。实验开始前，取出接种物并置于室温下活化微生物 3d。上清液用于调节发酵体系的总固体含量(TS)到 20%。底物与接种物的化学组分见表 3-5。

表 3-5　底物和接种物的化学组分

指标	总固体 (%)	挥发性固体 (%)	总凯氏氮 (mg/g)	总有机碳 (mg/g)	碳氮比	pH 值
猪粪	31.5±0.2	68.1±1.8	40.5±6.7	434.4±47.1	10.7	7.2
秸秆	88.5±0	91.2±0.4	11.1±0.1	667.9±4.6	60	—
接种物	26.9±0.2	65.3±0.1	—	—	—	8.1

4 种发酵方式的总进料量均为 600g(TS 为 20%)，接种率为 30%(W 接种物/W 发酵体系=0.3，以 TS 计)，每种发酵方式 3 个平行。P-C 为对照组，以猪粪为发酵底物。P-M、P-M$_R$ 和 P-M$_L$ 的底物均为猪粪与秸秆混合物(VS 比为 1:2)。

在 P-M_R 中，渗滤液收集于反应器底部，每 3d 回流 1 次。在 P-M_L 中，接种物与底物分别调节 TS 到 20%，采用接种物位于底物下层的方式分 3 层进料。进料结束后将各反应器充入氮气创造厌氧环境，置于(37±1)℃的恒温培养室内开始发酵。具体发酵方式见表 3-6。

表 3-6　实验设计

处理	原料	工艺措施
P-C	猪粪	—
P-M	猪粪+秸秆(VS 比=1∶2)	—
P-M_R	猪粪+秸秆(VS 比=1∶2)	渗滤液回流
P-M_L	猪粪+秸秆(VS 比=1∶2)	分层接种

发酵过程中产生的沼气收集于 5L 集气袋中，根据产气情况，每 1～3d 用湿式气体流量计测量沼气产量，并取样分析气体成分。每 3d 从发酵罐侧面取样口采集固态发酵样品，测量 pH 值、挥发性脂肪酸(VFAs)和氨氮等指标。取样时，采用柔性材料覆盖取样器与取样口间的空隙，然后快速取出 2～3g 样品，尽量避免空气进入反应器；在分层接种发酵的反应器(P-M_L)中，为避免取样破坏分层结构，只取反应器底部的少量渗滤液，用于测定 pH 值，其余渗滤液仍留存于发酵罐中。

(一) 厌氧干发酵过程挥发性脂肪酸(VFAs)变化情况

在厌氧发酵过程中，大部分的挥发性脂肪酸被产乙酸菌氧化为乙酸，再被产甲烷菌分解产生甲烷，因此厌氧发酵过程中含量最高的挥发性脂肪酸为乙酸；从图 3-8 可以看出，厌氧发酵过程中乙酸占总挥发性脂肪酸(TVFAs)的 60% 以上。由于 30% 的接种率为发酵体系提供了充足的产甲烷菌，因此前 9d 的 TVFAs 和乙酸的质量浓度较低，没有发生积累现象。随着发酵的进行，水解细菌的生长速度超过产甲烷菌，P-C 和 P-M 中 TVFAs 和乙酸的质量浓度不断增加，其中，P-C 在第 15d 达到产酸高峰；发酵进行 22d 后，此 2 组发酵的 TVFAs 和乙酸的质量浓度均快速下降。

由猪粪单独发酵(P-C)的 TVFAs 变化可以看出，乙酸和丙酸的质量分数均高

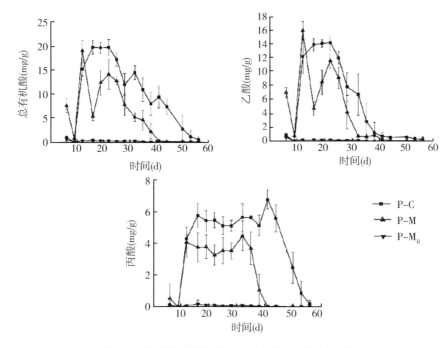

图 3-8　总挥发性脂肪酸、乙酸和丙酸质量浓度变化

于其他发酵组。TVFAs 和乙酸质量分数峰值分别为 19.8mg/g 和 14.4mg/g，并分别在高质量分数范围内(乙酸 12.1～14.4mg/g；TVFAs15.2～19.8mg/g)维持 13d (从第 12－25d)后逐渐降低；丙酸是最难被降解的一种脂肪酸，其质量分数并未随 TVFAs 质量分数的降低而降低，而是在 4.3～6.8mg/g 范围内维持了 32d(从第 12－44d)，相对于其他发酵处理，猪粪单独发酵的丙酸在高质量分数范围内持续的时间最长。

在猪粪秸秆混合发酵(P-M)中，前 12d 的 TVFAs 质量分数与猪粪单独发酵 (P-C)相似。由于在第 10d 后挥发性脂肪酸浓度迅速升高，且产甲烷量迅速下降，基本不产气，因此，在第 15d 时将 150mL 离心后的沼液(pH 值为 8.11)加入 P-M 的发酵体系中，观察挥发性脂肪酸的变化情况，发现第 16d 的 TVFAs 和乙酸质量分数分别由第 12d 时的 19.1mg/g 和 16.1mg/g 陡降至 5.4mg/g 和 4.8mg/g，但在第 19d，TVFAs 和乙酸质量分数分别回升到 14.1mg/g 和 11.7mg/g，至第 22d 后开始下降。丙酸的质量分数并未发生明显变化，在 3.3～4.5mg/g 的浓度范围内持续了 24d，并在第 35d 后开始下降。

渗滤液回流厌氧发酵中（P-M_R），乙酸和丙酸的质量分数分别低于 0.7mg/g 和 0.2mg/g，TVFAs 质量分数低于 1.0mg/g，整个厌氧干发酵过程中没有明显的挥发性脂肪酸积累，渗滤液回流可以有效增加传质速率，促进挥发性脂肪酸向甲烷转化。

表 3-7 是发酵过程中产生的 TVFAs、乙酸和丙酸的总量的差异显著性分析。可以看出，对照组、猪粪和秸秆混合发酵组和渗滤液回流处理在 56d 的发酵过程中产生的 TVFAs、乙酸和丙酸的总量都具有显著性差异，因此，处理方式的不同对挥发性脂肪酸的积累有显著的影响。

表 3-7　发酵过程中累计产生的 TVFAs、乙酸和丙酸的差异显著性分析

处理组	TVFAs			乙酸			丙酸		
	数值	F 值	P 值	数值	F 值	P 值	数值	F 值	P 值
P-C	159.8±17.2a			89.9±10.8a			64.1±4.6a		
P-M	93.3±8.8b	94.37	<0.01	66.2±5.6b	76.83	<0.01	32.4±2.9b	198.81	<0.01
P-M_R	4.6±2.7c			3.7±2.2c			2.4±2.0c		

（二）厌氧干发酵过程 pH 值变化

图 3-9 为实验过程中各个处理的 pH 值变化情况。猪粪单独发酵（P-C）和猪粪秸秆混合发酵（P-M）的实验过程中，在第 12d，pH 值达到最低值，此时 P-C 和 P-M 中 TVFAs 质量分数达到高峰。随后 P-C 处理的 pH 值在低水平下维持了 13d，随后开始上升，此时 TVFAs 和乙酸浓度也在高水平下维持了 13d。在 P-M 处理中，由于在第 15d 向发酵体系加入了 pH 值为 8.1 的接种物上清液，pH 值在 16d 时升高了 0.8；随后在第 16～22d 的时间段内 pH 值维持稳定，此时 TVFAs 和乙酸浓度的变化也表现出相同的趋势。这 2 个处理中，随着乙酸浓度在发酵进行 22d 后快速下降，pH 值也随之升高，随后维持稳定。

渗滤液回流厌氧发酵（P-M_R）的 pH 值一直稳定在 8.4～8.8 的范围内。猪粪

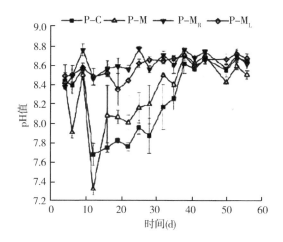

图 3-9　实验过程中 pH 值变化情况

秸秆混合原料分层接种发酵(P-M$_L$)处理的 pH 值变化(8.4~8.7)与渗滤液回流发酵的 pH 值处于同一水平，整个发酵过程没有大幅度变化，由此可以推测该发酵过程未发生 VFAs 积累，运行稳定。从以上分析可以看出，不同工艺处理的 pH 值变化均与乙酸的变化相对，因此 pH 值的变化情况可以有效反应发酵体系中乙酸的积累和利用情况。

(三) 厌氧干发酵产甲烷性能

图 3-10 为沼气中甲烷体积分数、日 VS 产甲烷量和累积 VS 产甲烷变化曲线。由图可知，猪粪单独发酵(P-C)的累积 VS 产甲烷量最低 [112.0mL/(g·d)]。在猪粪单独干发酵过程中，由于传质效率低，挥发性脂肪酸不能从高质量浓度区域转移至低质量浓度区域，导致 VFAs 积累从而使产甲烷菌活性受到严重抑制。在发酵的第 4d，猪粪单独发酵的甲烷体积分数达到 53.9%，在第 10d 下降到 13.6%，之后在 20% 左右维持了 12d，在此期间 VFAs 质量浓度处于高峰期(图 3-8)，推测 VFAs 的积累可能对发酵过程产生了明显的抑制。在第 22d 后，TVFAs 和乙酸质量浓度均呈下降趋势，此时甲烷体积分数和日 VS 产甲烷量均开始升高，第 35d 后，丙酸的质量浓度开始明显下降，第 41d 后，甲烷体积分数升

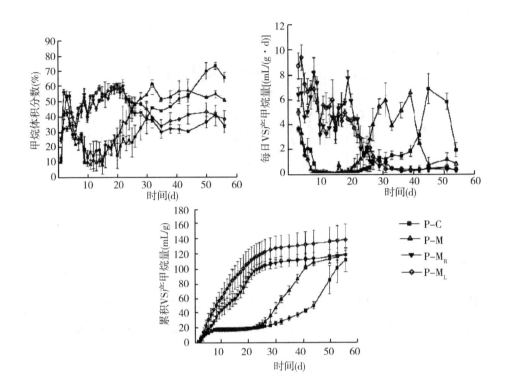

图 3-10　甲烷体积分数、日 VS 产甲烷量和累积 VS 产甲烷量的变化曲线

高到 50% 以上。可以看出，高质量分数的乙酸和丙酸（分别达到 14.4mg/g 和 6.8mg/g）对产甲烷菌活性的抑制是可逆的，当 VFAs 质量浓度降低后，产甲烷菌活性逐渐恢复，产甲烷过程得以顺利进行，但与乙酸相比，丙酸抑制作用更持久，需要更长的恢复时间。

　　秸秆富含纤维素和木质素等难降解物质，虽然在厌氧发酵中水解效率低，但从理论上和已报道的研究结果看，添加秸秆对厌氧干发酵有促进作用。在猪粪秸秆混合发酵（P-M）中，在第 4—22d 的日 VS 产甲烷量均低于 2.0mL/g，日产甲烷量与 P-C 处理没有显著性差异（表 3-8），TVFAs 和乙酸质量浓度均处于很高的水平，因此添加秸秆并未对缓解酸化起到积极作用。甲烷体积分数和日 VS 产甲烷量在第 15d 开始升高，并分别在第 28d 以后增加到 50% 和 5.0mL/(g·d) 以上

表 3-8　甲烷体积分数、日 VS 产甲烷和累计 VS 产甲烷量的差异显著性分析

指标		第4d			第22d			第38d			第56d		
		数值	F值	P值	数值	F值	P值	数值	F值	P值	数值	F值	P值
甲烷体积分数	P-C	53.9±2.0a			25.8±1.9a			51.8±2.5a			65.7±2.4a		
	P-M	35.1±2.1b	22.41	<0.01	26.9±2.5a	75.77	<0.01	56.9±5.3a	18.73	<0.01	50.9±0.8b	40.88	<0.01
	P-M$_R$	37.7±3.1b			60.2±1.4b			34.3±3.7b			37.8±5.5c		
	P-M$_L$	44.3±2.6b			56.9±5.0b			38.1±1.0b			35.5±0.9c		
日 VS 产甲烷量	P-C	2.6±0.1a			0.2±0a			3.2±0.3a			1.9±0.5a		
	P-M	3.3±0.3a	19.29	<0.01	0.9±0.6a	21.07	<0.01	2.5±0.1b	96.49	<0.01	0.8±0.1b	17.16	<0.01
	P-M$_R$	7.9±2.0b			3.9±0.9b			0.4±0.2c			0.4±0.2b		
	P-M$_L$	8.8±0b			3.3±0.4b			0.2±0.1c			0.3±0b		
累计 VS 产甲烷量	P-C	12.2±0.4a			20.7±0.3a			37.9±2.3a			112.0±12.8a		
	P-M	13.9±0.3a	5.31	>0.05	20.8±1.8a	87.68	<0.01	86.8±4.8b	60.45	<0.01	119.3±4.2a	2.17	>0.05
	P-M$_R$	15.2±2.2a			97.9±3.8b			112.0±1.46b			119.2±5.1a		
	P-M$_L$	23.8±5.6a			114.8±14.3b			131.7±13.56b			139.2±16.7a		

(图 3-10)。从第 38d 的日 VS 产甲烷量和累积 VS 产甲烷量的差异性分析可以看出，在加入离心后的沼液后，P-M 处理的产甲烷量迅速升高，与 P-C 处理的日 VS 产甲烷量和累积 VS 产甲烷量有显著性差异(见表 3-8)。但整个发酵过程累积 VS 产甲烷量为 119.3mL/g，仅比猪粪单独发酵高 6.5%，因此，猪粪中添加秸秆进行混合干发酵并不能有效避免 VFAs 积累，但添加沼液可以有效解决 VFAs 积累。

在渗滤液回流发酵(P-M$_R$)中，累积 VS 产甲烷量在第 27d 已达到总产气量的 89.6%(106.8mL/g)，在前 22d，日 VS 产甲烷量维持在 3.2mL/(g·d)左右，甲烷体积分数最高可达 61%。在第 27d 后，日 VS 产甲烷量低于 1.1mL/(g·d)。由此可以看出，渗滤液回流可以有效提高产甲烷效率，缩短产气周期。

猪粪秸秆混合原料分层接种发酵(P-M$_L$)的平均日 VS 产甲烷量可达 5.1mL/(g·d)，累积 VS 产甲烷量在第 27d 达到了总产气量的 90.6%，56d 累积 VS 产甲烷量(139.2mL/g)比渗滤液回流发酵高 16.7%，甲烷体积分数最高为 60%。在分层接种厌氧发酵中，由于接种物(种子体)外层依次由分解彻底的废物、产甲烷区、缓冲区、产乙酸区和酸化区所包围，因此产甲烷作用可在远离 VFAs 积累的区域顺利进行，随着发酵的不断深入，种子体不断扩大，实验结束后可以观察到发酵体系已近混合均匀，没有层状结构，因此分层接种可以在较短的时间内达到最大产气量。

(四)产气动力学模型

采用修正的 Gompertz 模型模拟累积 VS 产甲烷量，表 3-9 为不同发酵方式的模型参数，其中猪粪单独发酵(P-C)不适合用该模型模拟，因此未被列入。从表 3-9 可以看出，分层接种发酵(P-M$_L$)产气效果最佳，预测最大日 VS 产甲烷量和累积 VS 产甲烷量分别可达 6.1mL/g 和 136.7mL/g。分层接种发酵(P-M$_L$)的迟滞期(λ=-0.3)最短，混合发酵(P-M)的迟滞期最长(λ=14.5)，其次是渗滤液回流发酵(P-M$_R$)，表明分层接种可以促进厌氧干发酵的快速启动。在分层接种发酵(P-M$_L$)中，达到 90% 最大累积 VS 产甲烷量需要的时间(T_{90})为 26.6d，相对于其他发酵处理用时最短。由此可见，分层接种可以提高发酵产气量，快速启动并缩短发酵周期；渗滤液回流也能促使发酵快速启动，但产气量略低于分层接种；直接的猪粪秸秆混合发酵在前 15d 不能正常运行。

表 3-9　修正的 Gompertz 模型模拟结果

参数	处理组		
	P-M	P-M$_R$	P-M$_L$
R^2	0.937	0.988	0.999
预测最大日 VS 产甲烷率［mL/(g·d)］	3.2	5.1	6.1
迟滞期 λ(d)	14.5	1.7	-0.3
T_{90}(d)	100.9	29.5	26.6
T_{ef}(d)	86.4	27.8	26.6
预测累计 VS 产甲烷量(mL/g)	130.7	118.5	136.7
实际累计 VS 产甲烷量(mL/g)	119.3	119.2	139.2
差值(%)	9.6	0.6	1.8

注：T_{90} 达到最大累积 VS 产甲烷量的 90% 所需要的时间；$T_{ef} = T_{90} - λ$。

(五) 氨氮质量浓度变化情况

总氨氮是厌氧发酵要关注的重要指标之一，氨氮质量浓度过高会抑制微生物的产甲烷活性。从图 3-11 可知，秸秆猪粪混合发酵(P-M 和 P-M$_R$) 的氨氮质量浓度低于猪粪单独发酵(P-C)，添加秸秆能够有效降低氨氮质量浓度。在渗滤液回流(P-M$_R$) 的发酵过程中，渗滤液回流提高了传质效率，促进厌氧消化反应，加快蛋白质和尿素的水解和氨的释放，从而使其氨氮质量浓度高于 P-M 发酵，但由于回流每 3d 进行 1 次，导致氨氮质量浓度表现出大幅波动。

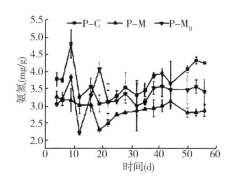

图 3-11　厌氧干发酵过程中氨氮质量浓度变化

在湿式厌氧发酵中，氨氮质量浓度高于 4 200g/mL 时产甲烷菌失去活性，猪粪厌氧发酵产甲烷菌的最适氨氮质量浓度为 2 600g/mL，陈闯等的研究结果表明，当氨氮质量浓度从 2 250g/mL 升高到 3 800g/mL 时，产气速率降低 74.1%。

对比各厌氧发酵产气性能与氨氮质量浓度变化曲线可知，厌氧干发酵产气量与氨氮的质量浓度不存在线性关系，影响产气性能的主要原因可能是挥发性脂肪酸的积累而非高质量浓度的氨氮的抑制作用。

（六）结论

在总固体含量 TS 为 20% 的中温厌氧干发酵实验中，猪粪秸秆混合发酵（VS 猪粪/VS 秸秆为 1：2）及分层接种、渗滤液回流等工艺措施在调控挥发性脂肪酸积累及提高 VS 产甲烷量等方面均具有明显的作用。

（1）猪粪秸秆混合原料分层接种（接种物铺于底物下层且各铺设 3 层）的厌氧发酵方式，能够快速启动厌氧干发酵，没有迟滞期，达到总产气量的 90% 的发酵时间为 26.6d，时间最短，且实际累积 VS 产甲烷量最高（139.2mL/g，56d）。

（2）猪粪秸秆与接种物均匀混合并将渗滤液回流（发酵罐底部的渗滤液每 3d 回流 1 次）的发酵方式，能够明显降低挥发性脂肪酸的质量浓度，乙酸和总挥发性脂肪酸 TVFAs 的质量浓度均低于 0.7mg/g，达到总产气量的 90% 的发酵时间为 29.5d，发酵时间长于分层接种的发酵方式，且该处理 56d 的累积 VS 产甲烷量比分层接种厌氧发酵低 16.7%。

（3）猪粪秸秆与接种物混合均匀发酵，从第 9－15d，乙酸和 TVFAs 的质量浓度最高分别可达到 16.1mg/g 和 19.1mg/g，处于严重抑制的状态，且基本不产气，加入沼液有助于缓解酸化，TVFAs 质量分数从 19.1mg/g 迅速降低至 5.4mg/g，日 VS 产甲烷量也逐渐从 0mL/（g·d）升高到 5.0mL/（g·d）以上。该组处理的 56d 累积 VS 产甲烷量与渗滤液回流处理一致，为 119.3mL/g。秸秆与猪粪混合，明显降低了发酵过程中的氨氮含量。

（4）纯猪粪单独发酵的 TVFAs、乙酸、丙酸和氨氮的质量浓度最高，其中，丙酸的降解速度最慢，其质量浓度在 4.3～6.8mg/g 范围内维持了 32d。该组发酵的日 VS 产甲烷量在第 10－22d 基本不产气，56d 的累积产气量最低，为 112.0mL/g。

三、固体厌氧发酵酸化控制技术及装置

(一)装置概述

针对厌氧干发酵酸抑制问题,在分层接种技术的基础上开发了避免固体厌氧发酵酸化的发酵装置,包括底座10、套筒7以及上盖4,在底座上同轴固装套筒,套筒上端密封盖装上盖,在套筒和上盖之间套装密封圈1,进一步密封和加强,上盖上制有出气管2和压力平衡口3,出气管上安装阀门。套筒内下部固装隔板9,隔板上均布通孔,隔套筒上臂内壁径向固装多个支撑块6,所有支撑块上部共同活动放置一盖板5,盖板上均布通孔。隔板上部和下部的套筒侧壁制有出液管8,出液管上安装阀门,隔板上部的套筒填充发酵底物,发酵后的液体直接滴到隔板以下,避免产生的酸对发酵菌种的影响(图3-12)。

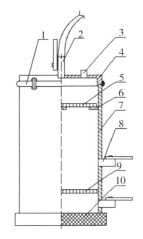

图 3-12 酸化技术装置

(二)技术与装置要点

针对现有固体发酵中存在的迟滞期长、乙酸化、效率低等问题,改变接种方式,设计开发了适于分层接种的发酵装置,通过接种物与发酵底物分层进料的方式,使甲烷菌在特定区域内处于绝对优势,充分发挥其甲烷菌作用,避免有机酸积累和酸抑制,从而提高产气效率,具体体现在以下3个方面。

(1)无沼液等二次污染。采用固态发酵,无沼液排放,发酵后的沼渣含水量低,可直接作为肥料用于农业生产无二次污染。

(2)启动快、效率高。采用分层接种的固体发酵,能使厌氧发酵快速启动,迟滞期缩短至1~2d;发酵过程中接种物集中,能够快速代谢产生的有机酸,避免酸抑制,提高产气效率。

(3)能耗低、操作省时方便。采用分层接种的方法,避免和传统固体发酵前原料与接种物混匀过程。另外,在发酵过程中无须采用机械搅拌,减少了大量的能源消耗,使发酵前期准备更方便、省时、省力。

第三节 沼液高效施用关键技术及设备

随着规模化养殖场快速发展，规模化畜禽养殖废水的污染问题日趋严重。畜禽养殖废水主要是指规模化畜禽养殖场排放的废水，其中包括畜禽的粪、尿和圈栏冲洗用水等(齐学斌等，2006)。养殖粪污中含有丰富的有机质和氮、磷等营养物质，已有研究表明(王凤等，2009)，养殖废水中大量的有机态氮、磷，经过固液分离、厌氧消化和灭菌处理后，化学需氧量去除率可以达到85%～90%，且将有机态氮、磷转化为植物易吸收利用的 NH_4^+ 和 PO_4^{3-}。因此，养殖废水经以上工艺处理后可以转变为一体化的水肥资源循环应用于农田种植，成为目前最为有效的养殖污染防控及水肥资源循环利用的有效模式。然而，养殖肥液农田利用前首先要确定合理的灌溉浓度和灌溉量，否则养分投入量不足将造成减产，而过量的养分投入会造成流失，甚至污染水体(Cannon et al.，2000)。

一、养殖场沼液在蔬菜地利用工程技术

(一) 沼液利用基本原则

(1) 沼液应经过完全发酵后，在贮存池中稳定30d以上方能使用。

(2) 沼液应避免浓度过高，造成烧苗；同时避免过量施用，防止出现地下水污染等现象。

(3) 沼液施用时间应尽量选择晴天的早晚或阴天使用，以免由于高温导致氨大量挥发造成伤害。

(4) 当设施地土壤电导率大于等于1mS/cm时，禁止施用沼液。

(二) 田间工程建设

(1) 沼液输送工程。贮存池中的沼液采用管道输送到蔬菜地沼液暂存池，管道直径大于等于90mm，压力等级大于等于1.0mPa。沼液在进入输送主管道前，应经过60目网箱过滤，防止堵塞管道，网箱以不锈钢材质为宜。

(2) 沼液管道化利用工程。沼液管道化利用工程主要由沼液暂存池、沼液养分监测及智能灌溉控制设备、大量元素配肥桶、微量元素配肥桶和微喷灌管路系

统组成。一般每150~200亩设施蔬菜地配置1座容积50m³的沼液暂存池(深度小于3.5m)，1个容积1m³的大量元素配肥桶和1个500L的微量元素配肥桶。沼液暂存池建设要求参照 GB/T26624-2011 执行。灌溉泵流量大于20m³/h；微喷带孔径1.0~1.2mm、长度不超过25m、内径大于等于32mm。

(三)设施蔬菜地沼液施用技术要点

不同类型蔬菜沼液施用量见表3-10，具体的沼液施用量需根据沼液全氮浓度进行调整。沼液、水溶肥与清水配合施用，沼液、水溶肥和清水的混合液 EC 值应小于 3mS/cm。

表 3-10　不同粪污沼液浓度下蔬菜地参考施用量

作物		施肥期	不同浓度沼液施用量[kg/(亩·次)]	配施化肥[kg/(亩·次)]	
			沼液全氮浓度(mg/L) 600/900/1 200	复合肥	钾肥
设施蔬菜	辣椒	开花坐果期	3.0/2.0/1.5	—	2~3
		盛果期	3.5/2.5/2.0	—	3~4
	黄瓜	坐果期	3.5/2.5/2.0	—	2~3
		采收盛期	5.0/3.5/2.5	—	3~4
露天蔬菜	大白菜	基肥	15.0/10.0/7.5	15~20a	—
		莲座期至结球前期	12/8.0/6.0	—	—
	小白菜	基肥	10.0/6.5/5.0	—	—
	萝卜	基肥	22.5/15.0/11.0	25~30b	—

注：①各蔬菜施肥的目标产量水平分别为辣椒单季产量 4 000~5 000kg/亩；黄瓜单季产量 6 000~7 500kg/亩，大白菜单季产量 3 500~5 000kg/亩；小白菜单季产量 1 000~1 500kg/亩；萝卜单季产量 4 500~6 000kg/亩。②a 表示 N-P_2O_5-K_2O 15-15-15 复合肥；b 表示 N-P_2O_5-K_2O 15-5-22 高钾复合肥。

1. 黄瓜沼液施用技术要点

在黄瓜设施种植区，沼液施用以追肥方式为宜，追肥施用时期为坐果期和采收盛期。

坐果期施用：当黄瓜长到 12 片叶后，根据土壤墒情施用沼液，每次每亩施用沼液 2.0~3.5t，补施硫酸钾水溶肥 2~3kg/亩，最后喷清水清除管道中残留物质。沼液、水溶肥与清水的灌溉总量约 10t/亩。

采收盛期施用：根据长势、天气等因素，一般每 6～10d 施用 1 次沼液，每次每亩施用沼液 2.5～5.0t，补施硫酸钾水溶肥 3～4kg/亩，最后喷清水清除管道中残留物质。沼液、水溶肥与清水的灌溉总量约 15t/亩。

基肥参照常规方式施用有机肥和复合肥，有条件的地区可用沼渣替代商品有机肥。

2. 辣(甜)椒沼液施用技术要点

在辣(甜)椒设施种植区，沼液施用以追肥方式为宜，追肥施用时期为开花坐果期和盛果期。

开花坐果期：在辣(甜)椒开花坐果后，根据土壤墒情施用沼液，每次每亩施用沼液 1.5～3.0t，补施硫酸钾水溶肥 2～3kg/亩，最后喷清水清除管道中残留物质。沼液、水溶肥与清水的灌溉总量约 10t/亩。

盛果期：根据长势、天气等因素，一般每采收 2 次辣椒，施用 1 次沼液。每次每亩施用沼液 2.0～3.5t，补施硫酸钾水溶肥 3～4kg/亩，最后喷清水清除管道中残留物质。沼液、水溶肥与清水的灌溉总量约 10t/亩。

基肥参照常规方式施用有机肥和复合肥，有条件的地区可用沼渣替代商品有机肥。

3. 露地叶菜类和根茎类蔬菜沼液施用技术要点

露地蔬菜全生育期沼液可 1～3 次施用。

(1)大白菜沼液施用技术。在大白菜移栽 7～10d 前的茬口衔接期，每亩施用沼液 7.5～15t，同时配施 15～20kg 复合肥($N-P_2O_5-K_2O$ 为 15-15-15)；在大白菜莲座期至结球初期，每亩施用沼液 6～12t，根据土壤墒情可分 1～2 次施用。

(2)小白菜沼液施用技术。小白菜地沼液施用以基肥方式为宜。在小白菜移栽或直播 7～10d 前的茬口衔接期施用沼液，每亩沼液施用量 5～10t/亩。

(3)萝卜沼液施用技术。在萝卜种植 10～15d 前，每亩施用沼液 11.0～22.5t，同时配合施用 25～30kg 高钾复合肥($N-P_2O_5-K_2O$ 为 15-5-22)；在萝卜叶生长旺盛期，根据叶色情况可适当补施沼液 4～8t/亩。

二、谭家湾示范区沼液安全高效农田消纳技术及设备

在十堰市谭家湾示范区，通过实地调研、采样分析等方式，确定沼液养分特

征和典型作物营养需求，完成了谭家湾示范区沼液安全使用技术总体规划方案的设计，开展了猪场沼液替代化肥蔬菜安全利用研究与示范。

（一）猪场沼液替代化肥安全利用技术田间示范

根据十堰市宏阳生态养殖有限公司沼液中养分特征及十堰市心怡蔬菜种植合作社蔬菜地土壤理化性质，开展沼液白菜安全利用实验示范。通过沼液灌溉蔬菜小区实验，明确沼液灌溉对蔬菜产量、品质及土壤环境质量影响，评估沼液部分替代化肥的可行性，确定沼液灌溉蔬菜的最佳技术模式。

沼液养分特性：沼液全氮浓度变化范围为 $767 \sim 794mg/L$，平均 $780mg/L$，铵态氮浓度变化范围为 $687 \sim 716mg/L$，占 TN 的 90% 以上；沼液全磷浓度变化范围为 $21 \sim 24mg/L$。

目前开展了 2 季白菜的沼液肥利用实验，实验共 8 个处理：CK－不施肥，清水灌溉；CF－传统施肥，专用肥 130kg/亩，清水灌溉；N_{OPT}－环保施肥，习惯施肥减量 20%，清水灌溉；BSN_{100}－以 N_{OPT} 处理中氮计，沼液替代专用肥，磷和钾化学肥料补齐；BSN_{75}－考虑沼液当季利用率，以 N_{OPT} 处理中氮计，沼液替代专用肥，磷和钾化学肥料补齐；BSN_{50}－考虑沼液当季利用率，以 N_{OPT} 处理中氮计，沼液替代专用肥，磷和钾化学肥料补齐；$OBSN_{100}$－施肥方案与 BSN_{100} 一致，追肥时沼液不稀释；FBN_{50}－底肥与 N_{OPT} 处理，以 N_{OPT} 处理中氮计，施专用肥；追肥施沼液，考虑沼液当季利用率。每个处理重复 3 次，随机区组排列。养分投入量见表 3-11。

表 3-11　养分投入量　　　　　　　　　　　　　　　　单位：kg/亩

处理	底肥			莲座期追肥			结球期追肥			总养分		
	N	P_2O_5	K_2O	N	P_2O_5	K_2O	N	P_2O_5	K_2O	N	P_2O_5	K_2O
CK	0	0	0	0	0	0	0	0	0	0	0	0
CF	18.00	8.00	18.00	3.60	1.60	3.60	1.80	0.80	1.80	23.40	10.40	23.40
N_{OPT}	14.40	6.40	14.40	2.88	1.28	2.88	1.44	0.64	1.44	18.72	8.32	18.72
BSN_{100}	14.40	6.40	14.40	2.88	1.28	2.88	1.44	0.64	1.44	18.72	8.32	18.72
BSN_{75}	19.20	6.40	14.40	3.84	1.28	2.88	1.92	0.64	1.44	24.96	8.32	18.72
BSN_{50}	28.80	6.40	19.73	5.76	1.28	3.95	2.88	0.64	1.97	37.44	8.32	25.65

（续表）

处理	底肥			莲座期追肥			结球期追肥			总养分		
	N	P_2O_5	K_2O	N	P_2O_5	K_2O	N	P_2O_5	K_2O	N	P_2O_5	K_2O
OBN_{100}	14.04	6.40	14.40	2.88	1.28	2.88	1.44	0.64	1.44	18.72	8.32	18.72
FBN_{50}	14.40	6.40	14.40	5.76	1.28	3.95	2.88	0.64	1.97	23.04	8.32	20.32

　　小区面积为 $3.2m \times 2.1m = 6.72m^2$，小区间用 PVC 板隔离。小区田间布置和小区划分见图 3-13 和图 3-14。

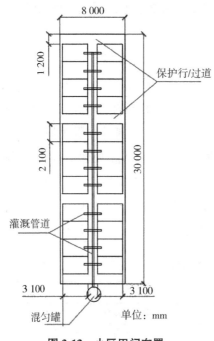

图 3-13　小区田间布置

图 3-14　小区划分

　　本实验基本确定了沼液在白菜种植中的施用技术。实验示范过程中监测了白菜产量、氮磷含量及土壤氮磷等指标变化（表 3-12），目前研究结果来看，沼液氮当季利用率为 100% 处理、沼液与化肥配施处理为较优处理。

表 3-12　不同处理白菜产量　　　　　　　　单位：kg/亩

处理	总养分			产量
	N	P_2O_5	K_2O	
CK	0	0	0	1 574.90c
CF	23.40	10.40	23.40	4 167.50b
N_{OPT}	18.72	8.32	18.72	3 958.60b
BSN_{100}	18.72	8.32	18.72	4 981.70ab
BSN_{75}	24.96	8.32	18.72	5 329.90a
BSN_{50}	37.44	8.32	25.65	5 865.60a
OBN_{100}	18.72	8.32	18.72	5 572.00a
$FBSN_{50}$	23.04	8.32	20.32	4 842.40ab

(二) 猪场沼液安全施用技术方案

项目实施区位于湖北省十堰市谭家湾圩坪寺村，实验区共有大棚 5～8 栋。每棚宽 8m，长 30m，每棚根据实验要求分隔成不同的小区。种植蔬菜，每棚 10～20 个小区不等，每小区布置一条微喷带，用一只阀门控制。蔬菜的需水量较大，一般 2～3d 需灌水 1 次。由于垄较宽，每垄种植 2 行，种植品种为茄果类，土质为壤土，选用微喷带膜下滴灌形式。夏季会种植叶菜，应选用悬挂式微喷头微喷灌形式。田间布置见图 3-15。

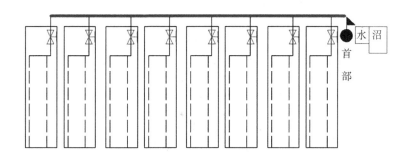

图 3-15　田间布置

(三)沼液安全施用控制系统设计

针对十堰项目实施地郧阳区谭家湾沼液利用现状制定了"十堰水肥灌溉一体化系统工程设计方案",并配套完成"沼液水肥一体化系统"的研制,该系统现已安装、试运行(图3-16、图3-17)。

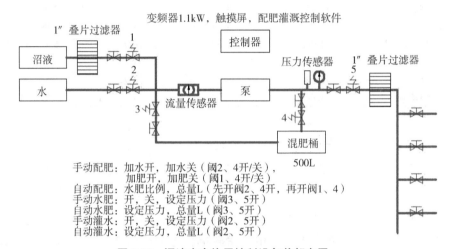

图3-16 沼液安全施用控制设备首部布置

图3-17 沼液水肥一体化系统

(四)养殖沼液农田安全灌溉系统

养殖沼液具有相当高的肥效,对于农作物的生长具有很好的促进作用。不仅可以减少农药化肥的使用,同时还可以避免化肥和农药的过度使用而对土壤、农作物产生负面效果。直接使用养殖沼液对农作物进行施肥会对农作物产生严重的负面效应,阻碍农作物的正常生长,必须对养殖沼液进行预处理才可用于农作物施肥。对养殖沼液进行预处理要尽可能满足零排放、肥效最大化等标准,现有的灌溉水预处理系统无法达到该要求。

1. 技术概述

(1)灌溉水预处理系统基本构造。本灌溉水预处理系统,其能够对养殖沼液进行预处理使养殖沼液满足农作物施肥标准;零排放且可实现养殖沼液的肥效最大化。

灌溉水预处理系统,其包括初沉池、混合调节池、检测系统和提升布水系统。初沉池的出口与混合调节池连通,检测系统设于混合调节池。提升布水系统包括提升配水装置和布水管,提升配水装置包括提升泵和配水器,提升泵的进口设于混合调节池,配水器具有配水室,提升泵的出口与配水室连通,布水管的进口与配水室连通。配水器具有搅拌组件,搅拌组件包括搅拌杆、搅拌叶轮和动力装置。搅拌杆的一端容置于配水室,搅拌杆的另一端贯穿配水器并与动力装置的动力输出部连接,搅拌叶轮与搅拌杆通过锥齿轮啮合连接(图 3-18)。

(2)灌溉水预处理系统 300 的具体实施方式。灌溉水预处理系统 300(图 3-19)包括初沉池 310、混合调节池 320、检测系统 330 和提升布水系统 200。初沉池 310 的出口与混合调节池 320 连通,检测系统 330 设于混合调节池 320。提升布水系统 200 的提升泵 111 的进口设于混合调节池 320。灌溉水预处理系统 300 还设置有用于储存雨水、地表水和抽取的地下水等水源的储水池 340,储水池 340 的出口与混合调节池 320 连通。

灌溉水预处理系统 300 的工作原理是:通过初沉池 310 对养殖沼液和养殖污水进行沉淀处理,利用初沉池 310 上清液与雨水、地表水等自然水源进行调配混合至 COD、SS、电导率等均达标,最后由提升布水系统 200 将调配后的肥水输送至田间。灌溉水预处理系统 300 的工作流程为:利用储水池 340 和田内

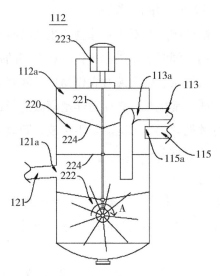

112－配水器；112a－配水室；113－输水管；113a－第一出口；115－溢水管；
115a－第一进口；121－布水管；121a－第二进口；220－搅拌组件；
221－搅拌杆；222－搅拌叶轮；223－动力装置；224－支撑架。

图 3-18　灌溉水预处理系统基本构造

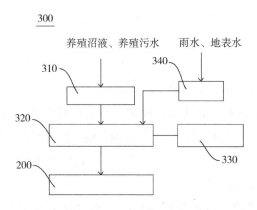

图 3-19　灌溉水预处理系统

的坑塘沟渠暂存雨水、地表水、抽取的地下水等较为洁净的水源，利用初沉池
310 储存由养殖场运输过来的养殖沼液、养殖污水，并进行沉淀处理。需要灌

溉的时候，先将雨水、地表水、抽取的地下水等抽至混合调节池 320 作为基础水，再将初沉池 310 的上清液抽入混合调节池 320 内与基础水进行混合。混合后的肥水通过检测系统 330 对化学需氧量、SS、电导率等进行检测，检测合格后通过提升布水系统 200 将混合后的肥水输送入田中，如不合格则继续加入基础水或上清液调配至合格。

养殖沼液和养殖污水的上清液可以用于农作物灌溉，而初沉池 310 中的沉降物则可以用于旱田土壤增肥。灌溉水预处理系统 300 可以充分利用雨水、地表水等自然水源，并且使养殖沼液和养殖污水全部得到利用，实现零排放。灌溉水预处理系统 300 不仅充分利用了养殖沼液和养殖污水中的肥效物质，用于农作物增肥，并且减少了养殖沼液和养殖污水的排放，实现了资源的循环利用，同时还减少了化肥和增肥农药的使用量，减轻了化肥农药等使用过多而带来的负面影响，环境友好且节约资源。

2. 技术要点

(1)灌溉水预处理系统通过设置初沉池来储存由养殖场运输过来的沼液和污水，并进行沉淀处理。需要进行灌溉的时候，先将雨水、地表水、抽取的地下水等抽至混合调节池作为基础水，再将初沉池的上清液抽入混合调节池，通过水流自身冲力进行混合。混合后，通过设置在混合调节池的检测系统对化学需氧量、SS、电导率等进行检测，若检测合格，则通过提升布水系统将混合后的肥水输送入农田中，如不合格，则继续使用基础水或上清液调配至合格。通过上述处理一方面可以是养殖沼液达到农业灌溉水的灌溉标准，减少了化肥等的用量，另一方面，初沉池中的沉淀物可用于农田土壤补肥，增加土壤肥力。

(2)灌溉水预处理系统可以充分利用养殖沼液的肥效成分，实现零排放，使养殖沼液的肥效最大化，大大降低了化肥的使用量，不仅节约资源而且环保。

(3)灌溉水预处理系统通过在配水器设置搅拌组件，可以有效防止肥水中的肥效物质在配水器中发生沉降而降低肥水的肥效，同时也可以防止由于物质沉积而造成配水器堵塞或出现故障。搅拌组件还可以对肥水进行搅拌，使其中的肥效物质充分均匀混合，使肥水的肥效均匀稳定。

第四节　畜禽粪便有机肥农田高效施用设备

目前我国农作物亩均化肥用量21.9kg，远高于世界平均水平的每亩8kg，是美国的2.6倍，欧盟的2.5倍。多施用化学肥料不仅造成了水体持续污染，增加了农业产品中有毒物质的残留，导致地表水富营养化、地下水和蔬菜中硝态氮含量超标等问题，还造成土壤酸化板结，有机质减少，养分结构失调，物理性状变差，部分地块有害金属和有害病菌超标，导致肥力下降，土壤性状恶化，同时也给农业可持续发展带来很大危害。有机肥营养元素齐全能够改良土壤，提高产品品质，改善作物根际微生物群，提高植物的抗病虫能力，得到大力推广。但有机肥亩均撒施量较大，目前主要靠人工撒肥，工作强度大，环境恶劣，效率低下，严重阻碍了有机肥行业的发展。本节介绍了几种有机肥撒施设备，有效解决了目前国内市场上撒肥机功能单一且撒肥粗犷的缺点，精确控制撒肥量，满足多种性状肥料的按需撒施。

一、自走式固体有机肥撒施机

针对十堰和安康示范区地形、种植以及固体有机肥施用情况，我们制定了固体有机肥、沼渣撒施机设计方案，研制了自走式固体有机肥撒施机1台(图3-20)，目前已投放到十堰项目实施地开展固体有机肥撒施实验。针对项目实施地山区地形特点研制有机肥撒施设备，现已完成图纸绘制及第一轮样机的试制(图3-21至图3-23)。

图3-20　自走式固体有机肥撒施机

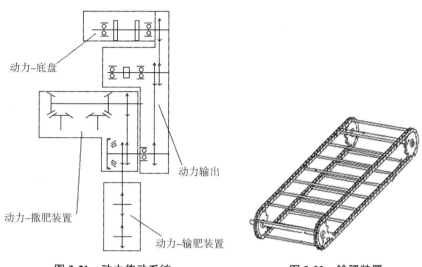

图 3-21　动力传动系统　　　　　　图 3-22　输肥装置

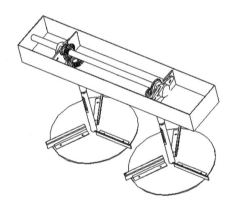

图 3-23　撒肥装置

二、锥盘式撒肥机

(一) 技术概述

为了克服市场上撒肥机功能单一只能针对一种肥料进行撒施，且撒肥粗犷，不可精确控制撒肥量的缺点，本技术提供一种可定量撒施多种性状肥料的锥盘式撒肥机，不仅能撒有机肥，还可以精量撒施化学肥料。

本技术中的锥盘式撒肥机，包括固设有肥料箱的机架，机架底部还设有可以挂接拖拉机的牵引梁12；还包括与肥料箱水平布置的锥盘撒肥机构9，锥盘撒肥机构包括下挡肥板3，下挡肥板的后侧竖直向上延伸形成后挡肥板1，下挡肥板上对称设有两组锥形撒肥盘7。锥形撒肥盘包括一空心的锥形本体，锥形本体的上端为入肥口，下端为出肥口，入肥口内安装有渐开线形叶片6。锥形撒肥盘与后挡板之间设有后导流板5。两组锥形撒肥盘之间还设有"V"形导流板4，下挡肥板的底面上安装有锥齿轮传动箱2。后导流板为与锥形撒肥盘入肥口的外圆相适配的弧形板。"V"形导流板包括两块与锥形撒肥盘入肥口的外圆相适配的弧形面板。撒肥机还设置有棘轮调速机构11，肥料箱端部设置有防护网8，肥料箱内部设置有防漏网10(图3-24、图3-25)。

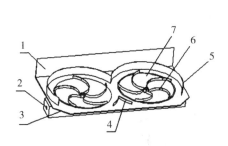

图 3-24　锥盘撒肥机构的结构

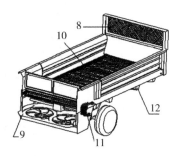

图 3-25　一个实施例的结构

(二) 技术要点

(1) 锥形撒肥盘包括一空心的锥形本体，锥形本体的上端为入肥口，下端为出肥口，入肥口内安装有渐开线形叶片。

(2) 锥形撒肥盘与后挡板之间设有后导流板。

(3) 两组锥形撒肥盘之间还设有"V"形导流板，下挡肥板的底面上安装有锥齿轮传动箱。

（4）后导流板为与锥形撒肥盘入肥口的外圆相适配的弧形板。

（5）"V"形导流板包括两块与锥形撒肥盘入肥口的外圆相适配的弧形面板。

（6）使用时，左侧锥形撒肥盘顺时针转动，而右侧锥形撒肥盘则逆时针转动，该锥盘锥度为150°，这样可使肥料程上抛运动可增加幅宽，而撒肥叶片设计成渐开线形状不仅可以增加撒肥的幅宽，同时还能够增加撒肥均匀度，可撒施多种性状肥料。

三、棘轮调速装置

（一）技术概述

1. 棘轮调速装置基本构造

为妥善解决撒肥装置在施肥过程中需要调速撒肥的问题，本技术研发一种棘轮调速装置，可以装置在撒肥车挡板处，起到降速和调节输肥链速度的作用。本技术装置包括棘轮3，棘轮的外圆面上均匀设有一组棘爪，棘轮的上部安装有与棘轮外圆面相适配的挡位槽1，棘轮的外部安装有截面呈扇形的遮齿罩4，遮齿罩的圆心角端固定于挡

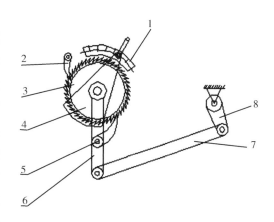

图3-26　一个实施例的结构

位槽上，遮齿罩的圆弧端部与棘轮的外圆面相适配并与挡位槽相对设置。同时，棘轮的中心垂直固定有摇杆6，摇杆通过连杆7连接有曲柄8。摇杆上铰接有与棘轮下部相触接的正推棘爪5，上部设有止逆棘爪2，正推棘爪、止逆棘爪呈三角形或月牙形（图3-26）。

2. 棘轮调速装置具体实施方式

工作时，摇杆带动连杆，连杆带动摇杆，摇杆带动正推棘爪5做往复摆动，正推棘爪和逆止棘爪内部有扭簧，当摇杆顺时针运动时，逆止棘爪阻止棘轮转动，当摇杆逆时针运动时，正推棘爪推动棘轮逆时针转动，棘轮带动输肥机构主

动链轴转动，转动的角度由遮齿罩遮住的有效齿数有关，有效齿数即为去掉遮齿罩4时摇杆6顺时针运动时正推棘爪5所接触的齿数，此机构可接触6齿，故此棘轮调速机构可六挡调速，本实施例中棘轮共有66齿，故其可降速范围为(1～6)：68。

(二) 技术要点

(1) 棘轮的中心垂直固定有摇杆。

(2) 摇杆通过连杆连接有曲柄。

(3) 摇杆上铰接有与棘轮下部相触接的正推棘爪。

(4) 棘轮的上部设有止逆棘爪。

(5) 正推棘爪、止逆棘爪呈三角形或月牙形。

四、大田多功能变量撒肥机

(一) 技术概述

1. 大田多功能变量撒肥机基本构造

本技术研制一款可定量撒施多种性状肥料的大田多功能撒肥机，创新性的将锥盘撒肥机构与击肥辊抛肥机构协调配合使用，不仅能撒有机肥，还可以精量撒施化学肥料。利用棘轮调速机构与液压开合机构配合使用，可以精确调节输肥量，达到按需施肥、节肥增效的目的，为我国农业可持续发展提供技术支持。

此大田多功能变量撒肥机，包括安装于主传动轴上方的肥箱，肥箱的前端固定有防护装置，肥箱的后部安装有击肥辊抛肥机构，击肥辊抛肥机构包括至少一沿肥箱横向设置的击肥辊，击肥辊的下方设有与肥箱水平布置的锥盘撒肥机构，肥箱的尾部一侧安装有棘轮调速机构，棘轮调速机构与设置在肥箱内部的链板输肥机构相连接；肥箱上固定有液压开合机构，所述液压开合机构包括一后挡肥板、两个支撑杆、两个扭簧、以及两个液压杆，两个支撑杆对称铰接在肥箱的左、右两侧箱板上，支撑杆与液压杆的一端铰接，液压杆的另一端与设置在肥箱左、右两侧箱板尾端的延长板铰接，后挡肥板的两端上部分别设有扭簧，后挡肥板通过所述扭簧与支撑杆连接，液压杆由液压缸驱动，液压缸驱动液压杆伸缩以调整液压开合机构的开合度，通过液压开合机构的开合度控制撒肥量。其结构如图3-27、图3-28所示。包括上防护网1，下防护网2，肥箱3，牵引梁4，主传动轴5，车轮6，第一链轮7，液压马达8，第二链轮9，第三链轮10，第四链轮11，变速箱12，第五链轮13，第六链轮14，液压开合板15，上击肥辊16，下击肥辊17，挡肥板18，锥盘撒肥机构19，棘轮调速机构20，链板输肥机构21。

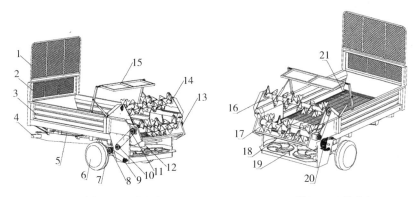

图 3-27　撒肥机结构左视图　　　　图 3-28　撒肥机结构右视图

2. 大田多功能变量撒肥机具体实施方式

利用铲车将肥料装入肥箱内，此时液压开合机构处于闭合状态，可以防止撒肥机开往工作地点的途中肥料洒落，并通过上下防护网起到阻挡肥料和杂物作用。当撒施厩肥时，采用击肥辊抛肥机构，将液压开合机构完全打开，此时可阻挡向前方抛射的肥料或杂物，起到防护作用；将挡肥板保持在闭合状态，工作时拖拉机通过挂接牵引梁带动撒肥车前进，拖拉机后动力输出将动力传递给主传动轴，主传动轴将动力传递到变速箱，变速箱输出两路动力，一路通过链传动传递给下击肥辊，下击肥辊通过链传动带动上击肥辊，另一路传递到棘轮调速机构，棘轮调速机构可根据需肥量进行减速和6级调速，经过减速后将动力传递到链板输肥机构，链板输肥机构将肥料整体向后方移动，两级击肥辊将厩肥击碎并向后上方均匀抛撒，完成厩肥撒施。

当撒施粉状颗粒状有机肥或者化肥时采用锥盘撒肥机构，此时将挡肥板打开使肥料能落至撒肥盘上，由于链板输肥机构是将肥料整体向后输送，为了避免肥料大量落至撒肥盘上，故将液压开合机构调整为不完全闭合状态，其开口大小根据需肥量而定，这样就可保证肥料均匀定量的落至撒肥盘上，动力系统传递路线为：拖拉机后动力输出将动力传递给主传动轴，主传动轴将动力传递到变速箱，通过离合将击肥辊动力切断，变速箱将动力传递至棘轮调速机构，此时将棘轮调速机构挂至6挡快速挡，带动输肥链板将肥料向前输送，此时肥量大小由液压开合机构调节，肥料落至锥盘撒肥机构后被均匀洒在田间。

(二)技术要点

(1)击肥辊抛肥机构包括对称安装在延长板上端的两个上挡板，以及对称安装在延长板后端的两个下挡板，两个上挡板之间设有沿肥箱横向设置的上输肥螺杆，两个下挡板之间设有沿肥箱横向设置的下输肥螺杆，上、下输肥螺杆上沿杆长度方向均匀间隔布置有一组拨爪，该组拨爪呈螺旋状分别排布在所述上、下输肥螺杆的外圆周面上。上、下输肥螺杆平行分布，且上下输肥螺杆旋转中心所在平面与水平面之间形成夹角，夹角的角度为59°，在延长板上沿后挡肥板的闭合轨迹设有限位开度板。

(2)液压开合机构具有撑开状态及闭合状态；当液压开合机构处于撑开状态时，通过液压杆伸长使支撑杆向上抬起，扭簧通过扭力支撑后挡肥板使得后挡肥板与支撑杆之间具有夹角，夹角角度为100°。

(3)棘轮调速机构包括棘轮，棘轮上部安装有与棘轮外弧相对应的挡位槽，棘轮的外部安装有呈三角形的遮齿罩，遮齿罩的顶端固定于挡位槽上，底端与挡位槽的位置相对；棘轮的中心垂直固定有摇杆，摇杆通过连杆连接有曲柄；摇杆上铰接有与棘轮下部相触接的正推棘爪，棘轮的上部设有止逆棘爪。棘轮调速机构具有6挡调速，其降速范围为(1~6)：68。

(4)锥盘撒肥机构包括底部的下挡肥板，下挡肥板的后侧向上延伸形成后挡板，下挡肥板上对称设有两组锥形撒肥盘，锥形撒肥盘内安装有渐开线形叶片，在锥形撒肥盘与后挡板之间设有后导流板，两组锥形撒肥盘之间还设有"V"形导流板，下挡肥板的下部安装有锥齿轮传动箱。

(5)链板输肥机构包括一组均匀铺设于肥箱底板上的刮肥板，刮肥板的两端均焊接固定有链节，相邻上、下两链节之间通过销轴铰接，固定形成一个整体。

五、有机肥料撒施台架

(一) 技术概述

1. 有机肥撒施台架基本构造

本技术提出一种可以均匀撒施有机肥且工作稳定、结构简单的有机肥料撒施台架，有效改善工作过程中撒肥的均匀性，包括机架、设置在机架上的肥料箱以及安装在肥料箱下方的撒肥装置，肥料箱的底部内侧设有导槽以及可沿导槽往复移动的抽板，肥料箱内设有通过第一电机驱动的绞龙；撒肥装置由安装在机架底部的落肥构件与撒肥圆盘构成，落肥构件包括底壁、前侧壁以及左侧壁、右侧壁，落肥构件的顶部敞开，所述左、右侧壁后端之间形成肥料撒施口，底壁上设有与撒肥圆盘相匹配的圆形开孔，撒肥圆盘的中心固接有通过第二电机驱动的竖直转动轴。其结构包括：机架 1，肥料箱 2，过渡曲面 2-1，过渡曲面 2-2，行走轮 3，链条 4，第一电机 5，落肥构件 6，底壁 6-1，前侧壁 6-2，左侧壁 6-3，右侧壁 6-4，肥料撒施口 6-5，圆形开孔 6-6，撒肥圆盘 7，抽板 8，手柄 8-1，绞龙轴 9-1，螺旋叶片 9-2，隔板 10，第二电机 11，轴承 12（图 3-29、图 3-30）。

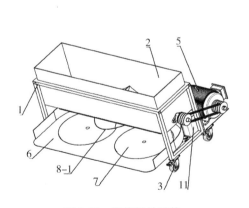

图 3-29 实施例的结构

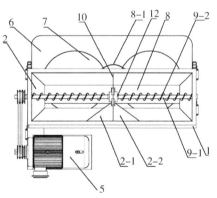

图 3-30 实施例的俯视

2. 有机肥撒施台架具体实施方式

在作业过程中，该装置向前行走，第一电动机通过带轮带动肥料箱内部的绞龙转动，增加肥料的流动性，然后通过抽板调整肥料箱底端的开口大小来控制出肥量，使肥料从肥料箱底端落入撒肥圆盘，此时撒肥圆盘在第二电机带动下以一定速度旋转，在撒肥圆盘的离心作用以及前侧壁和左、右侧壁的阻挡作用下实现肥料的撒施，当肥料在圆盘上做旋转运动时落肥构件周边各侧壁避免了肥料沿四周抛出，确保了肥料稳定均匀的向后抛撒。相比现有技术中主要是通过人工撒施，大大地降低了劳动成本，减少了劳动力的使用，提高了工作效率。

（二）技术要点

（1）撒肥圆盘有两个，相应地，落肥构件的底壁上设有两个与撒肥圆盘相匹配的圆形开孔。两个圆形开孔以所述底壁的中轴线为中心左右对称设置，前侧壁由分别与两个圆形开孔的弧度一致的两块弧形板对接而成。这样可以在肥料撒施过程中，防止肥料沿落肥构件左、右、前端三个方向的抛撒，保证了撒肥效率。

（2）肥料箱的上部为长方体结构，下部为从长方体结构的下口向下逐渐收缩的棱台结构，长方体结构的中间位置固接有从前向后延伸的隔板，隔板上设有用于支撑绞龙中部的轴承；隔板前端两侧设有对称的过渡曲面，过渡曲面与弧形板的位置、形状相对应。所述隔板上设有轴承，可以提高绞龙的刚性，而肥料箱内的两个过渡曲面则阻止了肥料向下喂入撒肥圆盘的过程中漏肥(即将肥料漏到前侧壁外侧)的现象。

六、链条输送式施肥系统装置

（一）技术概述

1. 链条输送式施肥系统装置基本构造

变量排肥是精准农业一个重要组成部分，精准的排肥则是精准施肥的关键环节。随着我国废弃物总量每年逐年增加，且当前国内提倡"减肥、减药"，有机肥撒施已成为一个趋势。然而，对于有机肥撒施过程的肥料主要是直接输送至撒肥装置抛撒，对于实现变量施肥作业的有机肥抛撒机方面研究缺乏。本技术设计了一款链条输送式精准变量排肥机构(图3-31)，并进行了初步实验，以求节约肥料，精准排肥，实现均匀抛撒，填补我国有机肥变量施肥抛撒机械的空白。

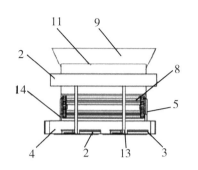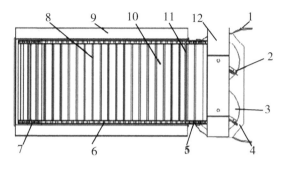

1—幅宽调节挡板；2—刮肥器；3—圆盘；4—挡板；5—主动链轮；6—马蹄链；7—从动链轮；
8—埋刮板；9—料斗；10 底板；11—闸板；12—锥齿传动箱外壳；13—圆盘轴；14—机架。

图 3-31　输肥系统结构示意图

设计过程中，采用了 3 条马蹄链对肥料进行稳定输送。3 条马蹄链平行、等间距安装，且在每两个马蹄链之间焊接有埋刮板，埋刮板沿着马蹄链转动方向均匀、等间距分布在两马蹄链之间。在埋刮板下方有固定安装的肥料托板，料斗内肥料随着链条整体向后输送，底部肥料随着埋刮板的运动输送至排肥口。埋刮板也是输肥系统中重要的部件之一，在输肥工作过程中，肥料通过马蹄链顺时针转动带动肥料整体向后运动；同时，料斗内底部肥料通过埋刮板以一层层的状态刮出，喂入排肥口；最后，肥料落入撒肥圆盘进行均匀抛撒。在输送肥料过程中，闸板控制肥量大小，采取手柄分级控制开口大小，连杆机构联动调节闸板，多级调控以实现闸板不同开口大小需要，满足不同农艺要求施肥量的要求。在进行精准施肥作业时，需要根据肥料需求，调节闸板开口大小至合适位置。

2. 链条输送式施肥系统装置具体实施方式

作业时，汽油机发动，通过传动轴经过一系列链条传动至主动链轮，带动输送装置中的链条顺时针转动；此时，位于料斗内的肥料随链条的运动而整体稳定向后输送，通过肥料闸板调节排肥量，埋刮板将底部肥料带动经肥料闸门喂入高速旋转的双圆盘上，结合机具前进速度，实现精准、均匀施肥作业。

(二) 技术要点

(1) 考虑到肥料特性、承载能力及加工工艺，输送链条选用不锈钢材料，然后折压成行，链节距 $P=7cm$，链条小边长度 $A=2.6cm$，长边 $B=3.6cm$。输送链条机构主要由链轮、马蹄链、埋刮板及链轮轴组成，输送肥料机构由系列链轮传动控制，动力经过发动机传到链轮动力轴。

（2）埋刮板安装角度、宽度及每两个埋刮板之间的距离对有机肥撒施输肥系统精准排肥起着决定性作用。结合经验设计，埋刮板宽度为 1.8cm，安装角度为 30°，间距为 5.2cm。为保证肥料均匀抛撒，埋刮板等间距、均布焊接在两马蹄链之间。

（3）在进行精准施肥作业时，需要根据肥料需求，调节闸板开口大小至合适位置。操作结果显示高度在 10mm 时适宜，并且达到施肥量在 1～1.5t 范围内的生产需求。

（4）料斗装置根据我国设施大棚标准尺寸设计，长度 60m，宽度 8m，施肥量 1～1.5t 计算，以商品粉状有机肥考虑，料斗容积为 $1.4m^3$。肥料箱整体呈顶大底小的"倒梯"形状，斜面与水平面之间的角度为 60°，大于有机肥的休止角，保证了在工作过程中肥料向下流动。

（5）在动力为 14kW、闸门开口大小为 5mm 时，实际施肥量与预置施肥量相对误差最大值为 7.6%；闸门开口大小为 10mm 时，实际施肥量与预置施肥量相对误差较小为 2%，能够较好地满足实际生产要求。

第五节　畜禽废弃物中抗生素降解技术

抗生素被广泛用于治疗、阻止、预防动物疾病以及促进动物生长。据估计 2013 年中国抗生素使用量达到 162 000t，其中兽用抗生素的使用量从 2007 年的 46% 增加到 2013 年的 52%，总量约为 84 240t（罗迪君，2019）。而在美国，每年抗生素使用量大概是 22 700t，约 50% 用于动物，其中大约 11 200t 被用于非治疗目的，即用于促进猪、家禽和牛的生长（Kümmerer，2009）。大部分抗生素施用到动物体内后不能被完全吸收和代谢，且某些抗生素的代谢产物在环境中又可恢复到原药状态。有报道（Sarmah et al.，2006）称，约 30%～90% 的抗生素以原药形式随粪便及尿液排出体外，因此，在畜禽养殖场废水和动物粪便中普遍存在抗生素残留(Huang et al. ，2017)，这些含有抗生素的废水和粪便经过处理或简单储存后，被施用到农田里，进而造成土壤的抗生素污染，最终诱导土壤环境中产生抗生素耐药基因。随着国家对种养结合理念的提倡，为了减少兽用抗生素对周围接纳环境的影响，研究规模化猪场中抗生素的分布、迁移以及消减规律已成为环境科学的热点问题。

一、畜禽粪便中抗生素去除技术

(一)好氧堆肥技术降解畜禽粪便中抗生素

目前的研究表明某些兽用抗生素在堆肥过程中表现出较好降解性，Ho 等(2013)进行了鸡粪堆肥研究，发现堆肥 40d 后，鸡粪中 9 种抗生素的去除率均大于 99%。此外，磺胺类、喹诺酮类和大环内酯类抗生素在堆肥中也具有很好的降解率(Liu et al. ，2015；Qiu et al. ，2012)。然而，某些抗生素在堆肥过程中却表现出较强的稳定性，例如，环丙沙星在堆肥 56d 后仅去除了 31%，喹诺酮类在堆肥中不易被降解(Selvam et al. ，2012)。关于不同抗生素的降解产物在堆肥过程中也具有不同的降解率(Wu et al. ，2011)，例如，金霉素的中间产物去除率较高为 82%，而土霉素的中间产物却几乎没被降解(Wu et al. ，2011)。

从降解机制来说，兽用抗生素在堆肥过程中的降解归因于 2 个方面，一是依赖于温度的非生物作用：首先堆肥温度的升高加速了抗生素降解，其次在温度升高的同时，原料有机物中可吸附抗生素的位点大大增多(Liu et al. ，2015；Bao et al. ，2009)，因此，吸附作用被很多学者认为是抗生素降解的主要原因，其本质是抗生素转化为不可被提取的吸附态(Kim et al. ，2012)；二是生物作用：粪便好氧堆肥是一个复杂的生物过程，尽管温度是一个重要的原因，但是微生物作用不可忽视，Srinivasan 等(2014)提出，在堆肥过程中磺胺甲噁唑的降解效率随堆肥温度的升高而增高，主要是因为较高温度下生物活性增强。

(二)厌氧发酵技术降解畜禽粪便中抗生素

厌氧发酵是畜禽粪便处理的第二个途径，目前研究主要集中在抗生素对产气的抑制以及抗生素自身的去除率。一方面，很多研究已证明兽用抗生素的存在会抑制厌氧发酵产气量，Alvarez 等（2010）研究证明 OTC 初始浓度为 10mg/L、50mg/L 和 100mg/L 时，产气分别降低了 56%、60% 和 62%。Mitchell 等（2013）指出泰乐菌素浓度为 130～913mg/L 时产气被抑制 10%～38%；氟苯尼考浓度为 6.4mg/L、36mg/L 和 210mg/L 时，产气分别降低 5%、40% 和 75%；然而并不是所有兽用抗生素均对甲烷产量有抑制，例如磺胺甲嘧啶和氨苄西林从整体上未表现出产气抑制。Guo 等（Guo et al.，2012）研究也指出，只有磺胺嘧啶和双氟哌酸的浓度高达 2.7g/L 和 0.54g/L 时，才表现出 9.9% 和 9.0% 的抑制作用。另一个方面，兽用抗生素在厌氧发酵过程中表现出不同程度的降解，例如，氨苄西林、氟苯尼考和泰乐菌素在发酵 5d 内迅速降解；土霉素在发酵中降解率为 40%～90%（Alvarez et al.，2010）；而磺胺甲嘧啶、氟苯尼考降解产物和泰乐菌素的降解产物却在整个发酵过程中表现出持久性（Mitchell et al.，2013）。关于兽用抗生素在厌氧发酵过程中的降解机制，主要集中于微生物活动。

（三）微生物生物技术降解畜禽粪便中抗生素

在生物降解畜禽粪便中抗生素的研究方面，从沼液中筛选 16 株具有可代谢金霉素的微生物，并进一步筛选得到可高效降解金霉素的菌株 3 株（图 3-32、图 3-33）。

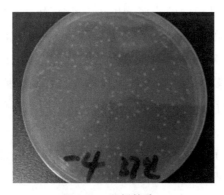

图 3-32　平板筛选-1

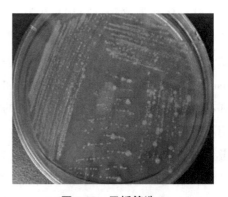

图 3-33　平板筛选-2

初步建立了金霉素液相色谱检测方法和条件，正在建立杆菌肽液相色谱检测方法。

在抗生素自然降解转归规律的研究方面，完成了为期一年的土柱淋溶实验（图 3-34），实验采用安康代表性土样，装填 36 根土柱，并模拟安康平均降水量条件，开展为期 360d 的室内土柱淋溶实验，探讨金霉素、土霉素等抗生素在土

图 3-34　淋溶实验装置

壤中的淋溶和自然降解规律。该实验已经完成全部样品采集工作，正在进行样品的分析测定。

二、畜禽养殖污水中抗生素的去除技术

（一）针对生猪养殖场 F1 的去除工艺

生猪养殖场 1(F1) 属民营企业，占地 11.3hm²，是一家年出栏量 10 000 余头的智能化猪场，该公司已形成种植、养殖、屠宰、加工销售一体化的产业链。F1 内粪便采取干清粪方式堆放在堆粪棚中，猪舍内废水(尿液及冲舍水)首先通过暗管排入暂存池中，然后经过固液分离装置，分离出的粪渣以及一部分粪被作为 CSTR 工艺(Continuous stirred tank reactor) 中厌氧发酵的原料，固液分离后的废水与经过 CSTR 工艺后排出的部分含少量粪便的发酵液同时进入到 UASB 工艺(Up-flow anaerobic sludge bed) 中进行二次厌氧发酵，废水经过二次发酵后随即进入到初沉池中进行沉淀，然后进行 A-O 工艺，O 池的出水进入二沉池中进行沉淀，经过处理后的废水进入到生态沟中进行深度净化，处理过的水进行农田灌溉以及稻蟹混养。F1 生猪养殖场粪污治理工艺流程如图 3-35。

（二）针对生猪养殖场 F2 的去除工艺

生猪养殖场 2(F2) 属民营企业，占地 6.7hm²，年出栏量 14 000 头。F2 中粪便也是采取干清粪的方式堆放在堆粪棚中，废水经暗管过多级沉淀池后，通过固液分离装置将粪渣和废水分离开，粪渣被送往堆粪棚中，废水则被排入 UASB 工

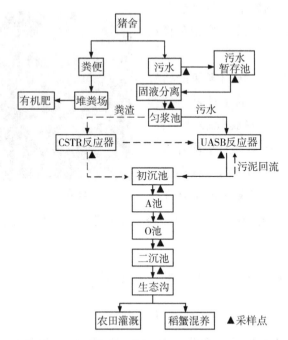

图 3-35　F1 生猪养殖场粪污治理工艺流程及取样点设置

艺中进行厌氧发酵，发酵后的沼液又经过折流氧化沟，氧化沟内有大量的活性污泥，在微生物的作用下，水中有机物被吸收分解，以达到去除的目的，废水随即进入到好氧曝气池内，池内设有曝气装置及组合填料，经过处理后的废水则进入到植物塘中，出水可直接用于场区内农业灌溉。F2 生猪养殖场粪污治理工艺流程如图 3-36 所示。

(三) 不同猪场废水处理工艺下抗生素去除效果

1. 取样点及分析方法

规模化养殖场的取样点如图 3-35、图 3-36 所示。取样体积为 500mL，每个取样点设 3 个平行，送至实验室，0～4℃条件下储存，24h 内处理。F1 和 F2 的进、出水水质指标见表 3-13。

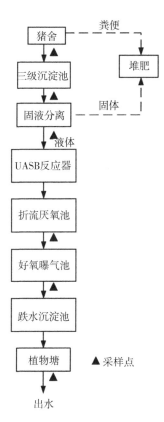

图 3-36 F2 生猪养殖场粪污治理工艺流程及取样点设置

表 3-13 养殖场 F1 和 F2 的进出水水质指标

处理单元	pH 值	电导率 （μS/cm）	总固体含量 （mg/L）	COD （mg/L）	氨氮 （mg/L）	全氮 （mg/L）	全磷 （mg/L）
F1-进水	7. 40	6 548. 00	1 345. 81	500. 20	1 948. 44	706. 58	143. 91
F1-出水	7. 82	3 748. 00	1 508. 99	746. 20	1 033. 90	541. 22	174. 19
F2-进水	7. 57	4 113. 00	1 461. 35	565. 80	1 286. 19	626. 26	113. 63
F2-出水	9. 50	1 137. 00	49. 85	336. 20	245. 50	78. 20	17. 75

F1 中原水、暂存池、固液分离、CSTR、UASB 工艺、初沉池及 A 池取样体积为 50mL，O 池及二沉池取样体积为 100mL；F2 中原水、三级沉淀池、固液分

离后及折流氧化沟取样体积为 50mL，好氧曝气池及植物塘取样体积为 100mL；各样品均设 3 个平行。采用固相萃取（Solid phase extraction，SPE）方法提取净化养殖废水中抗生素（柴玉峰，2017），处理过程如下：废水经 5 000r/min 离心 10min 后，上清液过 0.45μm 的纤维水相滤膜，用 1mol/L 盐酸调节废水 pH 值约为 3.85，加入 100μL 饱和 Na_2-EDTA 溶液。过活化后的 SPE 柱，控制流速为 3～5mL/min。之后用 5mL 5% 超纯水、5mL 超纯水冲洗小柱，抽真空 30min 以去除柱内残留的水分，最后用 4.5mL 甲醇和 4.5mL 50% 甲醇+50% 乙酸乙酯洗脱柱子，用氮气将收集洗脱液吹至近干，用 10% 甲醇定容至 1mL，涡旋振荡 2～3min，0.22μm 膜过滤，待上机测试。

测定仪器采用 Agilent 1260 超高相液相色谱-Mi-cromass® AB-API5000 质谱仪，配备色谱柱 Agilenteclipse plus C18（100mm×2.1mm，1.8μm）进行多种抗生素的分离测定（柴玉峰，2017）。色谱条件：流动相为乙腈（A）和 0.1% 甲酸溶液（B），柱温 35℃，流速 0.3mL/min；梯度洗脱条件：0～1min，90% A；1～10min，90%～80% A；10～20min，80%～50% A；20～25min，50% A；25～26min，50%～90% A；26～35min，90% A，进样量 10μL。质谱条件：电喷雾离子源 ESI，正离子扫描，雾化气、脱溶剂气、锥孔气为氮气，碰撞气为氩气，源温度和脱溶剂气温度分别为 90℃ 和 350℃；脱溶剂流速和锥孔气流速分别为 500L/h 和 70L/h；毛细管电压为 4kV。MRM 模式下所检测的抗生素定量和定性离子、碰撞能以及保留时间，每个抗生素的回收率以及方法的检出限和定量限均参考柴玉峰等（2017）。

方法所测定的抗生素种类有：磺胺类 SAs 包括磺胺二甲嘧啶（Sulfadimidine，SMN）、磺胺甲嘧啶（Sulfamera-zine，SMZ）和磺胺间甲氧嘧啶（Sulfamonomethoxine，SMX）；喹诺酮类 FQs 包括诺氟沙星（Norfloxacin，NOR）、环丙沙星（Ciprofloxacin，CIP）、恩诺沙星（Enrofloxacin，ENR）和氧氟沙星（Ofloxacin，OFX）；四环素类 TCs 包括四环素（Tetra-cycline，TC）、土霉素（Oxytetracycline，OTC）和金霉素（Chlorotetracycline，CTC）。

2. 进出水中抗生素的种类及含量水平比较

2 种不同猪场废水处理工艺中进出水中抗生素种类及抗生素总浓度水平如图

3-37 所示。F1 养猪场废水处理工艺进水中，SAs 检测出 3 种，即 SMN、SMX 和 SMZ，浓度分别为 45.78μg/L、23.94μg/L 和 0.16μg/L；FQs 检测出 4 种，即 NOR、CIP、OFX 和 ENR，浓度分别为 0.09μg/L、0.11μg/L、4.93μg/L 和 0.77μg/L；TCs 检测出 3 种，即 TC、OTC 和 CTC，浓度分别为 2.83μg/L、36.88μg/L 和 33.81μg/L。出水中仍可以检测出 SMN、SMX、SMZ、NOR、CIP、OFX、ENR、TC、OTC 和 CTC，但浓度均有所降低，出水浓度分别是 0.31μg/L、0.39μg/L、0.15μg/L、0.14μg/L、0.14μg/L、4.44μg/L、0.52μg/L、0.20μg/L、11.58μg/L 和 0.55μg/L。F2 中进水检测出 5 种抗生素(SAs 中的 SMN、SMZ，FQs 中的 CIP、ENR，TCs 中的 CTC)，浓度分别为 3.59μg/L、0.11μg/L、0.75μg/L、8.86μg/L、0.12μg/L，出水中仍能检测出 SMN、SMZ、CIP、ENR 和 CTC，浓度分别为 0.76μg/L、0.10μg/L、0.80μg/L、8.37μg/L 和 0.15μg/L。

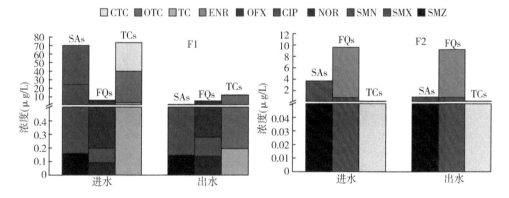

图 3-37 不同处理工艺进出水抗生素的种类及含量水平

3. 养殖废水不同处理工艺对抗生素的消减作用比较

(1)目标抗生素在各处理单元的残留规律。2 种猪场废水处理工艺中不同处理单元内抗生素含量水平如图 3-38 所示。由图可看出 ENR 和 CIP 是同时存在的，且变化趋势基本相同，其原因可能与 ENR 在动物体内代谢有关，ENR 在猪体内代谢产物是 CIP(陈红等，2005)，因此检测 ENR 的同时也要检测 CIP。F1 生猪养殖场中的废水经过各个处理单元时，SAs、FQs 和 TCs 总浓度整体呈下降—上升—下降的趋势。对于 SAs，其总浓度在 CSTR 工艺处达到最大值，SMN、SMX 和 SMZ 浓度分别达到96.33μg/L、51.72μg/L 和 0.35μg/L。SAs 在二沉池出水中降到最低，SMN、SMX 和 SMZ 最低浓度分别为0.31μg/L、0.39μg/L 和 0.1μg/L。FQs 在初沉池出水处达到最大值，NOR、CIP、OFX 和 ENR 浓度分别为 0.08μg/L、0.10μg/L、8.27μg/L 和0.31μg/L。TCs 在各处理单元中的残留水平均低于原水中残留水平。总体而言，FQs 和 TCs 都在 UASB 工艺中浓度达到最小，NOR、CIP、OFX、ENR、TC、OTC 和 CTC 浓度分别降低到 < LOD、0.05μg/L、2.33μg/L、0.15μg/L、0.11μg/L、0.88μg/L 和 0.18μg/L，由此可见，不同抗生素种类在各处理单元呈现不同的残留规律。

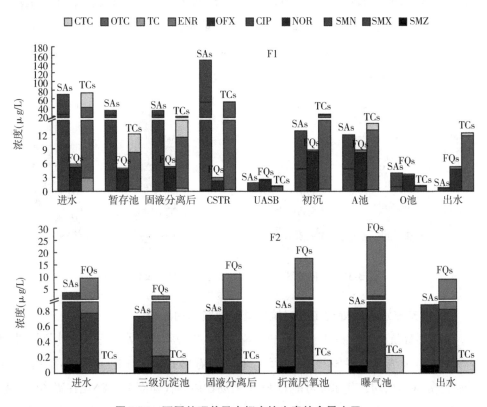

图 3-38　不同处理单元水相中抗生素的含量水平

SAs 和 FQs 总浓度呈现先下降后上升的趋势，TCs 总浓度处于先上升后下降的趋势。SAs 总浓度在整个工艺出水中均低于原水中残留水平，原水中 SMN 和 SMZ 浓度为 3.59μg/L 和 0.11μg/L，SAs 在三级沉淀池中达到最低浓度，SMN 和 SMZ 最低浓度分别为 0.64μg/L 和 0.07μg/L。FQs 在三级沉淀池中达到最低浓度，CIP 和 ENR 最低浓度分别为 0.21μg/L 和 2.11μg/L；曝气池处理单元中，FQs 的总浓度达到最大值，CIP 和 ENR 分别升高到 2.39μg/L 和 24.00μg/L。TCs 总浓度在三级沉淀池处上升，在曝气池中浓度达到最大值，CTC 最大浓度为 0.22μg/L；植物塘中，TCs 总浓度下降，CTC 浓度降低到 0.15μg/L。由此可见，SAs 和 FQs 均在三级沉淀池中消减程度较大，TCs 在植物塘中消减程度较大。由 F1 和 F2 结果比较可以得出，相同类别的抗生素在不同猪场处理单元中浓度水平不同，残留规律也不同。

（2）不同处理单元对猪场废水中抗生素的去除效率。F1、F2 生猪养殖场各处理单元中抗生素去除效率如表 3-14 和表 3-15。F1 养猪场废水处理单元中，SAs 水相去除率范围为 -796.10%～99.99%，FQs 水相去除率为 -614.48%～99.99%，TCs 水相去除率范围为 -2 358.62%～98.27%。

对于暂存池处理单元：SAs、FQs 和 TCs 均为正去除，其中对 TCs 去除效果较好，水相去除率为 83.53%，原因可能是废水在暂存池处理单元时，TCs 去除除通过污泥吸附作用之外，还存在光降解、水解等降解途径(李慧，2013)。

对于固液分离单元：三类抗生素均呈现低去除或负去除，SAs 去除率低的原因可能是由于 SAs 不易吸附在污泥上而更倾向于随水迁移(Kay et al.，2005)，对 FQs 与 TCs 负去除可能因为固液分离时富集在污泥上的抗生素在分离作用下随着产生的泥水进入水体，从而导致固液分离后水相中 FQs 与 TCs 的浓度升高。

对于 CSTR 处理单元：SAs 和 TCs 均是负去除，FQs 为正去除，其原因可能是：由于新鲜粪样进入罐内，导致罐内 SAs 和 TCs 浓度上升，而 FQs 被 CSTR 罐中活性污泥吸附(Göbel et al.，2007)，故出水为正去除；SAs 的乙酰化代谢物在厌氧处理中发生生物转化过程(靳红梅等，2016；常红等，2008)，导致 SAs 总浓度上升；上一级固液分离后，泥水进入 CSTR 中，使得 CSTR 水体理化性质发生变化，从而导致更多的 SAs 与 TCs 溶于水相。

对于 UASB 单元：三类抗生素在该单元中均为正去除，其原因可能是厌氧消化单元中，活性污泥对抗生素的吸附较高。

对于初沉池处理单元：三类抗生素均为负去除，说明该处理单元对抗生素不能有效去除，其原因可能为抗生素在上一级 UASB 阶段被粪便颗粒物质所包裹，而在初沉池中沉降时粪便颗粒解体，抗生素释放至水体中，造成抗生素总浓度上升(Jia et al.，2012；Okuda et al.，2009；Li et al.，2010)。

对于 A 池处理单元：三类抗生素均为正去除，说明 A 池对抗生素去除效果较好，其原因可能是 A 池中活性污泥对三类抗生素的吸附作用较好。

对于 O 池处理单元：三类抗生素均呈现正去除，仍是 TCs 去除效果最好。

对于二沉池处理单元：FQs 与 TCs 均为负去除，SAs 水相去除效率为78.47%，其原因可能与取样的瞬时性有关(雷慧宁，2016)，此外与污水理化性质在二沉池单元发生变化亦有关。

F2 养猪场处理单元中，SAs、FQs 和 TCs 的水相去除率范围分别为-15.19%～82.12%、-387.33%～76.22%和-40.98%～32.04%。

三级沉淀池单元对 SAs 和 FQs 去除效果均为正去除，其原因可能为 SAs 和 FQs 被三级沉淀池内活性污泥吸附，TCs 出现负去除的原因可能是其在水体中呈现较好的水溶性(姜凌霄，2012)。

固液分离单元中对 SAs 和 FQs 均为负去除，对 TCs 为正去除，去除率为2.61%，TCs 和 FQs 去除规律不一致的原因可能是采样会有瞬时性，废水的处理会出现滞后性，以及每个猪场对处理系统的运行管理也有差异(雷慧宁，2016)。

折流厌氧池单元对三类抗生素均为负去除，说明该处理单元对三类抗生素不能有效去除。

曝气池处理单元对三类抗生素去除效果仍为负去除，其原因可能是污泥上吸附的抗生素在曝气池的作用下释放到水中，导致三类抗生素浓度升高(邵一如，2013)。

植物塘处理单元对 SAs 去除效率为负去除，对 FQs 和 TCs 为正去除，水相去除率分别为65.23%和32.04%，其原因可能是 FQs 被植物塘内生物吸附与污泥消化(郭隽等，2016)，TCs 可能存在光降解以及水解等过程(李慧，2013)。

F1 中，SAs 中 SMN、SMZ 和 SMX 进出水中总去除率分别为99.33%、8.36%和

98.38%；FQs 中 NOR、CIP、OFX 和 ENR 进出水中总去除率分别为 -53.32%、
-30.64%、10.01% 和 33.45%；TCs 中 TC、OTC 和 CTC 进出水中总去除率分别
为 93.09%、68.61% 和 98.36%；F2 中，SAs 中 SMN 和 SMZ 进出水中总去除率为
78.80% 和 5.61%；FQs 中 CIP 和 ENR 进出水中总去除率为 -6.95% 和 5.53%；
TCs 中 CTC 进出水中总去除率为 -21.21%。抗生素在 F1 中去除效果较为明显，
且一半的抗生素总去除率均大于 60%，而抗生素在 F2 中大多数呈现低去除及负
去除，其原因可能是 F1 工艺原水中抗生素浓度比 F2 工艺原水中抗生素浓度高，
且可能就抗生素的去除效果而言，F1 工艺中处理单元的设置较 F2 工艺中处理单
元设置更为合理。

表 3-14　F1 养猪场各处理单元中抗生素的水相去除率　　　　单位：%

抗生素	暂存池	固液分离后	CSTR	UASB	初沉池	A 池	O 池	二沉池出水	总去除率
SMN	76.87	-1.53	-796.10	>99.99	<LOD	10.51	59.15	89.54	99.33
SMZ	10.53	13.84	-183.13	59.29	36.79	88.26	-462.91	-146.87	8.36
SMX	7.80	1.57	-138.09	96.75	-176.68	-1.39	80.68	57.45	98.38
∑SAs	53.06	0.63	-355.26	98.77	-602.37	6.74	67.18	78.47	98.79
NOR	2.90	40.21	-53.29	>99.99	<LOD	-59.78	-23.44	15.47	-53.32
CIP	51.55	33.18	-614.48	78.54	-83.69	-54.00	36.73	-47.08	-30.64
OFX	8.77	-8.62	61.45	-23.56	-255.18	3.31	61.89	-45.64	10.01
ENR	52.81	21.38	-142.36	78.66	-106.67	-49.12	26.47	-53.08	33.45
∑FQs	15.22	-5.14	44.74	13.01	-246.20	0.24	58.29	-43.59	11.37
TC	82.35	-35.78	38.45	74.03	-346.05	20.12	73.15	-88.71	93.09
OTC	78.99	-38.66	-375.86	98.27	-2 358.62	42.15	92.45	-1 121.15	68.61
CTC	88.59	-103.02	88.90	79.38	-962.34	28.03	82.40	-129.23	98.36
∑TCs	83.53	-59.06	-172.16	97.77	-1 958.72	40.59	90.97	-853.41	83.23

表 3-15　F2 养猪场各处理单元中抗生素的水相去除率　　　　单位：%

抗生素	三级沉淀池	固液分离后	折流氧化沟	曝气池	植物塘出水	总去除率
SMN	82.12	-1.66	-2.50	-8.67	-4.70	78.80
SMZ	34.58	-2.86	-12.50	-15.19	-8.25	5.61

（续表）

抗生素	三级沉淀池	固液分离后	折流氧化沟	曝气池	植物塘出水	总去除率
SMX	<LOD	<LOD	<LOD	<LOD	<LOD	<LOD
∑SAs	80.74	−1.78	−3.49	−5.11	−5.11	76.68
NOR	<LOD	<LOD	<LOD	<LOD	<LOD	<LOD
CIP	71.79	−383.65	−55.89	66.36	66.36	−6.95
OFX	<LOD	<LOD	<LOD	<LOD	<LOD	<LOD
ENR	76.22	−387.33	−55.58	65.12	65.12	5.53
∑FQs	75.87	−386.99	−55.61	65.23	65.23	4.55
TC	<LOD	<LOD	<LOD	<LOD	<LOD	<LOD
OTC	<LOD	<LOD	<LOD	<LOD	<LOD	<LOD
CTC	−16.09	2.61	−11.89	−40.98	32.04	−21.21
∑TCs	−16.09	2.61	−11.89	−40.98	32.04	−21.21

4. 进出水中各抗生素的日承载量比较

F1、F2 生猪养殖场进出水中各抗生素的日承载量如表 3-16 所示，F1 进出水抗生素总承载量为 9 854.43mg/d 和 1 214.49mg/d，F2 进出水抗生素总承载量为 2 014.90mg/d 和 1 527.96mg/d。因 F1 和 F2 养殖量不同，F1 进出水中单位猪抗生素总承载量为 985.44μg/(d·头) 和 121.45μg/(d·头)，F2 进出水中单位猪抗生素总承载量为 143.92μg/(d·头) 和 109.14μg/(d·头)。F1 中进水目标抗生素总承载量明显高于 F2 进水抗生素总承载量，这可能与养殖场规模、饲养方式、抗生素使用习惯有关系(Zhang et al.，2018)，而出水的抗生素总承载量 F1 比 F2 低，这可能与养殖场废水处理工艺效果有关。

表 3-16　F1、F2 生猪养殖场进出水各抗生素的日承载量和单位猪承载量

抗生素	日承载量(mg/d)				单位猪承载量［μg/(d·头)］			
	F1-进水	F1-出水	F2-进水	F2-出水	F1-进水	F1-出水	F2-进水	F2-出水
SMN	3 021.81	20.35	538.56	114.18	302.18	2.04	38.47	8.16
SMZ	10.66	9.77	16.05	15.15	1.07	0.98	1.15	1.08
SMX	1 579.93	25.56	<LOD	<LOD	157.99	2.56	<LOD	<LOD
NOR	6.02	9.23	<LOD	<LOD	0.60	0.92	<LOD	<LOD

抗生素	日承载量（mg/d）				单位猪承载量〔μg/（d·头）〕			
	F1-进水	F1-出水	F2-进水	F2-出水	F1-进水	F1-出水	F2-进水	F2-出水
CIP	7.03	9.18	112.81	120.65	0.70	0.92	8.06	8.62
OFX	325.43	292.85	<LOD	<LOD	32.54	29.29	<LOD	<LOD
ENR	51.08	34.00	1 328.85	1 255.40	5.11	3.40	94.92	89.67
TC	186.48	12.89	<LOD	<LOD	18.65	1.29	<LOD	<LOD
OTC	2 434.28	764.17	<LOD	<LOD	243.43	76.42	<LOD	<LOD
CTC	2 231.70	36.49	18.63	22.58	223.17	3.65	1.33	1.61
∑抗生素总承载量	9 854.43	1 214.49	2 014.90	1 527.96	985.44	121.45	143.92	109.14

5. 结论

（1）在两个猪场废水中共发现 10 种抗生素，其中 SMN、SMZ、CIP、ENR 和 CTC 在两个猪场中都有发现。在 F1 养猪场原水中检测出 SMN、SMZ、SMX、NOR、CIP、OFX、ENR、TC、OTC 和 CTC，F2 养猪场原水中检测出 SMN、SMZ、CIP、ENR 和 CTC，且在最后出水中仍能检测出这些物质。这与每个猪场的用药习惯、猪的生长环境以及清洗圈舍的方式有关。

（2）F1 中 UASB 对 SAs 和 TCs 去除效果较好，O 池对 FQs 的去除效果较好；F2 中三级沉淀池对 SAs 和 FQs 处理效果较好，植物塘对 TCs 去除效果较好。总之，F1 工艺对于抗生素的去除效果较为明显，且 F1 和 F2 养猪场中抗生素均是在厌氧、好氧处理单元被有效去除，因此在猪场废水工艺中厌氧和好氧工艺交替处理是去除抗生素的有效方式。

（3）F1 进出水中抗生素总承载量为 9 854.43mg/d 和 1 214.49mg/d，F2 进出水中抗生素总承载量为 2 014.90mg/d 和 1 527.96mg/d。抗生素总承载量的高低与养殖场规模、饲养方式、抗生素使用习惯和废水处理工艺去除效果有关。

第六节　禽畜废弃物中重金属钝化技术

规模化畜禽养殖业的快速发展集中产生了大量的畜禽粪便，这些粪便中富含有 Cu、Zn、As 等重金属元素，然而畜禽对重金属元素吸收利用率极低，过量添加导致畜禽粪便中重金属含量超标，大量重金属随粪便排入环境中。有研究表明，猪粪中 Cu、Zn 含量严重超标，可分别高达 1 726mg/kg 和 2 286mg/kg(刘荣乐等，2005)。含有重金属的畜禽粪便施入土壤，会导致土壤污染(Guntinas et al.，2011)，并对作物根系生长产生抑制作用，造成农产品的质量下降，威胁到人类身体健康。因此，如何快速、高效的降低畜禽粪便中重金属的污染风险对实现畜禽粪便资源化利用具有重要意义。

堆肥可以实现重金属的钝化(李冉等，2018；王建才等，2018)。堆肥使重金属的形态发生改变，从生物有效性高的形态向生物有效性低的形态转变，通过降低重金属的生物有效性从而降低重金属污染，实现畜禽粪便资源化无害化利用。堆肥过程是一个腐殖化反应过程，好氧微生物通过自身的生命活动把有机废弃物降解并合成新的稳定态的大分子结构，其可以有效络合某些重金属，从而大大降低重金属的生物活性。堆肥过程中重金属浓度普遍升高，经过物理钝化、化学钝化、生物钝化等不同的钝化机制，从不稳定态向残渣态转变。

一、物理钝化技术

(一)技术概述

利用物理钝化剂的静电力和表面空腔对重金属进行有效吸附，其吸附效果与钝化剂的比表面积、官能团、吸附性能等物理性质有关。候月卿等(2014)研究表明，添加花生壳炭、玉米秸秆炭、生物腐殖酸以及木屑炭分别对重金属 Cu、Pb、Zn、Cd 表现为较好的钝化能力，其对 4 种重金属的钝化效果分别为 65.79%、57.2%、64.94% 和 94.67%。刘艳杰(2017)的研究表明不同种类钝化剂、不同添加比例、不同温度下对重金属形态变化影响不同。温度为 35℃ 时添加 7.5% 的粉煤灰对重金属 Zn 有效态的钝化效果最好，钝化效果达到 37.57%。温度为 35℃ 时添加 5% 的活性炭对重金属 Cr 有效态的钝化效果最好，钝化效果达到 66.69%。温度为 25℃ 时添加 7.5% 的活性炭对重金属 As 有效态的钝化效果最好，钝化效果达到 61.46%。刘春软(2019)研究了在厌氧发酵条件下，不同浓度的复合材料对猪粪中重金属的钝化效果，研究表明 2.5% 剂量的 Fe_3O_4 负载粉煤灰对重金属

Cu 和 Zn 的钝化效果最显著，Cu 和 Zn 残渣态的百分含量分别增加了 45.78% 和 42.14%。曹永森等（2017）的研究表明添加石灰进行堆肥处理后，重金属 Cu 和 Zn 的生物可利用态的比例明显降低，达到 34.01% 和 46.99%。

（二）不同叶用黄麻种质对重金属吸附的差异及差异机制

近年来，研究者开始利用农林废弃植物吸附剂吸附、分离和提取废水中重金属离子，该方法因具有吸附速度快、成本低、操作简单、环境友好等特点而独具优势（Sud et al.，2008）。目前，国内外学者研究较广的农林废弃植物吸附剂主要为花生壳、椰子壳、稻壳、锯末、麦秸、蔗渣等（Yang 等，2016；Olayinka 等，2007；Xu et al.，2011），而利用黄麻制备吸附剂处理重金属废水的研究甚少。黄麻（*Corchorus capsularis* L.）为椴树科（Tiliaceae）黄麻属（*Corchorus*）一年生草本植物，是一种来源丰富、价格低廉的天然可再生资源。前期研究发现，黄麻对重金属铬、镉、铜、铅等具有很强的吸附性能（邓灿辉等，2017；粟建光等，2019；李楠等，2015）。同时发现，黄麻叶片中因含有果胶等多糖类物质，而这些物质又富含-OH 和-NH$_2$ 等基团，对重金属具有更强的吸附能力。因此利用黄麻叶去除污水中的重金属具有廉价、高效且环境友好的实际意义。但黄麻种质繁多，且不同种质间因叶片的产量、多糖物质种类和含量等存在较大差异，影响对重金属的吸附性能及其应用。因此，为挖掘叶产量高且对重金属吸附能力强的黄麻种质，本研究以国内外不同黄麻种质为原料，研究了不同黄麻种质的干叶产量及其对重金属阳离子 Cu（Ⅱ）、Pb（Ⅱ）、Cd（Ⅱ）和重金属阴离子 Cr（Ⅵ）的去除效率，为筛选、开发适合重金属吸附的黄麻种质提供理论依据。

1. 田间实验设计与方法

参试黄麻种质材料，包括栽培种、野生种、长果种和圆果种，共 36 份。田间实验于 2017 年 5—9 月在中国农业科学院麻类研究所白箬铺基地进行。实验田内土质为黄壤，肥力中等，常年种质黄麻，冬季闲置。实验采取随机区组设计，3 次重复，小区面积 1.2m^2，每小区种植 2 行，行距 30cm，每行采用随机散播的形式。整地、施肥、田间管理等按一般大田生产进行。待黄麻苗长至成熟期（即开花后，结果前），于 9 月 5 日收获全部新鲜黄麻叶，自然晾晒至恒重后，称重、记录各黄麻种质的干叶产量。将黄麻干叶经粉碎机粉碎后，得到尺寸为 30～

250μm 的实验用黄麻叶粉末样品，置于密封袋中储存备用。

用去离子水将一定量的 $Cu(NO_3)_2 \cdot 3H_2O$、$Pb(NO_3)_2$、$Cd(NO_3)_2 \cdot 4H_2O$ 和 $K_2Cr_2O_7$ 溶解，配制成 100mg/L 的 $Cu(II)$、$Pb(II)$、$Cd(II)$、$Cr(VI)$ 溶液，备用。每个样品按如下步骤处理：取 100mL 重金属溶液置于 250mL 锥形瓶中，用 0.5 M 的 HCl 和 NaOH 调节溶液 pH 值为 6，加入 0.1g 不同种质黄麻叶粉末，置于 25℃恒温振荡器上，以转速 150r/min 反应 24h，达到平衡后，取出 2mL 混合液，以转速 8 000r/min 转速离心分离 5min，取 0.5mL 上清液，定容到 50mL。用原子吸收分光光度法测定上清液中 $Cu(II)$、$Pb(II)$、$Cd(II)$ 的浓度，并用二苯基碳酰二肼分光光度法，于 540 nm 波长下，测定上清液中 $Cr(VI)$ 的浓度。并按以下公式计算黄麻干叶对各重金属离子的吸附容量。

$$q_t = \frac{(c_0 - c_t)V}{m} \qquad (\text{式} 1)$$

$$q_e = \frac{(c_0 - c_e)V}{m} \qquad (\text{式} 2)$$

式中：q_t 和 q_e 分别为 t 时刻和平衡时的吸附容量(mg/g)；c_0、c_t 和 c_e 分别为重金属离子的初始浓度(mg/L)、t 时刻浓度和平衡浓度(mg/L)；V 为重金属溶液的体积(L)；实验数据用 Excel 2007 软件进行初步处理后，采用 SPSS 19.0 统计软件进行单因素方差分析(one-way ANOVA)，若组间差异显著，则采用 Duncan 氏法进行多重比较，显著水平为 $P < 0.05$。实验结果以"平均值±标准差"表示。

2. 结果分析与讨论

(1) 黄麻种质干叶产量。不同种质间由于相关功能基因的差异，导致种质间具有较大表型差异。本实验测定了 36 份黄麻种质的干叶产量，结果发现不同黄麻种质的干叶产量差异很大，其中，干叶产量较高的种质编号是 HM07、HM21 和 HM33，而干叶产量较低的种质编号是 HM10、HM14 和 HM17，且干叶产量最大值和最小值之间相差 6 倍之多(表 3-17)。

表 3-17　36 份种质的干叶产量

种质编号	种质名称	干叶产量(g/m²)
HM01	Y05-03	232.45±68.65

（续表）

种质编号	种质名称	干叶产量(g/m²)
HM02	Y007 单株-2	151.33±50.01
HM03	TC008-40	111.67±58.85
HM04	2002-041	96.50±45.25
HM05	Y017(单-1)	156.67±29.43
HM06	广巴矮	204.72±15.76
HM07	DS/059C	328.28±80.51
HM08	番茄(矮)	265.28±125.27
HM09	JRC/609	176.16±34.49
HM10	圆红托	92.33±49.67
HM11	K-11	178.50±48.07
HM12	k-58	171.28±47.31
HM13	K-45	175.61±85.48
HM14	SM/034	84.89±23.09
HM15	090-1	213.33±72.09
HM16	070-36	245.94±90.72
HM17	Ⅲ-84	68.22±48.66
HM18	092-37	270.94±100.51
HM19	浙麻 1 号	224.05±92.67
HM20	HMG-1	271.00±118.85
HM21	HMG-2	388.61±238.21
HM22	粤 1 号	196.92±26.39
HM23	HMG-3	227.61±39.20
HM24	M101	191.33±31.37
HM25	J1414	257.44±116.01
HM26	Y/104	137.16±71.87
HM27	J013-2	189.92±19.33
HM28	临平长果种	157.89±34.43
HM29	巴麻 721	165.22±6.10
HM30	浙麻 3 号	207.55±40.75

（续表）

种质编号	种质名称	干叶产量(g/m²)
HM31	帝王菜 2 号	207. 16±5. 67
HM32	K-32	235. 16±37. 23
HM33	竹昌麻	302. 28±48. 82
HM34	云野 I -4	206. 55±74. 85
HM35	永太黄麻	129. 22±35. 33
HM36	HMG-4	236. 50±96. 71

（2）黄麻种质干叶对重金属的吸附容量差异。因不同种质叶片中吸附重金属的有效成分的种类及含量有差异，影响其对重金属的吸附性能。本实验考查了36 个黄麻种质的干叶对不同重金属离子 $Cu(II)$、$Pb(II)$、$Cd(II)$ 和 $Cr(VI)$ 的去除效率，结果见表 3-18。可知，不同黄麻种质的干叶对同种重金属的去除效果各异，且同一种质对不同类型重金属的去除效果也不同。其中部分种质，如 HM02、HM23、HM31 等，对重金属阳离子 $Cu(II)$、$Pb(II)$ 和 $Cd(II)$ 的去除效果明显高于重金属阴离子 $Cr(VI)$，这可能是因为黄麻叶中含有较多纤维素、半纤维素等多糖物质，其分子结构中富含羟基、羧基等带负电的含氧活性官能团，能与带正电的金属离子 $Cu(II)$、$Pb(II)$ 和 $Cd(II)$ 发生静电作用或离子交换，有利于其在黄麻叶表面的吸附（邓灿辉，2017）。由表 3-18 可知，大部分黄麻种质干叶，如 HM01、HM04、HM24 等，对重金属阳离子具有一定的选择性吸附特性，且选择性吸附顺序为 $Cu(II)<Pb(II)<Cd(II)$。36 份黄麻种质中，干叶对 $Cd(II)$ 和 $Pb(II)$ 的最高吸附容量分别可达 20. 63mg/g 和 14. 20mg/g，而对 $Cu(II)$ 的吸附容量最高则仅为 9. 47mg/g，这种差异性吸附可能与重金属的电负性、离子半径大小和核质比差异等相关，使其与吸附位点具有不同的配位能力（Zhou G Y 等，2018）。而干叶对 $Cr(VI)$ 的去除效率受种质的影响较大，其中 HM24 对 $Cr(VI)$ 的吸附容量最大，高达 25. 79mg/g，而 HM23 对去除 $Cr(VI)$ 几乎没有效果，其吸附容量仅为 1. 46mg/g。

表 3-18　36 份黄麻种质干叶对重金属 Cu(Ⅱ)，Pb(Ⅱ)，Cd(Ⅱ)和 Cr(Ⅵ)的去除容量

编号	吸附容量(mg/g)			
	Cu(Ⅱ)	Pb(Ⅱ)	Cd(Ⅱ)	Cr(Ⅵ)
HM01	6.96±0.23	11.82±0.53	14.78±0.16	12.10±0.45
HM02	6.95±0.26	14.19±0.46	16.28±0.53	3.21±0.12
HM03	6.40±0.65	12.57±0.25	16.99±0.45	13.50±1.32
HM04	7.40±0.45	10.94±0.63	20.62±0.85	5.69±0.56
HM05	6.26±0.12	11.28±0.72	15.97±0.76	11.53±2.14
HM06	6.20±0.37	11.52±0.53	16.52±0.25	14.50±2.17
HM07	6.89±0.60	13.17±0.42	16.55±0.46	5.32±0.34
HM08	8.02±1.02	11.51±0.86	16.22±1.22	14.61±1.54
HM09	8.22±0.46	13.35±1.13	15.08±0.96	17.15±3.54
HM10	9.47±0.99	12.15±1.23	14.32±1.13	9.02±0.87
HM11	7.48±1.13	12.40±1.12	15.28±0.53	5.40±0.45
HM12	7.11±1.03	11.64±0.49	12.56±0.45	10.80±3.06
HM13	8.28±0.47	9.05±0.58	14.31±0.63	10.79±2.87
HM14	6.06±0.24	12.15±1.23	11.95±0.56	20.75±3.65
HM15	5.61±0.8	10.33±0.56	14.02±0.35	13.29±1.54
HM16	6.47±0.76	10.14±0.23	14.15±0.23	10.43±0.58
HM17	9.53±0.96	12.16±0.54	18.04±0.56	18.04±2.54
HM18	7.49±0.14	10.94±0.82	16.32±0.23	15.82±1.78
HM19	8.09±0.53	9.15±0.53	20.12±0.43	4.56±0.47
HM20	9.04±0.86	11.37±0.42	17.39±0.52	16.17±3.70
HM21	8.36±0.93	10.08±0.52	19.59±0.56	12.04±0.25
HM22	7.23±1.11	11.71±0.75	13.71±0.43	7.24±0.12
HM23	7.52±1.24	13.94±0.86	14.69±0.52	1.46±0.02
HM24	6.70±0.91	10.21±0.56	14.98±0.13	25.79±2.87
HM25	7.87±0.19	11.21±0.43	17.11±0.53	12.82±5.06
HM26	8.55±0.16	10.53±0.76	12.51±0.23	17.83±4.56
HM27	6.64±0.56	11.62±0.86	14.96±0.19	22.87±2.31
HM28	6.74±0.45	9.97±0.56	14.21±0.56	8.95±2.45

（续表）

编号	吸附容量(mg/g)			
	Cu(Ⅱ)	Pb(Ⅱ)	Cd(Ⅱ)	Cr(Ⅵ)
HM29	7.52±0.56	12.47±0.23	17.82±0.13	21.70±0.65
HM30	7.34±0.54	11.55±0.43	14.08±0.46	10.59±2.87
HM31	6.98±0.23	10.57±0.86	10.98±0.76	2.54±0.22
HM32	5.17±0.16	11.03±0.56	12.34±1.03	13.88±0.65
HM33	8.11±0.89	10.20±0.45	8.93±0.79	18.06±2.45
HM34	5.99±0.56	7.86±0.56	10.12±0.56	19.35±2.64
HM35	6.90±0.26	11.81±0.75	10.35±0.86	11.88±2.84
HM36	5.63±0.32	10.01±0.21	6.96±0.85	20.20±1.98

因不同黄麻种质的干叶产量和对重金属的去除效率不同，且两者分别影响叶用黄麻在重金属污水处理中的成本和吸附性能，因此，本研究依据干叶产量和吸附容量两方面进行综合评定，筛选出可能用于重金属阳离子 Cu(Ⅱ)、Pb(Ⅱ) 和 Cd(Ⅱ) 吸附的优异黄麻种质为 HM20 和 HM21，而筛选出可能用于重金属阴离子 Cr(Ⅵ) 吸附的优异黄麻种质为 HM33 和 HM36，可作为吸附重金属叶用黄麻种质在生产上使用。

（3）黄麻种质干叶差异性吸附机理研究。基于以上研究结果，本实验以常见重金属污染物 Cd(Ⅱ) 为例，分析比较高 Cd(Ⅱ) 吸附性叶用黄麻种质 HM21 [Cd(Ⅱ) 的吸附容量为 19.59mg/g] 和低 Cd(Ⅱ) 吸附性叶用黄麻种质 HM36 [Cd(Ⅱ) 的吸附容量为 6.96mg/g] 对 Cd(Ⅱ) 的差异性吸附。图 3-39A 和 3-39B 分别为 HM21 和 HM36 叶片吸附 Cd(Ⅱ) 后的 SEM 图，图 3-39C 和 3-39D 分别为 HM21 和 HM36 叶片吸附 Cd(Ⅱ) 后的 EDS 图。由 SEM 图可知，高镉吸附种质 HM21 和低镉吸附种质 HM36 的叶表形貌相似，叶片表面有空洞，较粗糙；由 EDS 图可知，吸附在种质 HM21 叶表面的 Cd(Ⅱ) 的量确实比吸附在 HM36 叶表面的 Cd(Ⅱ) 的量多。

为了更进一步分析 2 种黄麻种质干叶对重金属 Cd(Ⅱ) 吸附的差异机制，本实验分别测定了 HM21 和 HM36 叶片的化学成分，结果发现 2 种黄麻叶具有相似

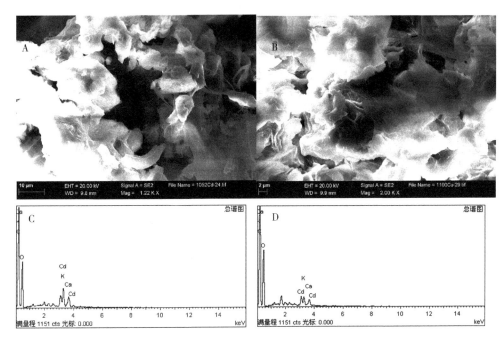

图 3-39 HM21(A，C)和 HM36(B，D)叶片吸附 Cd(Ⅱ)后的 SEM 和 EDS

的有机组分，只是含量不同(表 3-19)。由表可知，HM21 叶片中的纤维素、半纤维素和木质素都高于 HM36，而 HM21 和 HM36 叶片中果胶的含量差异不明显，HM21 叶片中可溶性糖含量则低于 HM36，说明两种黄麻种质干叶对重金属 Cd(Ⅱ)吸附的差异与叶片中纤维素、半纤维素和木质素的含量差异相关，尤其与木质素的含量相关。由文献可知，纤维素是直链，每个聚合物链由 7 000～15 000 个葡萄糖分子组成(Motawie et al.，2014)。半纤维素由 500～3 000 个糖单元组成的低分子量直链组成(Balat M，2011)。纤维素和半纤维素链中的官能团是脂肪族羟基(-OH)和醚(C-O-C)基团，而木质素是一种交联的外消旋大分子，分子量超过 10 000U(Sadeek et al.，2015)。它本身具有疏水性和芳香族特性，有 3 种香豆醇、松柏醇和芥子醇等甲氧基化程度不同的木质醇单体，这些单体以苯丙酸衍生物的形式参入木质素中。木质素分子中广泛存在的官能团包括脂肪族和芳香族羟基，双键和苯基。

表 3-19 黄麻"HM21"和"HM36"叶的化学组成

黄麻品种	纤维素 （g/kg）	半纤维素 （g/kg）	木质素 （g/kg）	果胶 （g/kg）	可溶性糖 （g/kg）
HM21	85.82±3.67	72.61±2.69	193.29±1.72	108.87±4.35	37.33±0.61
HM36	71.26±0.65	62.94±3.53	159.80±4.38	109.81±1.82	58.48±1.44

用傅立叶变换红外光谱仪（FTIR）分析了两个黄麻种质叶的红外光谱，发现两个黄麻叶的 FTIR 图谱中的特征峰基本相似，而峰强度的差异比较大（图 3-40），这是由于黄麻叶中活性官能团的含量不同。波长以 3 422cm 为中心的特征峰是又由 O-H 键振动引起的，2 924cm 特征峰是烷基 C-H 键振动引起的，而 1 644cm 峰则是由芳香族 C=C 键振动引起的，1 240cm、1 072cm 和 776cm 特征峰则分别归因于 C-O 醇、C-O 醚和芳香族 C-H 键的弯曲振动。由此可见，两个黄麻叶生物质中确实存在纤维素、半纤维素和木质素中富含的官能团，且官能团的含量差异因黄麻种质中多糖物质含量不同而不同。这些多糖物质的含量差异是影响黄麻种质间对镉吸附差异的主要原因。除此以外，植物叶片中还有一些其他物质，比如单宁酸、儿茶酸等也富含羟基（-OH）等利于重金属吸附的官能基团（Bacelo H A M 等，2016），其含量差异也可能影响黄麻叶对重金属镉的吸附。

吸附等温线是指在一定温度下溶质分子在两相界面上进行的吸附过程达到平衡时它们在两相中浓度之间的关系曲线。本实验中，用 Langmuir 吸附等温线模型和 Freundlich 吸附等温线模型来模拟黄麻叶粉末对重金属 Cd（Ⅱ）的吸附。Langmuir 模型和 Freundlich 模型的方程式如下：

$$\text{Langmuir：} q_e = \frac{q_m K_L C_e}{1 + K_L C_e} \qquad \text{（式3）}$$

$$\text{Freundlich：} q_e = K_F C_e^{1/n} \qquad \text{（式4）}$$

式中，q_e（mg/g）为吸附平衡时的吸附容量，q_m（mg/g）为最大吸附容量，C_e（mg/g）为吸附平衡时溶液中吸附质的浓度，K_L（mg/g）为 Langmuir 常数，K_F 和 $1/n$ 为 Freundlich 经验常数。K_F 和 n 的值可以从 $\log q_e$ 和 $\log C_e$ 的线性函数的截距和斜率中得到。

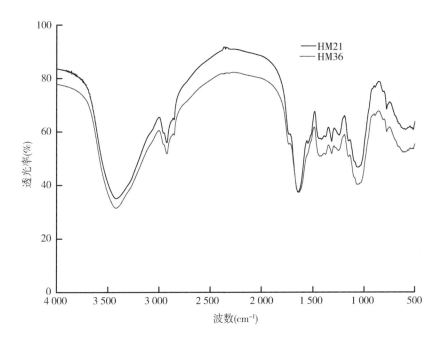

图 3-40　HM21 和 HM36 叶片的 FTIR

　　两个模型中的相应参数列在表 3-20 中。黄麻 HM21 和 HM36 干叶粉末吸附重金属 Cd(Ⅱ) 的实验数据以及 Langmuir 等温线和 Freundlich 等温线的拟合程度的比较见图 3-41。

表 3-20　黄麻 HM21 和 HM36 干叶粉末吸附重金属 Cd(Ⅱ) 的
Langmuir 和 Freundlich 参数

黄麻品种	Langmuir			Freundlich		
	K_L	q_m	R^2	K_F	n	R^2
HM21	0.020 2	30.29	0.997 2	6.123 3	4.171 8	0.917 1
HM36	0.043 4	8.74	0.922 8	3.143 1	6.301 2	0.977 4

　　从表 3-20 和图 3-41 中可以看出，Langmuir 等温线模型对黄麻 HM21 叶片吸

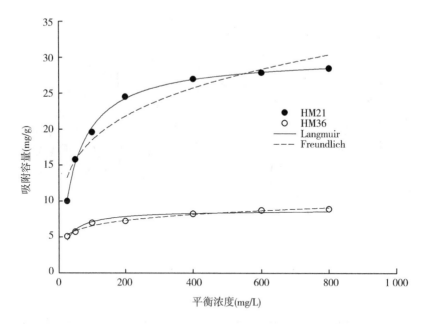

图 3-41　HM21 和 HM36 叶片吸附 Cd(Ⅱ)的实验数据与

Langmuir 和 Freundlich 等温线的拟合

附重金属 Cd(Ⅱ)的实验数据的拟合程度较好，有更高的相关系数($R^2 = 0.9972$)，因此，我们可以假设吸附剂的表面形成了一个单纯的 Cd(Ⅱ)覆盖层，所有的吸附位点都有相同的吸附能力，被吸附了的吸附质之间没有任何相互作用和影响。为了确定 HM21 叶片是否对 Cd(Ⅱ)的吸附过程有利，本实验用一个分离系数或平衡参数的无量纲常数 R_L(Anirudhan et al.，2008)进行评估，

$$R_L = \frac{1}{1 + K_L C_0} \qquad （式 5）$$

K_L(L/mg)表示 Langmuir 常数，C_0(mg/L)表示 Cd(Ⅱ)的初始浓度。不同 R_L 值表示不同的意义：$R_L > 1$ 代表不利于吸附，$R_L = 1$ 代表吸附等温线呈线性，$0 < R_L < 1$ 表示有利于吸附，而 $R_L = 0$ 表示吸附不可逆。黄麻 HM21 叶片吸附 Cd(Ⅱ)的实验过程中，所有 R_L 值都在 0 和 1 之间，表示 HM21 叶片有利于对 Cd(Ⅱ)的吸附。此外，随着 Cd(Ⅱ)初始浓度的增加，R_L 的值减小，说明更高的 Cd(Ⅱ)初始浓度

更有利于吸附过程。而黄麻 HM36 叶片对 Cd(Ⅱ)吸附的实验数据与 Freundlich 等温线模型的拟合程度较好，说明 Cd(Ⅱ)在 HM36 叶片表面的吸附状态与其在 HM21 叶片表面的吸附状态有所不同。

3. 结论

(1)不同黄麻种质的干叶对同种重金属的去除效果各异，且同一种质对不同类型重金属的去除效果也不同。其中大部分种质对重金属阳离子 Cu(Ⅱ)、Pb(Ⅱ)和 Cd(Ⅱ)的去除效果明显高于重金属阴离子 Cr(Ⅵ)。

(2)本研究对 36 个黄麻种质的干叶产量和吸附容量两个指标进行综合评定，筛选出可能用于重金属阳离子 Cu(Ⅱ)、Pb(Ⅱ)和 Cd(Ⅱ)吸附的优异黄麻种质为 HM20(HMG-1)和 HM21(HMG-2)，可能用于重金属阴离子 Cr(Ⅵ)吸附的优异黄麻种质为 HM33(竹昌麻)和 HM36(HMG-4)。

(3)黄麻 HM21 对 Cd(Ⅱ)的最大吸附容量可达 30.29mg/g，吸附等温线符合 Langmuir 模型。

(4)差异性吸附研究发现，不同黄麻种质干叶对同种重金属的吸附容量不同，主要与黄麻叶片中的富含活性官能团的多糖物质，如纤维素、半纤维素和木质素等的含量相关。

二、化学钝化技术

主要是通过钝化剂与重金属发生表面络合、沉淀和离子交换作用等化学反应，改变重金属在堆肥中的化学形态及赋存状态，使重金属降至活性较低的形态(Lu et al.，2012)。汤施展(2018)使用 DTPA 浸提法研究了不同浓度梯度的木醋液和生物质炭对养猪废水中重金属钝化作用的影响，结果表明木醋液对养猪废水中重金属 Pb 的钝化能力比较显著。0.5%的木醋液可将有效态铅钝化完全。浓度在 1%和 2%之间的木醋液对 Cr、Fe、Cu、Zn、As、Se 和 Cd 的钝化效率最高，5%的木醋液钝化效率最差。李治宇(2015)在牛粪中施加棉秆木醋液并研究了牛粪堆肥过程中 Cu、Zn 的含量变化及钝化效果。当木醋液添加比例为 0.65%时，Cu 和 Zn 的钝化效果均达到最大，分别为 21.72%和 33.11%。

三、生物钝化技术

微生物通过细胞壁或者细胞内部的化学基团与重金属离子发生螯合而进行的主动吸收或利用微生物代谢产物与重金属结合产生沉淀，降低重金属的生物有效性，或通过氧化还原等反应将有毒物质的重金属转化为无毒或低毒物质（王建才等，2018）。许莹（2018）对白腐真菌的研究表明接种白腐真菌，能够降低重金属镍、锌和铜的提取态和可还原态组分含量，提高有机结合态和残渣态的组分含量。在堆肥过程中，发酵40d、接种量为6%时，对重金属 Ni、Zn、Cu 的钝化效果最明显，分别为73.85%、62.8%和88.21%。栾润宇（2019）通过在主要原料中添加新型酶制剂酵素进行高温好氧堆肥实验发现在85℃高温堆肥处理下，Cu、Zn、Cr、Cd、As 的钝化率分别为24.8%、26%、27.6%、26.9%和13.9%。李冉等（2018）研究了在猪粪好氧堆肥过程中生物炭和菌剂共同添加对重金属钝化的影响，结果显示同时施用生物炭和菌剂对重金属 Cu、Zn、Pb、Cd 的钝化效果显著，分别是65.14%、56.19%、67.4%、20.95%。李益斌（2018）模拟了被重金属污染的污水环境，在污水中加入解磷菌后发现重金属 Cu、Pb、Zn、Cd 的去除率均有明显提高，分别是30.62%、48.90%、6.41%、19.72%。在微生物钝化重金属的研究进展中，微生物分泌的多种细胞外聚合物质也具有吸附沉淀重金属离子的作用。卢宇浩（2018）验证了塔宾曲霉 F12 胞外聚合物的吸附能力，发现塔宾曲霉 F12 对 Pb、Cd、Zn 具有良好的吸附效果，对其他重金属也有不同程度的吸附性。杜蕾（2018）选取高效环保的淋洗剂对污染土壤进行异位化学淋洗修复，随后用物理钝化、化学钝化、微生物钝化3种钝化机制对污染土壤中残留的重金属进行钝化，发现在加入解有机磷菌 OPW2-6 后，Pb、Cd、Cu、Zn 的钝化效果最好，Pb、Cd、Cu、Zn 生物活性高的状态分别降低了50.1%、48.72%、57.90%、37.64%。

参 考 文 献

曹永森，2017. 金霉素和重金属对堆肥过程的影响及添加石灰效果研究
[D]. 哈尔滨：哈尔滨工业大学.

柴玉峰，冯玉启，张玉秀，等，2017. 猪场废水中24种抗生素同时检测方法优化［J］. 环境化学，36(10)：2147-2154.

常红，胡建英，王乐征，等，2008. 城市污水处理厂中磺胺类抗生素的调查研究［J］. 科学通报，53(2)：159-164.

陈红，陈杖榴，曾振灵，等，2005. 鸡猪排泄物中恩诺沙星和环丙沙星含量HPLC检测方法的建立［J］. 中国兽医科技，35(12)：1004-1007.

邓灿辉，粟建光，陈基权，等，2017. 黄麻吸附材料的研究及应用前景［J］. 中国麻业科学，39(6)：306-311.

杜蕾，2018. 化学淋洗与生物技术联合修复重金属污染土壤［D］. 西安：西北大学.

郭隽，张亚雷，周雪飞，等，2016. 城市污水中氟喹诺酮类抗生素药物的来源与去除研究进展［J］. 环境污染与防治，38(2)：75-80.

候月卿，赵立欣，孟海波，等，2014. 生物炭和腐殖酸类对猪粪堆肥重金属的钝化效果［J］. 农业工程学报，30(11)：205-215.

姜凌霄，2012. 鄱阳湖区典型养猪场废水抗生素污染特征及催化降解研究［D］. 南昌：南昌航空大学.

靳红梅，黄红英，管永祥，等，2016. 规模化猪场废水处理过程中四环素类和磺胺类抗生素的降解特征［J］. 生态与农村环境学报，32(6)：978-985.

雷慧宁，2016. 规模化猪场废水处理工艺中抗生素和重金属残留及其生态风险［D］. 上海：华东师范大学.

李慧，2013. 四环素类抗生素(TCs)在活性污泥处理系统中的去除行为研究［D］. 山东：山东农业大学.

李楠，龚友才，陈基权，等，2015. 黄麻对溶液中Cr(Ⅵ)的生物吸附效果及机理研究［J］. 工业水处理，35(2)：79-83.

李冉，赵立欣，孟海波，等，2018. 有机废弃物堆肥过程重金属钝化研究进展［J］. 中国农业科技导报，20(1)：121-129.

李益斌，2018. 解磷菌改良典型重金属污染土壤的应用研究［D］. 北京：北京有色金属研究总院.

李治宇, 2015. 棉秆木醋液对牛粪堆肥过程重金属(Cu、Zn)钝化作用的调控研究 [D]. 阿拉尔：塔里木大学.

刘春软, 2019. 厌氧发酵条件下不同添加剂对猪粪产气特性以及重金属钝化效果研究 [D]. 合肥：安徽大学.

刘荣乐, 李书田, 王秀斌, 等, 2005. 我国商品有机肥料和有机废弃物中重金属的含量状况与分析 [J]. 农业环境科学学报, 24(2)：392-397.

刘艳杰, 2017. 钝化剂对猪粪厌氧发酵过程产气特性及重金属钝化效果的研究 [D]. 沈阳：沈阳农业大学.

卢宇浩, 2018. 塔宾曲霉胞外聚合物修复重金属污染土壤的初步研究 [D]. 南宁：广西大学.

栾润宇, 2019. 高温酵素堆肥下鸡粪有机肥重金属钝化与腐殖质含量研究 [D]. 哈尔滨：东北农业大学.

罗迪君, 2019. 国内抗生素的主要来源和污染特征 [J]. 绿色科技(14)：159-161.

齐学斌, 钱炬炬, 樊向阳, 等, 2006. 污水灌溉国内外研究现状与进展 [J]. 中国农村水利水电(1)：13-15.

邵一如, 2013. 污水处理厂中抗生素分布及影响效应研究 [D]. 保定：河北农业大学.

粟建光, 戴志刚, 杨泽茂, 等, 2019. 麻类作物特色资源的创新与利用 [J]. 植物遗传资源学报, 20(1)：11-19.

汤施展, 2018. 生物质炭和木醋液对畜禽养殖废水中重金属的钝化效果分析 [D]. 哈尔滨：东北农业大学.

王风, 张克强, 黄治平, 2009. 废水灌溉农田研究进展与展望 [J]. 土壤通报, 40(6)：1485-1488.

王建才, 朱荣生, 王怀中, 等, 2018. 畜禽粪便重金属污染现状及生物钝化研究进展 [J]. 山东农业科学, 50(10)：156-161.

许莹, 2018. 白腐真菌对污泥堆肥及重金属钝化的影响 [D]. 广州：广州大学.

Alvarez J A, Otero L, Lema J M, et al., 2010. The effect and fate of antibiotics during the anaerobic digestion of pig manure [J]. Bioresource Technology, 101: 8581-8586.

Anirudhan T S, Tadhakrishnan P G, 2008. Thermodynamics and kinetics of adsorption of Cu(II) from aqueous solutions onto a new cation exchanger derived from tamarind fruit shell [J]. The Journal of Chemical Thermodynamics, 40: 702-709.

Bacelo H A M, Santos S C R, Botelho C M S, 2016. Tannin-based biosorbents for environmental applications-A review [J]. Chemical Engineering Journal, 303: 575-587.

Balat M, 2011. Production of bioethanol from lignocellulosic materials via the biochemical pathway: a review [J]. Energy Conversion Managemen, 52: 858-875.

Bao Y, Zhou Q, Guan L, et al., 2009. Depletion of chlortetracycline during composting of aged and spiked manures [J]. Waste Management, 29: 1416-1423.

Cannon A D, Gray K R, Biddlestone A J, 2000. Pilot-scale development of a bioreactor for the treatment of dairy dirty water [J]. Journal Agricultural Engineering Research, 77(3): 327-334.

Göbel A, Mcardell C S, Joss A, et al., 2007. Fate of sulfonamides, macrolides, and trimethoprim in different wastewater treatment technologies [J]. Science of the Total Environment, 372(2/3): 361-371.

Guntinas M B, Semeraro A, Wysocka I, et al., 2011. Proficiency test for the determination of heavy metals in mineral feed the importance of correctly selecting the certified reference materials during method validation [J]. Food Additives and Contaminants: Part A, 28(11): 1534-1546.

Guo J B, Ostermann A, Siemen J, et al., 2012. Short term effects of copper, sulfadiazine and difloxacin on the anaerobic digestion of pig manure at low organic loading rates [J]. Waste Management, 32: 131-136.

Ho Y B, Zakaria M P, Latif P A, et al., 2013. Degradation of veterinary antibiotics and hormone during broiler manure composting [J]. Bioresource Technology, 131: 476-484.

Huang X, Zheng J, Liu C, et al., 2017. Removal of antibiotics and resistance genes from swine wastewater using vertical flow constructed wetlands: Effect of hydraulic flow direction and substrate type [J]. Chemical Engi-neering Journal, 308: 692-699.

Jia A, Wan Y, Xiao Y, et al., 2012. Occurrence and fate of quinolone and fluoroquinolone antibiotics in a municipal sewage treatment plant [J]. Water Research, 46(2): 387-394.

Kay P, Blackwell P A, Boxall A, 2005. A lysimeter experiment to investigate the leaching of veterinary antibiotics through a clay soil and comparison With field data [J]. Environmental Pollution, 134(2): 333-341.

Kim K R, Owens G, Ok Y S, et al., 2012. Decline in extractable antibiotics in manure-based composts during composting. Waste Management, 32: 110-116.

Kümmerer K, 2009. Antibiotics in the aquatic environment: A review-part II [J]. Chemosphere, 75(4): 417-434.

Li B, Zhang T, 2010. Biodegradation and adsorption of antibiotics in the activated sludge process [J]. Environmental Science & Technology, 44(9): 3468-3473.

Liu B, Li Y X, Zhang X L, et al., 2015. Effects of composting process on the dissipation of extractable sulfonamides in swine manure. Bioresource Technology, 175: 284-290.

Lu H, Zhang W, Yang Y, et al., 2012. Relative distribution of Pb^{2+} sorption mechanisms by sludge-derived biochar [J]. Water Research, 46(3): 854-862.

Mitchell S M, Ullman J L, Teel A L, et al., 2013. The effects of the antibiotics ampicillin, florfenicol, sulfamethazine, and tylosin on biogas production and their degradation efficiency during anaerobic digestion [J]. Bioresource Technology, 149: 244-252.

Motawie A M, Mahmoud K F, El-Sawy A A, et al., 2014. Preparation of chitosan from the shrimp shells and its application for pre-concentration of uranium after cross-linking with epichlorohydrin [J]. Egyptian Journal of Petroleum, 23: 221-228.

Okuda T, Yamashita N, Tanaka H, et al., 2009. Development of extraction method of pharmaceuticals and their occurrences found in Japanese waste water treatment plants [J]. Environment International, 35(5): 815-820.

Olayinka K O, Alo B I, Adu T, 2007. Sorption of heavy metals from electroplating effluents by low-cost adsorbents II: Use of waste tea, coconut shell and coconut husk [J]. Journal of Applied Sciences, 7(16): 2307-2313.

Qiu J R, He J H, Liu Q Y, et al., 2012. Effects of conditioners on sulfonamides degradation during the aerobic composting of animal manures [J]. Procedia Environmental Sciences, 16: 17-24.

Sadeek S A. Negm A N, Hefni H H, et al., 2015. Metal adsorption by agricultural biosorbents: Adsorption isotherm, kinetic and biosorbents chemical structures [J]. International Journal of Biological Macromolecules, 81: 400-409.

Sarmah A K, Meyer M T, Boxall A B, 2006. A global perspective on the use, sales, exposure pathways, occurrence, fate and effects of veterinary antibiotics(VAs) in the environment [J]. Chemosphere, 65(5): 725-759.

Selvam A, Zhao Z, Wong J W C, 2012. Composting of swine manure piked with sulfadiazine, chlortetracycline and ciprofloxacin [J]. Bioresource Technology, 126: 412-417.

Srinivasan P, Sarmah A K, 2014. Dissipation of sulfamethoxazole in pasture soils as affected by soil and environmental factors [J]. Science of the Total Environment, 479: 284-291.

Sud D, Mahajan G, Kaur M P, 2008. Agricultural waste material as potential adsorbent for sequestering heavy metal ions from aqueous solutions-A review [J]. Bioresource Technology, 99(14): 6017-6027.

Wu X F, Wei Y S, Zheng J X, et al., 2011. The behavior of tetracyclines and their degradation products during swine manure composting [J]. Bioresource Technology, 102: 5924-5931.

Xu X Z, Geng W D, Song J, et al., 2011. Adsorption of Cd(Ⅱ) and Cu(Ⅱ) by Epichlorohydrin and Cysteine Modified Bagasse [J]. Asian Journal of Chemistry, 23(3): 1377-1380.

Yang Z, Wang YG, Jing YJ, et al., 2016. Preparation and modification of peanut shells and their application for heavy metals adsorption [J]. Bulgarian Chemical Communications, 48(3): 535-542.

Zhang M, Liu Y S, Zhao J L, et al., 2018. Occurrence, fate and mass loadings of antibiotics in two swine wastewater treatment systems [J]. Science of the Total Environment, 639: 1421-1431.

Zhou G Y, Luo J L, Liu C B, et al., 2018. Efficient heavy metal removal from industrial melting effluent using fixed-bed process based on porous hydrogel adsorbents [J]. Water Research, 131: 246-254.

第四章 水源涵养区主要作物病虫害绿色防控技术

第一节 技术概述

丹江口水源涵养区主要位于湖北省十堰市，该地区主要以蔬菜种植为主，由于蔬菜特殊的温暖潮湿条件，极易爆发病虫害，特别是病害，因此防治蔬菜病害是控制污染的关键点(郑建秋等，2017；王明等，2018)。

面向国家重大需求，紧紧围绕协同创新的核心目标，突破绿色防控技术瓶颈，实现蔬菜绿色防控病虫的技术体系，减少化学药剂使用，减少面源污染，保障"南水北调"源头——丹江口水源区水质安全。以设施蔬菜病虫害为研究对象，开展实施绿色防控技术研究，从重点病虫害治理、化学药剂科学选药、生物防治技术适应性、施药技术优化、水肥药一体化、农产品环境安全保障等方面开展研究，力争在解决严重的蔬菜土传病害、化学药剂过量及水肥药一体化等方面有所突破，同时保障农产品和环境安全。

一、设施蔬菜基地病虫害调研与技术培训

2017年和2018年分别于5月和8月，农药化学与应用团队和虫害防控团队分别赴湖北十堰和陕西安康进行蔬菜害虫发生危害调研及技术培训工作。5月参加了"设施蔬菜农药减量增效技术培训会"，课题组骨干成员进行了"设施蔬菜病害防控减施增效技术""蔬菜害虫发生、危害与综合防治""设施蔬菜土传病害生物防治和综合防治技术"等技术培训。

通过咨询调研和实地考察，调查了湖北十堰地区和陕西安康地区蔬菜种植品

种、生长情况、发病和防治情况，撰写完成十堰地区病虫害调查报告。对安康地区嘉晟生态农业示范园和忠诚现代农业园区蔬菜病害和防控情况进行了调研。嘉晟生态农业示范园番茄立枯病和根结线虫病比较严重，对采集的番茄病株样品发黑部位进行了病原菌分离，仅分离到生长快速的白色絮状病原真菌，疑为低等真菌，可能与病株采集后到回北京期间温度较高，未能进行及时分离有关，也可能植株本身为低等真菌侵染，建议采用浇灌广谱性杀菌剂，如：噁霉灵；另外可使用疫霉杀菌剂，如烯酰吗啉等。对曾经感染线虫的地块采集的样品进行了线虫的分离，未发现线虫，可能与大棚温度比较高、曾经施用杀线虫药物福气多(噻唑磷)有关。忠诚现代农业园区病害防控做得比较好，对土传病害采用就近倒茬的方法进行防治，栽培技术比较先进，而且已经有水肥一体化设备，有进行病虫害防控技术培训的教室，适合在该园区开展水肥一体化实验示范。

调研发现，北十堰蔬菜种植区发生害虫有斑潜蝇 Liriomyza sp. 、烟粉虱 Bemisia tabaci (Gennadius)和截形叶螨 Tetranychus truncatus(Ehara)，丝瓜和露地茄子上黄足黑守瓜 Aulacophora lewisii(Baly)发生很严重。陕西安康重点调研了汉滨区忠诚现代农业园区和石泉县嘉晟现代农业园区，发现该地害虫发生与湖北十堰存在差异。露地瓜类作物上黄足黑守瓜和黄足黄守瓜 Aulacophora indica (Gmelin)发生也属严重程度，而辣椒、黄瓜等棚室栽培蔬菜上烟粉虱在 8 月发生为害严重，种群密度高，烟粉虱虫口密度可高达 200~300 头/株，采集的样品带回室内进行其生物型鉴定(Chu et al.，2010)，发现该基地蔬菜烟粉虱均为 Q 型(MED 隐种)，叶片上由烟粉虱分泌蜜露造成煤污病症状明显，应作为重点防控对象进行预防和控制；同时还有甜菜夜蛾 Spodoptera exigua(Hübner)、棉铃虫 Helicopverpa armigera (Hübner)等食叶类害虫发生为害，不同年份间害虫发生危害情况类似，根据害虫发生的普遍性和生产技术需求的紧迫性，当地蔬菜棚室内亟须粉虱类害虫防控技术，计划项目执行期间在安康设施栽培蔬菜田进行害虫综合防控技术的相关实验和应用。

调研过程中还发现，种植区内害虫发生程度与当地管理措施密切相关。例如陕西安康个别蔬菜园区的育苗场距离作物定植棚室和生产棚室太近，农事操作者往往一边育苗一边定植，导致生长棚室内害虫迁入育苗场内在新培育的幼苗上为害，无法保证健康的清洁苗，造成蔬菜作物带虫或带病定植，这样导致定植害虫种群数量上升很快(特别是小型粉虱类害虫)，造成发生虫害程度加重。

二、丹江口水源涵养区蔬菜基地用药调查

对丹江口水源区几个主要蔬菜种植基地的常用农药进行了调查，并对种植基地土壤和农田水进行了取样。调查结果见表4-1、表4-2和表4-3。

表4-1　郧阳区谭家湾镇心怡农场常用农药调查

通用名	生产公司
75%百菌清可湿性粉剂	陕西标正作物科学有限公司
722g/L霜霉威盐酸盐水剂	拜耳作物科学(中国)有限公司
400g/L嘧霉胺悬浮剂	拜耳股份公司
5%苏云·茚虫威悬浮剂	武汉科诺生物科技股份有限公司
5%阿维菌素乳油	江苏丰源生物工程有限公司
80%乙蒜素乳油	河南科邦化工有限公司
10%吡虫啉可湿性粉剂	江苏克胜集团股份有限公司
30%草甘膦水剂	湖北邦民生物科技有限公司

表4-2　郧阳区柳陂镇柳绿蔬菜合作社1号棚常用农药调查

通用名	生产公司
80%噁霉灵·福美双可湿性粉剂	北京北农绿亨科技发展有限公司
50%氯溴异氰尿酸可溶粉剂	北京北农绿亨科技发展有限公司
可湿性粉剂	北京北农绿亨科技发展有限公司
58%甲霜灵·代森锰锌可湿性粉剂	北京北农绿亨科技发展有限公司
60%烯酰吗啉·嘧菌酯水分散粒剂	北京北农绿亨科技发展有限公司
25%苯醚甲环唑·嘧菌酯悬浮剂	北京北农绿亨科技发展有限公司
5%春雷霉素·中生菌素可湿性粉剂	河南农王实业有限公司
2.1%丁子香酚·香芹酚水剂	北京北农绿亨科技发展有限公司
5%阿维菌素乳油	江苏丰源生物工程有限公司
8 000IU/μL苏云金杆菌可湿性粉剂	河南拓城新威农药有限公司
10%吡虫啉可湿性粉剂	江苏克胜集团股份有限公司

表 4-3　郧阳区柳陂镇柳绿蔬菜合作社 2 号棚常用农药调查

通用名	生产公司
50%氯溴异氰尿酸可溶粉剂	北京北农绿亨科技发展有限公司
75%百菌清可湿性粉剂	深圳诺普信农化股份有限公司
50%腐霉利可湿性粉剂	东莞市瑞德丰生物科技有限公司
50%腐霉利可湿性粉剂	日本住友化学株式会社
72%代森锰锌·霜脲氰可湿性粉剂	美国杜邦公司
8 000IU/微升苏云金杆菌可湿性粉剂	河南拓城新威农药有限公司
10%吡虫啉可湿性粉剂	江苏克胜集团股份有限公司

三、超高效液相串联质谱检测土壤农药残留

农药是农业生产中不可或缺的生产资料，它们可以有效地保护作物免于病、虫、草害，从而增加作物的产量，提高品质（Sparks et al.，2016；Oerke et al.，2004）。然而，农药像是一把双刃剑，也有不随人愿的一面：农药的大量使用会污染土壤及水源，进而对包括人类在内的非靶标生物造成不利影响。Hao 等发现有机氯农药禁用 25 年后还可以在田间检测到其残留物，并且有机氯残留从最初的水稻田转移到了蔬菜田（Hao et al.，2008）。Fenoll 等报道称三嗪类除草剂在土壤中具有较长的残留期，可以通过土壤淋溶污染地表水和地下水（Fenoll et al.，2014）。美国环境保护署（EPA）之前报道，常规农业施药已经导致至少 46 种农药进入了地下水，76 种农药进入了地表水（Larson et al.，1997；EPA，1998）。研究人员发现土壤及水环境中的农药残留可以通过食物链富集，最终影响到人类的健康（Franke et al.，1994；Burton，1992；Kannan，1994；Ellgehausen，1980；Cerrillo et al.，2005；Yan et al.，2017）。蔬菜、水果和谷物是人类的重要食物来源，它们的种植离不开土壤环境，为了保障土培作物的安全，土壤环境中的农残监测是必要的举措。

氯噻啉和呋喃虫酰肼是我国自主创制的杀虫剂品种，分别属于新烟碱类和昆虫生长调节剂类，它们都属于高效低毒的农药品种，是高毒有机磷类农药禁用后的有效替代品（戴宝江，2005；张湘宁，2005）。啶菌噁唑、丁吡吗啉和丁香菌酯

是创制的杀菌剂品种，分别属于异噁唑啉类、肉桂酰胺类和嘧啶水杨酸类化合物（陈小霞等，2007），它们作用方式新颖，药效高，可以与市面上的杀菌剂轮换使用，有效减轻植物病原菌的抗性问题。毒氟磷是创制的抗病毒剂，属于氟氨基膦酸酯类化合物（陈卓等，2009），它的创制和应用，为我国植物病毒病的防控，提供了新的手段。目前，关于这几种农药残留检测的研究主要集中在番茄、苹果、水稻等基质，涉及土壤中残留检测的报道较少，且主要是为了研究母体的降解半衰期，检出限较高。因此缺少灵敏、高效的多残留分析方法来检测这些化合物在土壤中的实际残留水平，明确环境实际残留水平下其对非靶标生物的风险。本研究就致力于这种方法的建立，所建立的多残留分析方法也可以为其他种类的农药在土壤环境中的检测提供方法上的借鉴。

（一）检测条件的优化

在优化流动相条件时，分别采用甲醇－超纯水、乙腈－超纯水、乙腈－0.2%甲酸、甲醇－0.2%水溶液作为流动相，并采用梯度洗脱法对标准溶液进行进样分析。结果发现加入微量甲酸不仅有助于改善峰形，并且有助于使待测物离子化，从而提高待测化合物的响应；甲醇相较于乙腈虽然响应值更高但是峰型较差。因此，最终选择以乙腈－0.2%甲酸水溶液作为流动相。

在优化质谱条件时，依次以流动注射方式注入浓度为 $100\mu g/L$ 的目标化合物乙腈溶液。分别在正、负离子模式下进行母离子全扫描，发现正离子模式下的响应相对较高，因此选择正离子模式检测。在正离子模式下，发现所有目标化合物都容易加合 H 质子，在 ［M+H］处有基峰，因此选择 ［M+H］作为母离子。调节锥孔电压使每种化合物母离子峰响应达到最高值，然后开启碰撞能量、碰撞气，将母离子打碎。每个母离子打碎后挑选稳定存在且响应较高的两个碎片离子作为子离子，每个子离子单独调节碰撞能量将其响应调节至最高值。具体优化参数见表4-4。

表4-4 质谱多反应监测参数

农药	保留时间（min）	锥孔电压（V）	定量离子对	碰撞电压（eV）	定性离子对	碰撞电压（eV）
氯噻啉	2.39	20	262.28→181.05	14	262.28→122.20	25

（续表）

农药	保留时间（min）	锥孔电压（V）	定量离子对	碰撞电压（eV）	定性离子对	碰撞电压（eV）
啶菌噁唑	2.40	25	289.11→151.00	13	289.11→120.05	22
呋喃虫酰肼	3.39	20	395.30→175.00	14	395.30→339.20	5
丁吡吗啉	3.45	20	385.27→298.13	20	385.27→242.07	22
毒氟磷	3.48	25	409.06→251.05	37	409.06→271.09	19
丁香菌酯	3.83	21	437.22→145.05	22	437.22→205.06	7

（二）提取溶剂的优化

乙腈由于其与水分层效果好，提取效率高，被广泛应用于 QuEChERS 前处理方法。在多残留分析中，由于大部分农药都呈弱酸性，在乙腈中加入适量的甲酸通常能改善回收率。因此，本研究将纯乙腈提取与甲酸乙腈提取进行了比较。结果发现，对于红土和褐土，纯乙腈提取及甲酸乙腈提取并没有明显的差异，2 种提取方式的回收率均满足残留分析要求。然而对于黑土、潮土和水稻土，纯乙腈提取的颜色更浅，回收率也更好。各种土壤的理化性质见表 4-5，从表中可以看出，红土和褐土的有机质含量非常低，这使得无论用纯乙腈还是甲酸乙腈提取，提取液都比较干净，对回收率影响不大。而黑土、潮土和水稻土的有机质含量很高，甲酸的加入可能增加了一些有机质的溶解度，这些有机质又作为共流出物，影响了目标化合物的响应。因此，选择了纯乙腈作为提取溶剂，然而有机质含量高的 3 种土壤如果不经过净化，目标化合物的峰型差，尤其响应值低的 2 种药（呋喃虫酰肼和丁香菌酯），峰型极差。差的峰型会导致积分变动性较大，回收率不稳定，因此，对于黑土、潮土和水稻土，需要进一步的净化过程。

表 4-5　5 种典型土壤的理化性质

土壤类型	来源	pH 值	有机质（g/kg）	黏土（g/kg）	阳离子交换量（cmol/kg）
红土	湖南	4.30	6.89	303.4	12.06
黑土	黑龙江	5.82	52.22	155.3	42.44
水稻土	浙江	5.40	46.80	263.2	9.33

（续表）

土壤类型	来源	pH 值	有机质（g/kg）	黏土（g/kg）	阳离子交换量（cmol/kg）
潮土	河北	5.26	46.28	289.0	15.86
褐土	山西	8.61	7.97	30.5	0.48

（三）净化剂的优化

在农药残留分析中常用的净化剂有：N-丙基乙二胺、C18、弗罗里硅土及石墨化炭黑。N-丙基乙二胺可以有效去除脂肪酸、有机酸和一些极性色素及糖类物质。C18 主要去除一些非极性组分。弗罗里硅土主要去除一些极性干扰物及油脂。石墨化炭黑主要用来去除色素。考虑到黑土、潮土和水稻土有机质含量较高，提取物中的色素较深，采用了 50mg 弗罗里硅土 +5mg 石墨化炭黑、50mg C18+5mg 石墨化炭黑和 N-丙基乙二胺三套净化方案进行净化。净化后，上清液均变澄清，说明 3 种净化方式都能很好地去除色素。

（四）方法的线性方程、基质效应和定量限

用溶剂标准溶液及基质匹配标准溶液进样得到的标准曲线来评估方法的线性范围及其相关性。不同标准曲线的线性回归参数见表4-6。从表中可以看出，在 $0.5\sim50.0\mu g/L$ 范围内，本方法线性相关系数 R^2 均大于 0.990 0，线性关系良好。基质效应的存在会影响残留农药的定量分析，通过基质标准曲线斜率与溶剂标准曲线斜率的比值，可以判断基质效应的大小。即当基质效应在 ±20% 之间时，被认为基质效应较低；当基质效应在 ±50% 之间时，被认为基质效应中等；当基质效应在 ±50% 以外时，被认为基质效应较强。由表4-6可以看出，5 种土壤对氯噻啉和啶菌噁唑均有不同程度地基质增强效应，而对丁吡吗啉、呋喃虫酰肼、毒氟磷和丁香菌酯均有不同程度地基质减弱效应。影响基质效应的因素有很多，基质类型、化合物的理化性质以及样品前处理的过程均可对基质效应造成影响。在本实验中，5 种不同类型的土壤对单种目标化合物的基质增强及减弱效应具有一致性，因此可以推断，目标化合物的理化性质是基质效应主要影响因素之一。同时发现，农药的响应值也是基质效应的主要影响因素，本研究中毒氟磷和丁吡吗啉的响应值最高，高出其他农药一个数量级，它们的基质效应恰巧是最低的；呋喃虫酰肼、啶菌噁唑和丁香菌脂的响应处于中间，它们的基质效应也处于中间值；氯噻啉的响应最低，基质效应也最大。农药的响应值取决于目标化合物本身的性质以及农药的添加水平。目标化合物的理化性质影响了其在离子源处的雾化效率，导致不同的响应；本实验中最低添加水平为 1μg/L，标准曲线最低点为 0.5μg/L，添加水平很低，从而使得总体基质效应较高。基质效应的存在会对方法的精确度及准确度造成很大影响。因此，本研究采用基质匹配标准溶液校正法对基质效应进行了补偿，以提高定量准确性。以最低添加水平确定定量限 (LOQ)，6 种农药的定量限均为 1μg/kg。

表 4-6　6 种农药的线性回归方程、相关系数和定量限

农药	基质	线性回归方程	相关系数	基质效应（%）	定量限（μg/kg）
氯噻啉	乙腈	$y=901.71x-883.95$	0.997 1	—	—
	红土	$y=6\,349.2x-1\,127.6$	0.999 3	604	1
	黑土	$y=5\,257.4x-219.86$	0.999 1	483	1
	水稻土	$y=7\,682.6x+149.37$	0.999 7	752	1
	潮土	$y=7\,548.3x-1\,627.6$	0.999 7	737	1
	褐土	$y=1\,044.9x-1\,055.1$	0.995 4	16	1
呋喃虫酰肼	乙腈	$y=42\,484x+22\,469$	0.999 1	—	—
	红土	$y=14\,041x+18\,635$	0.997 2	-67	1
	黑土	$y=13\,707x+18\,676$	0.994 4	-68	1
	水稻土	$y=8\,218x+7\,983.2$	0.997 4	-81	1
	潮土	$y=7\,798.9x+13\,133$	0.995 7	-82	1
	褐土	$y=13\,514x+14\,588$	0.998	-68	1
啶菌噁唑	乙腈	$y=36\,702x-46\,512$	0.996 9	—	—
	红土	$y=74\,020x+28\,694$	0.999 9	102	1
	黑土	$y=70\,876x+9\,396.2$	0.999 9	93	1
	水稻土	$y=6\,1861x+29\,100$	0.999 6	69	1
	潮土	$y=60\,814x+14\,486$	0.999 1	66	1
	褐土	$y=50\,678x-28\,305$	0.999 2	38	1

（续表）

农药	基质	线性回归方程	相关系数	基质效应（%）	定量限（μg/kg）
丁吡吗啉	乙腈	$y=76\ 957x+36\ 490$	0.998 6	—	—
	红土	$y=56\ 086x+13\ 796$	0.999 1	−27	1
	黑土	$y=24\ 254x+3\ 671$	0.999 9	−68	1
	水稻土	$y=35\ 599x+8\ 747.7$	0.999 9	−54	1
	潮土	$y=35\ 528x+14\ 196$	0.999 6	−54	1
	褐土	$y=58\ 228x+5\ 734.4$	0.999 9	−24	1
丁香菌酯	乙腈	$y=37\ 337x+32\ 943$	0.997 7	—	—
	红土	$y=15\ 448x+8\ 316.3$	0.997 9	−59	1
	黑土	$y=11\ 653x+7\ 170.1$	0.998 9	−69	1
	水稻土	$y=8\ 565.3x+9\ 050$	0.997 5	−77	1
	潮土	$y=8\ 939.5x+12\ 421$	0.9945	−76	1
	褐土	$y=17\ 599x+23\ 098$	0.990 5	−53	1
毒氟磷	乙腈	$y=194\ 544x+164\ 061$	0.998	—	—
	红土	$y=181\ 549x+145\ 576$	0.996 5	−7	1
	黑土	$y=135\ 425x+44\ 110$	0.999 7	−30	1
	水稻土	$y=127\ 028x+62\ 122$	0.999 4	−35	1
	潮土	$y=125\ 791x+85\ 977$	0.998 5	−35	1
	褐土	$y=154\ 460x+145\ 286$	0.997 5	−21	1

　　添加回收实验的回收率用来评估方法的准确度和精确度。准确度指的是实际检测浓度与添加浓度的比值，也就是回收率本身。精确度指的是方法的重现性，由不同重复之间回收率的相对标准偏差（RSD）来评估。我国农药残留实验准则对不同添加浓度有不同的回收率和相对标准偏差范围要求。当添加浓度 0.01mg/kg<C≤0.1mg/kg 时，回收率要求为 70%～120%，相对标准偏差 RSD≤20%；当添加浓度 0.001mg/kg<C≤0.01mg/kg 时，回收率要求为 60%～120%，相对标准偏差 RSD≤20%。6 种农药在 5 种基质中的回收率及相对标准偏差见表 4-7、表 4-8，从表中可以看出，目标化合物在不同基质中的回收率范围在 73.3%～117.2%（n=15），相对标准偏差在 1.5%～17.3%，均满足残留分析的要求。

表4-7　氯噻啉、呋喃虫酰肼和啶菌噁唑在不同基质中的回收率和相对标准偏差

基质	添加水平 （μg/kg）	氯噻啉		呋喃虫酰肼		啶菌噁唑	
		回收率	相对标准偏差	回收率	相对标准偏差	回收率	相对标准偏差
红土	1	100.6	8.5	85.1	7.0	93.4	10.6
	10	114.6	6.4	103.8	6.6	92.1	7.4
	100	87.7	17.3	95.7	11.9	96.7	11.4
黑土	1	102.6	6.0	102.3	8.4	79.7	6.6
	10	81.3	6.8	101.6	10.6	94.4	10.9
	100	77.0	8.0	117.2	5.7	96.6	8.2
水稻土	1	108.6	5.3	97.9	12.9	95.7	5.9
	10	111.6	8.2	98.1	18.8	83.8	10.0
	100	97.5	6.0	85.1	13.5	112.6	2.1
潮土	1	110.2	6.0	105.4	6.4	111.9	5.0
	10	100.7	16.8	95.0	9.3	93.8	15.2
	100	105.6	8.8	116.9	3.5	73.3	4.1
褐土	1	90.7	17.1	84.2	4.0	106.6	9.1
	10	94.1	18.8	79.1	6.3	106.9	4.4
	100	94.1	19.1	96.7	9.7	94.5	2.8

表4-8　丁吡吗啉、丁香菌酯和毒氟磷在不同基质中的回收率和相对标准偏差

基质	添加水平 （μg/kg）	丁吡吗啉		丁香菌酯		毒氟磷	
		回收率	相对标准偏差	回收率	相对标准偏差	回收率	相对标准偏差
红土	1	95.8	10.7	97.4	12.3	86.8	11.7
	10	106.8	6.0	101.8	15.4	94.1	6.2
	100	100.1	5.0	90.6	11.8	105.4	9.7
黑土	1	93.3	5.6	76.8	10.1	91.4	10.4
	10	109.7	6.4	79.8	10.3	103.4	9.7
	100	77.7	5.9	81.4	9.6	87.1	11.0

（续表）

基质	添加水平 （μg/kg）	丁吡吗啉		丁香菌酯		毒氟磷	
		回收率	相对标准 偏差	回收率	相对标准 偏差	回收率	相对标准 偏差
水稻土	1	96.6	11.4	87.5	13.4	78.9	7.5
	10	108.2	13.7	82.4	11.1	94.9	16.0
	100	114.8	6.9	111.3	6.6	77.4	6.8
潮土	1	105.5	5.9	84.4	9.0	98.4	3.3
	10	105.3	5.6	93.4	10.3	98.5	8.6
	100	111.2	4.3	95.0	4.7	98.0	10.0
褐土	1	91.6	6.9	78.4	6.1	85.8	9.1
	10	111.1	2.2	109.1	4.0	106.4	6.9
	100	98.5	3.9	103.3	4.6	97.7	1.5

第二节　技术类型

一、根结线虫病绿色防控技术

（一）技术背景

根结线虫是全球范围内危害最严重的一类植物线虫，其繁殖速度快、生态适应性强、寄主范围广（张卫华等，2018）。设施栽培蔬菜在我国发展迅速，也为根结线虫病的发生、发展提供了适宜的环境，尤其在辣椒、番茄、茄子、黄瓜等蔬菜上发生严重。单纯依靠化学防治，导致根结线虫病发展蔓延速度加快、抗性增强、作物死苗率不断增长，从而导致果菜减产、品质降低，建议采取综合绿色防治技术，全面防控根结线虫病，以保障蔬菜产业健康生产及作物收益（冷鹏等，2019）。

（二）技术要点

（1）土壤消毒与生物菌肥相结合防治根结线虫病。

（2）根结线虫危害田块清理病株及病残体（图4-1）。

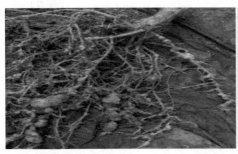

图 4-1　根结线虫病株

（3）在处理前灌水，保障土壤湿度，自然通风 1～2d，使土壤相对湿度保持在 70%～80%。

（4）棉隆处理。备地：消毒前要对处理田块灌水，保持 50% 左右含水量(壤土) 7d。如需施有机肥，要提前均匀施撒腐熟有机肥并深翻。

施药：先将处理田块深翻(20cm 以上)，然后将棉隆均匀施洒在处理田块上，浓度按推荐用量，茄科作物一般在 30～40g/m²。

覆膜密封：施药结束后迅速用大于 0.03mm 的原生塑料薄膜采用内侧压膜法紧密覆盖处理田块。若土壤较干要先向土壤表面浇水，确保土壤表面 5cm 土层湿润。

揭膜敞气：一段时间后(根据土壤温度而定，24℃ 以上覆膜时间为 15d，土温越低，处理时间越长)，将薄膜揭开敞气，敞气时间在 3～7d。

安全性测试：取消毒过的土壤进行种子萌发安全性测试，采用莴苣等易萌发的种子，若发芽率与未消毒土壤一致并达到 75% 以上方可通过。

（5）生防菌肥沟施处理。

（6）移栽定植。

（7）田间正常水肥管理。注意事项：使用的农机具应洁净。农事操作应避免将土传病原物、地下害虫、杂草种子带入已处理的田地中(图 4-2)。选用无病种苗或繁殖材料。

(三)技术示范

开展了设施蔬菜连作障碍土壤棉隆消毒技术。2018 年十堰市农科院在十堰

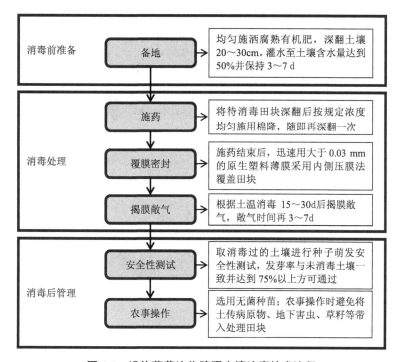

| 消毒前准备 | 备地 | → | 均匀施洒腐熟有机肥，深翻土壤20～30cm。灌水至土壤含水量达到50%并保持 3～7 d |

消毒处理	施药	→	将待消毒田块深翻后按规定浓度均匀施用棉隆，随即再深翻一次
	覆膜密封	→	施药结束后，迅速用大于 0.03 mm 的原生塑料薄膜采用内侧压膜法覆盖田块
	揭膜敞气	→	根据土温消毒 15～30d后揭膜敞气，敞气时间再 3～7d

| 消毒后管理 | 安全性测试 | → | 取消毒过的土壤进行种子萌发安全性测试，发芽率与未消毒土壤一致并达到 75%以上方可通过 |
| | 农事操作 | → | 选用无菌种苗；农事操作时避免将土传病原物、地下害虫、草籽等带入处理田块 |

图 4-2　设施蔬菜连作障碍土壤消毒技术流程

市郧阳区柳陂镇挖断岗村和十堰市郧阳区谭家湾镇五道岭村开展了设施蔬菜土壤棉隆消毒技术示范，示范面积约 80 亩。于 7 月中旬至 8 月中旬，气温较高时，分别对黄瓜、番茄、茼蒿、白菜、莴苣等连作大棚蔬菜土壤进行棉隆(有效成分：异硫氰酸甲酯) 消毒处理，并在消毒处理后的土壤中种植莴苣、白菜(图4-3) ，调查病害发生情况及产量。同时调查 11 月低温条件下，番茄棚土壤棉隆消毒处理与高温处理防效差异。

1. 棉隆土壤消毒对黄瓜根结线虫病的防治作用

熏蒸前的土壤中筛洗到较多线虫，数量为 109 条/100g，而在熏蒸后的土壤中未筛洗到线虫，线虫形态如图 4-4 所示。

实验地点位于十堰市郧阳区柳陂镇挖断岗村，实验设计两个处理，即施药浓

备地	施药
深翻	覆膜

图 4-3 示范区现场照片

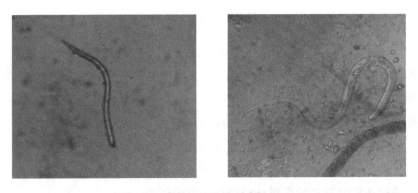

图 4-4 熏蒸前土壤中的线虫形态

度为 $30g/m^2$ 和 $50g/m^2$，对照为不施药。消毒时间为 7 月 14 日，黄瓜种植时间为 8 月 15 日左右，拉秧时间为 9 月 30 日。由于连阴雨，实验地积水严重，黄瓜提前拉秧所以产量数据不充分，只记录发病等级。调查方法采用拔株百分数法调查，每个处理五点取样，每点取 10 株。采用 spss22.0 软件对数据结果进行统计分析，不同处理病情指数及防效如表 4-9 所示。结果表明该技术对根结线虫病的防效为 75.33%～85.82%，增产 12.9%～18.1%。

表 4-9　棉隆土壤消毒对黄瓜根结线虫病的防控及增产效果

棉隆浓度 （g/m²）	病情指数	防效（%）	单株果重 （kg）	折合亩产 （kg/亩）	增产
0	95.0±2.5a	—	1.422±0.027a	4 266	—
30	23.5±8.02b	75.33±8.00b	1.605±0.021b	4 815	12.9%
50	14.0±4.18c	85.82±3.86a	1.679±0.034c	5 037	18.1%

注：表中数据为平均值±偏差值。同列不同字母表示经 Duncan 氏新复极差法检验差异显著（$P<0.05$）。

2. 棉隆土壤消毒对番茄根结线虫病的防治作用

实验地点位于十堰市郧阳区柳陂镇挖断岗村，实验设计两个处理，即施药浓度为 30g/m² 和 60g/m²，对照处理不施药。消毒时间为 7 月 26 日，番茄移栽时间为 8 月 26 日左右，拉秧时间为 11 月 12 日。由于番茄移栽时间较晚，且 9 月一直下雨，日晒不足，造成番茄不能成熟，无法测产，因此只记录发病等级。调查方法采用拔株百分数法调查，每个处理五点取样，每点取 10 株。不同处理病情指数及防效如表 4-10 所示。结果表明棉隆土壤消毒对番茄根结线虫病的防效为 70.22%～82.51%，番茄增产 21.9%～27.6%。

表 4-10　棉隆土壤消毒对番茄根结线虫病的防控及增产效果

棉隆浓度 （g/m²）	病情指数	防效（%）	单株果重 （kg）	折合亩产 （kg/亩）	增产（%）
0	94.0±2.85a	—	1.973±0.058a	5 524.4	—
30	28.0±2.09b	70.22±1.80b	2.406±0.044b	6 736.8	21.9
60	16.5±4.18c	82.51±4.13a	2.518±0.020c	7 050.4	27.6

注：表中数据为平均值±偏差值。同列不同字母表示经 Duncan 氏新复极差法检验差异显著（$P<0.05$）。

3. 棉隆土壤消毒对白菜、莴笋等蔬菜根结线虫病的防治作用

实验地点位于十堰市郧阳区谭家湾镇五道岭村，实验设计两个处理，即施药浓度为 30g/m² 和 50g/m²，对照处理不施药。消毒时间为 8 月 21 日。调查方法采用拔株百分数法调查，每个处理五点取样，每点取 10 株。结果显示消毒后的土壤中根节线虫明显变少。结果表明莴笋土壤防效 30.3%～46.3%，莴笋增产 16.1%～25.4%（表 4-11）。白菜土壤防效 16.4%～33.0%，莴苣增产 5.2%～6.4%（表 4-12）。实验证实露地白菜的效果并不好，可能是由于温度较低，且露地中农药易挥发导致。低温条件下棉隆土壤消毒对番茄根结线虫第 1 次实验的防治效果也并不理想，可能也跟温度低有关系，建议棉隆使用时间在夏季晒棚期实施。

表 4-11　棉隆土壤消毒对莴苣根结线虫的影响

棉隆浓度 （g/m²）	病情指数	防效(%)	单株重 （kg）	折合亩产 （kg/亩）	增产
0	38.5±3.8a	—	0.448±0.057a	2 150.4	—
30	26.5±2.9b	30.3±13.5b	0.520±0.075b	2 496.0	16.1%
50	20.5±2.1c	46.3±7.6a	0.562±0.068c	2 697.6	25.4%

注：表中数据为平均值±偏差值。同列不同字母表示经 Duncan 氏新复极差法检验差异显著（$P < 0.05$）。

表 4-12　棉隆土壤消毒对白菜根结线虫的影响

棉隆浓度 （g/m²）	病情指数	防效(%)	单株重 （kg）	折合亩产 （kg/亩）	增产
0	27.5±1.77a	—	1.352±0.051a	4 056	—
30	23.0±3.71b	16.4±11.8b	1.422±0.017b	4 266	5.2%
50	18.5±2.85c	33.0±6.5a	1.439±0.021b	4 317	6.4%

注：表中数据为平均值±偏差值。同列不同字母表示经 Duncan 氏新复极差法检验差异显著（$P < 0.05$）。

二、魔芋腐烂病防控技术

(一)技术背景

湖北十堰市位于亚热带湿润季风气候区，从低山平原到高山都有魔芋生长，是魔芋理想的种植地。随着魔芋产业的发展，魔芋种植面积逐渐扩大，规模化及常年连作导致魔芋腐烂病发生加重、传播快、防治难，严重制约魔芋产业发展。目前农民在种植前常用多菌灵和链霉素进行浸种处理，但效果不理想。随着魔芋的连年种植，导致魔芋腐烂的病原菌可能也发生了变化。因此有必要明确该地区魔芋腐烂病发病情况，发病原因，以便于更好的采用针对性防控措施。另外魔芋贮藏期也存在严重腐烂问题，但对导致腐烂的原因并不清楚，因此有必要对魔芋贮藏技术进行研究，减少魔芋种芋带菌，并在此基础上采用适宜的魔芋种芋处理技术以及田间综合防控技术，控制魔芋腐烂病的发生。

(二)技术要点

魔芋腐烂病的防控是一个系统工程，需要对种植地、贮藏期种芋处理、种植前种芋处理、种植管理等多个环节进行控制。首先种植前，需要根据种植地耕作历史及发病情况，决定是否适合魔芋种植，以及应采取的防病措施。关键技术要点如下。

(1)魔芋种植地选择。宜选新地、前茬玉米、南瓜种植地，忌白菜、番茄、胡萝卜地。选择排水良好、具有遮阴条件的沙地、坡地，忌黏土。忌在病地连茬种植，可轮作玉米或南瓜；或种植芥菜、圆白菜类蔬菜，将收获后的菜叶作为绿肥翻耕到地里，进行土壤生物熏蒸，种植2茬以上，减少土壤中带菌量，减轻病害的发生。

(2)种芋选择和处理。尽量选择无病地种植的魔芋作为种芋。冬贮前，清洗魔芋，选用枯草芽孢杆菌等生物药剂处理魔芋。

(3)种植管理：田间忌积水，可在种植田块周围挖沟，使排水流畅，及时排水；起垄栽培、单行种植，间作两行玉米遮阴；施用的农家肥或秸秆粪肥一定要腐熟，避免带入其他病菌，加重病害发生。

(三)技术示范

1. 魔芋生长期发病症状类型与病原菌、生长环境之间的关系

对十堰市不同魔芋地块的耕作措施、种植环境进行调查，采集生长期不同发病症状的魔芋进行了病原菌的分离，并根据细菌的16S rRNA基因序列分析结果对菌株进行初步鉴定，发现分离到的魔芋腐烂病菌与样品来源密切相关，说明魔芋腐烂病的严重发生与种芋、种植环境和耕作措施有很大的关系。

十堰市不同采样地点魔芋的发病类型有所不同，可划分为五大类。柳陂魔芋发病症状主要有两类，一类是在魔芋茎基部环状腐烂，有白色菌丝，茎秆上部没有变软，部分植株茎基部产生黄褐色菌核(图4-5)，为白绢病；另一类是茎秆黑烂病，从茎基部向上沿茎秆形成三角形的漆黑色的病斑，球茎外形完整，内部变软，叶黄化，部分植株茎秆表面开裂，有黑色的汁液沿茎秆流下，球茎黑色腐烂（图4-6）。郧西魔芋主要症状为叶片黄化，茎黑烂，开裂，块茎软，烂，部分块

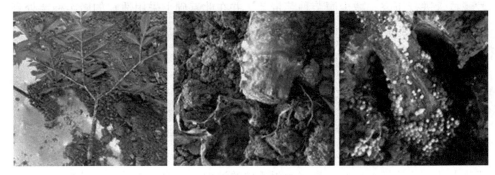

图 4-5　魔芋白绢病症状

图 4-6　魔芋茎黑烂病症状

茎表面有白色菌丝(图 4-7A)。中国农业科学院植物保护研究所盆栽魔芋症状主要为叶片黄化、茎软腐,但茎秆表面干,茎基部黄褐色、块茎黑色、软烂(图 4-7B)。谭家湾魔芋病株出现叶片黄化,茎基部黑烂、茎秆破损症状,但下部球茎完好,球茎与茎基部连接处组织为红色(图 4-8A)。周家洼魔芋发病症状主要为叶片绿色、魔芋整株腐烂,折,块茎软烂(图 4-8B);茎秆黑烂,植株倒伏,块茎湿烂、脓状(图 4-8C);茎上部黑烂,但茎基部干,块茎外形完整,内部软烂(图 4-8D)症状。

A

B

图 4-7　魔芋茎黑裂病(A)和茎杆软腐病(B)症状

从采集的 28 株发病魔芋中,选取了症状不同的 18 株样品进行病原菌的分离纯化,共获得 94 个细菌菌株。根据细菌的单菌落形态特征,将分离到的细菌菌株归纳为 48 种,排除单次出现的菌株,则有 17 种有效菌株用于分离频率的统计。

A 茎基黑烂病

B 茎秆和块茎软烂　　　　　　　　　　　C 茎秆黑烂病

D 茎上部黑烂病症状

图 4-8　魔芋茎黑烂病症状

将从田间样品 LB-1 的病株茎基部收集的菌核，用抗生素溶液消毒后，转接到加抗的 1/2 PDA 培养基上，可观察到白色菌丝，后期又形成菌核，其菌核和菌落形态同白绢病菌 *Sclerotium rolfsii*。从样品 YX-3、YX-6、ZBS-2、ZBS-3 和 ZBS-4 球茎内部组织仅分离到一种真菌，镜检观察为镰刀菌，说明这些病株受到了镰刀菌的侵染。

根据魔芋发病的典型症状，结合对应样品分离的有效菌株，根据公式计算所有菌株的平均分离频率。根据细菌的 16S rRNA 基因序列分析结果，对细菌菌株进行初步鉴定。根据 16S rRNA 基因序列分析结果可知，有些菌株序列相同，对这些菌株进行重新归类。统计结果表明：12*号、4*号和13*号菌株的平均分离频率最高，分别为胡萝卜软腐果胶杆菌（*Pectobacterium carotovorum* subsp.*carotovorum*）、嗜麦芽寡养单胞菌（*Stenotrophomonas maltophilia*）和产酸克雷伯菌（*Klebsiella oxytoca*），其分离频率分别为26%、18%和12%（图4-9）。

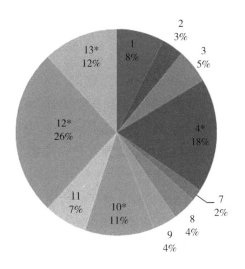

图4-9　11种细菌分离株的分离频率

分析不同地块魔芋的发病症状与病原菌的分离频率，发现症状不同分离到的病原菌也有所不同。柳陂魔芋发病最重，发病率为 26.85%。有两种发病类型，白绢病（图4-5）和茎黑烂病（图4-6）。白绢病的病原菌为 *S. rolsfii*，茎黑烂病魔芋样品中分离到的病原菌为12*号菌和10*号菌，分离频率分别为66%和22.22%。郧西魔芋发病率最低为4.78%，主要症状为叶片黄化，茎黑烂，开裂，块茎表面有白色菌丝（图4-7A），为真菌和细菌的复合侵染，真菌为镰刀菌，细菌中4*号菌株的分离频率最高为21.05%；12*号菌株分离频率为15.79%。中国农业科学院植物保护研究所盆栽魔芋发病率为12.90%，症状主要为茎软腐，块茎软烂，茎基部黄褐色（图4-7B），分离到镰刀菌和优势细菌12*、13*号菌株，这2种菌的分离频率都为30%。谭家湾魔芋发病率16.73%，病株除了出现茎基部黑烂症状外，出现叶片黄化，茎秆破损症状（图4-8A）；12*号和10*号细菌的分离频率分别为60%和30%。周家洼魔芋发病率为17.31%，发病症状主要为魔芋整株腐烂，折，块茎软烂（图4-8B）、茎秆黑烂，块茎湿烂（图4-8C）、茎上部黑烂，茎基部干，块茎烂(图4-8D)，优势细菌为4*号和12*号菌株，分离频率为26.67%和13.33%。此外，在郧西和周家洼两地块分离到其他属细菌较多，但分离频率不高。

综上所述，得出以下结论。

(1)胡萝卜软腐果胶杆菌(*Pectobacterium carotovorum* subsp. *carotovorum*)是魔芋腐烂病的主要致病菌，其他细菌的存在加重了病害的发生。

(2)下垫芝麻秸容易导致白绢病的暴发，白绢病的侵染加重魔芋腐烂病的发生。

(3)黏土地的魔芋腐烂病病原菌较单一，胡萝卜软腐果胶杆菌占主要优势；沙土地魔芋腐烂病病原菌分离种类多，削弱 *P. carotovorum* 的优势地位。

(4)病原菌分离频率高的地块魔芋腐烂病发病率高，种芋带菌为主要影响因素。魔芋种植时，应注意种芋的选择和消毒处理。

2. 魔芋种芋贮藏期处理技术

对魔芋收获后贮藏前处理技术的研究发现，水洗，化学药剂琥胶肥酸铜和生防芽孢杆菌处理，可大幅降低魔芋的腐烂率。确定了种芋表面带菌是造成魔芋软腐病的重要原因。

贮藏前对种芋进行冲洗，冲洗后采用生防芽孢杆菌(10^7/mL)或化学药剂30%琥胶肥酸铜可湿性粉剂浸泡处理30min，并贮藏在潮湿的干净沙土中保存。

结果表明，没有经过任何处理的种芋发病较为严重，简单冲洗可降低贮藏期的发病率。芽孢菌处理对没有伤口的种芋保护作用较好，未发生腐烂；而琥胶肥酸铜处理对有新伤口的种芋保护作用较好，未发生腐烂。化学药剂新洁尔灭(苯扎溴铵)浸泡过的种芋发病最严重，不适于作为种芋带菌处理药剂。将种芋处理过的魔芋移栽到沙土中后，生长2个月后，魔芋开始逐渐发病，说明贮藏期种薯处理可减少魔芋腐烂，但其本身携带细菌仍然会导致魔芋后期发病。病害的发生可能与贮藏期和生长期不同细菌对魔芋的侵染有关。

3. 魔芋腐烂病田间综合防控技术

2017年和2018年分别开展了魔芋腐烂病的田间综合防控实验。2017年开展了土壤消毒、土壤消毒后施用生物菌肥、以及生物农药浸种对魔芋腐烂病的防控实验。2018年在谭家湾和周家洼两地开展实验，比较了新研制的杀菌剂和其他几种药剂浸种处理对魔芋腐烂病的防控效果。因谭家湾地块的前茬为秋葵，周家洼地块的前茬为玉米，因此仅对魔芋种芋进行了处理。结果表明：新研制的化学药剂"新消2#"对魔芋腐烂病的控制效果较好，在8月调查时谭家湾和周家洼的发病率分别为16.4%和26.9%，而常规消毒的发病率可达到54.5%和42.3%；但随着气温升高、雨水增多，9月新消2#的发病率也达到了22.1%，常规消毒的发病率则达到了81.8%(表4-13)，基本绝产。总体来说，新消2#浸种处理对魔芋腐烂病的防病效果较好。

表4-13　不同药剂浸种处理对魔芋腐烂病的防病效果　　　　　单位:%

实验地	处理	出苗率	发病率	
			10周(8月)	13周(9月)
谭家湾	常规+生防菌	78.3	32.6	68.6
	新消1#	86.7	28.1	56.8
	新消2#	79.4	16.4	22.1
	新消3#	80.6	21.6	56.3
	生防菌	51.9	46.8	76.6
	新消4#+生防菌	60.3	13.9	47.8
	CK	73.1	41.6	78.8
	琥胶肥酸铜	71.1	40.9	65.4
	常规消毒	77.5	54.5	81.8
周家洼	常规消毒	26.5	42.3	—
	新消1#	90.6	33.3	—
	新消2#	97.9	26.9	—
	生防菌	75.7	33.9	—

三、设施蔬菜病害生物防治技术

(一)技术背景

技术防治范围：全国各大设施(日光温室、塑料大中棚)蔬菜产区土传病害及叶部病害。

主要防治对象：白粉病、霜霉病、根结线虫病、枯萎病、立枯病、菌核病。

设施蔬菜种类：黄瓜、番茄。

生物防治产品：武夷菌素、中生菌素、木霉菌、芽孢杆菌 NKG-1、复合微生物制剂、淡紫拟青霉水剂和生物有机肥。

以生防菌为主的温室黄瓜病害生物防治技术规程经过多年多地的实验示范，已经获得了预期的效果，田间病害防治白粉病效果能够达到 85% 以上，对于土传病害防治效果显著，并得到了农户的好评，可以进行推广应用。

(二)技术要点

(1)基肥管理。按照 500～1 000kg/亩用量施用生物有机肥，有机肥一定充分腐熟，翻耕松土。

(2)定植。按照 10kg/亩用量，穴施实验复合微生物制剂 6% 寡糖·链蛋白可湿性粉剂，然后栽苗，充分浇水(注：这次菌剂的施用可与基肥同时撒施翻耕处理，但是剂量增加到 20kg/亩)。

(3)第 1 次追施。定植 15d 后，按照 3L/亩用量冲施淡紫拟青霉(2 亿孢子/g)+木霉菌 25 亿活孢子/g 水分散粒剂，充分浇水。

(4)第 2 次追施。移栽 60d 左右，按照每 3kg/亩用量冲施复合微生物制剂+1 000亿孢子/克枯草芽孢杆菌 NKG-1 可湿性粉剂+6% 寡糖·链蛋白可湿性粉剂，充分浇水。观测植株的茎粗和株高等生长指标。

(5)第 3 次追施。移栽 80d 左右，预防性喷施 2% 武夷菌素水剂+3% 中生菌素可湿性粉剂，按照 300～500 倍用量，同时，87d 后冲施复合微生物制剂+芽孢杆菌 NKG-1 粉剂+寡糖·链蛋白/木霉菌，充分浇水。观测植株的茎粗和株高等生长指标。

(6)第 4 次追施。移栽 100d 左右，预防性喷施武夷菌素+中生菌素，按照 300～500 倍用量，观察病害发生情况，如植物生长季白粉病及灰霉病发生程度，适当考虑是否加施低毒化学农药 1 次；同时，按照 3kg/亩用量冲施淡紫拟青霉水剂+寡糖·链蛋白+芽孢杆菌 NKG-1 粉剂+木霉菌粉剂，充分浇水。开始记录产量直到生长季结束。

(7)第 5 次追施。移栽 120d 左右，按照 300～500 倍用量喷施武夷菌素+中生菌素，观察病害发生情况，如植物生长季白粉病及灰霉病发生程度，适当考虑追施低毒化学农药 1 次，推荐腐霉利等药剂；同时，按照 3kg/亩用量冲施复合微生物制剂粉剂+木霉菌粉剂，充分浇水。

(8) 第 6 次追施。移栽 140d 左右，按照 3kg/亩用量冲施复合微生物制剂粉剂，充分浇水。

(9) 根据蔬菜生长期长短，可继续多次追施。

(10) 注意事项。如果菌剂施用时操作不当，直接接触秧苗茎部后，可能导致植株萎蔫；粘上叶片后，可导致叶片水浸状灼伤；施用生防菌剂前后两周内避免施用化学杀菌剂。

微生物制剂种类，可以根据实际病害发生情况适当改变推荐组合，对于新建温室可以适当较少使用种类，总体原则是同一种用药间隔期 7～10d。微生物杀菌剂对于天敌释放没有任何影响。

(三) 技术示范

1. 生物农药 NKG-1 对植物促生效果评价与鉴定

研发生物农药新菌株 NKG-1，主要用于防治保护地蔬菜叶部病害，同时能够对蔬菜有一定的促生增产效果。在番茄、辣椒等保护地开展药效试验。结果证明 NKG-1 不仅防病，而且起具有促进植物生长的作用，防治灰霉病病效果达 75%～85%。喷施 NKG-1 的 100 倍和 200 倍发酵液，植株高度分别增加 14.7% 和 10.15%，喷施 NKG-1 100 倍后茎粗增加 12.7%，冠幅增加 16.3%，果实直径增加 11.5%。NKG-1 生物农药的研发及应用，为提高示范区病害防控提供生物防治新产品和技术水平支撑。

2. 武夷菌素对活体微生物农药的影响

武夷菌素对于生防菌细菌和真菌孢子的抑制作用白僵菌>绿僵菌>多粘芽孢杆菌>甲基芽孢杆菌>枯草芽孢杆菌。武夷菌素含量在 500mg/L 时，无抑菌圈形成，说明上述 3 种芽孢杆菌与武夷菌素均未产生拮抗作用，当武夷菌素含量达到 1 000mg/L 时，武夷菌素与 3 种芽孢杆菌产生不同程度的抑制作用，其中武夷菌素对甲基营养型芽孢杆菌抑制作用最小。随着武夷菌素含量逐渐升高，其对芽孢杆菌的拮抗抑制作用也逐渐增加。其中，甲基营养型芽孢杆菌在武夷菌素各浓度中的抑制作用最小。据此得出,武夷菌素对芽孢杆菌的最低抑制浓度在500~1 000mg/L,3种芽孢杆菌中甲基营养型芽孢杆菌与武夷菌素的相容性最好。

武夷菌素在700mg/L时无抑菌圈出现,即无拮抗作用,当浓度达到800mg/L时,出现拮抗作用。之后,随着武夷菌素浓度的上升,拮抗作用逐渐增加。因此,武夷菌素对3种芽孢杆菌的最低抑制浓度为700mg/L。在生产中,武夷菌素在田间的应用浓度一般为30~50mg/L,因此武夷菌素与芽孢杆菌田间应用不会产生拮抗作用,且与甲基营养型芽孢杆菌相容性最好,后续武夷菌素与芽孢杆菌田间复合施用实验主要针对武夷菌素与甲基营养型芽孢杆菌。

3. 武夷菌素与生物农药 NKG-1 的联合施用技术

武夷菌素与芽孢杆菌两者对蔬菜真菌性病害均具有良好的防治效果,但两者在病害防治中的作用又各有侧重,两者结合,采用甲基营养型芽孢杆菌灌根、武夷菌素叶面喷雾的方式实施作业,更大程度地发挥两者对社会作物病害的防治作用,为保护地蔬菜作物的生产提供更为有效的配套施用方式。

武夷菌素和甲基营养型芽孢杆菌对黄瓜白粉病有较高的针对性防效,两者组合使用,防治效果进一步提升达到97.67%,几乎能够完全控制住黄瓜白粉病的危害。因此,武夷菌素和甲基营养型芽孢杆菌在黄瓜白粉病的防治过程中可以复合施用,效果较单独施用提高明显。研究发现武夷菌素与甲基营养型芽孢杆菌立体施用防治黄瓜白粉病较好的施用方式为甲基营养型芽孢杆菌(浓度约为10^7cfu/mL)灌根,武夷菌素(有效含量约为50mg/L)叶面喷雾。

4. 采用热雾施药技术防治番茄晚疫病

番茄晚疫病又称番茄疫病、黑秆病,由卵菌门卵菌纲霜霉目腐霉科疫霉属的致病疫霉 [*Phytophthora infestans*(Mont) de Bary] 侵染所致是威胁我国番茄生产的真菌性病害之一。近年,随着保护地栽培面积的不断扩大,番茄晚疫病的发生有逐年加重的趋势。其发生与气候变化密切相关,高温、多阴雨年份、地势低洼、灌水过多、偏施氮肥等易造成病害发生和流行。一旦发生损失严重,甚至绝收,给番茄商品化生产带来严重威胁。在番茄生产中,化学防治仍然是有效的防治手段,目前喷施化学药剂的主要器械是背负式喷雾器,但是这种喷雾器存在"跑、冒、滴、漏"的缺点,且用水量大,易造成施药期间温室大棚湿度增加,适宜病害流行爆发，经常导致防治失败。因此发展节水、高效的喷雾器械是进行设施蔬菜病虫害防治的一个发展方向。

　　热雾施药技术是一种利用燃烧所产生的高温气体的热能和高速气流的动能，使药剂受热而迅速挥发，雾化成细小雾滴，随自然气流漂移到作物上的一种农药使用技术，雾滴直径<50μm，可非常均匀地扩散弥漫到防治空间，深入到一般喷雾或喷粉等施药方式所不能达到的空隙，从而更有效地进行作物病虫害防治。早在二战期间，美国就开始着手研制热雾施药技术，在国外热雾施药技术最初多用于卫生害虫的防治，后来逐渐应用到温室大棚等相对封闭场所。温室大棚属于相对密闭的空间，雾滴飘移风险性相对较小，是使用热雾技术的理想场所。作者使用TSP-65型热雾机喷施40%噁唑菌酮·霜脲氰悬浮剂防治温室番茄晚疫病，以常规背负式手动喷雾器为对照，比较不同施药方式对药剂雾滴沉积分布和番茄晚疫病防治效果的影响，为热雾机进行设施蔬菜病害防治提供理论支撑(表4-14至表4-16)。

表4-14　雾滴在番茄苗上的沉积

施药方式	沉积分布(mg/m²)			雾滴浓度(个/cm²)			沉积率(%)	地面流失率(%)
	上	中	下	上	中	下		
热雾机	2.64± 1.63	2.51± 1.55	1.57± 1.23	216.98± 13.52	125.32± 7.82	55.28± 10.45	32.33	50.22
背负式喷雾机	8.47± 5.45	6.84± 2.66	5.67± 2.43	—	—	—	22.38	77.62

表4-15　不同施药方式用水量和耗费时间

施药方式	喷施药剂	施药剂量(g/亩)	使用药液量(L/亩)	喷雾时间(min)
热雾机	40%噁唑菌酮·霜脲氰悬浮剂	30	4	5
背负式喷雾器	40%噁唑菌酮·霜脲氰悬浮剂	30	60	60

表 4-16 不同施药方式喷施 40% 噁唑菌酮·霜脲氰悬浮剂对番茄晚疫病的防治效果

施药方式 施药剂量(g/亩)		病情指数(%)	喷雾时间(min)	防效 (%)
		施药前	末次药后 7d	
热雾机	30	40.41	6.26	84.22a
背负式喷雾器	30	40.41	12.15	69.94b

　　热雾机其雾滴粒径一般在 50μm 以下，是一种超低容量喷雾植保机械，目前已经在林业、卫生等方面得到成功应用。作者使用热雾机喷施 40% 噁唑菌酮·霜脲氰悬浮剂防治番茄晚疫病，并以常规背负式手动喷雾器做对照。实验结果表明：使用热雾机喷施药液，显著提高了农药的有效利用率及对病菌的防治效果，极大地降低了用水量，且热雾法施药效率也显著高于常规喷雾方式，有效地减少了农民与农药接触的时间，降低农民的中毒概率和劳动成本。综上所述，使用热雾法防治番茄晚疫病效果优于常规喷雾法。

四、虫害综合绿色防控技术

(一)作物定植期药剂预防处理技术实施

1. 技术背景

　　前期调研发现，陕西安康蔬菜种植区的常发性害虫包括蚜虫、粉虱、叶螨等小型害虫，食叶类害虫主要是甜菜夜蛾。为了对菜田常见害虫进行防控，菜园内常常采用化学药剂进行防控，但这些小型害虫因为体型微小、识别困难，经常在发现田间症状出现后再进行防控，但为时已晚；同时，部分小型害虫(如蚜虫、烟粉虱等)除了刺吸植物汁液为害作物外，还可传播植物病毒病，给蔬菜作物带来更为严重的经济损失。

　　噻虫嗪作为第二代新烟碱类杀虫剂，因其内吸性好、持效性强，对蚜虫、粉虱和蓟马等小型害虫具有高效毒力及优良防效。早期施药对小型害虫的预防处理技术报道较少(尹宏峰等，2014；万岩然等，2018)。为了明确该技术实施后对害虫防控的减药作用及作物增产效果，本技术实验在初期采用化学药剂对设施菜苗进行处理，后期根据害虫的发生危害情况进行实时选择用药，以期明确该措施实施对于害虫种群的防控效果及对作物产量的影响。

2. 技术要点

核心技术要点即害虫的预防控制技术：实验棚内蔬菜苗定植后采用25%噻虫嗪水分散粒剂3 000倍液进行穴盘灌根处理，药液量50mL/棵。具体操作过程如图4-10。实验棚和常规对照棚内设置防虫网和黄板作为基础防控措施。实验中其余防治措施为化学药剂的叶面喷雾或熏烟实施。

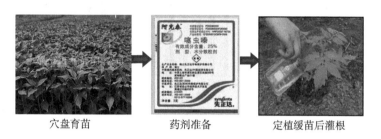

穴盘育苗　　　　　　　药剂准备　　　　　　　定植缓苗后灌根

图4-10　害虫的预防控制技术操作过程

3. 技术示范

实验地设置在安康石泉县嘉晟农业园区，大棚内种植辣椒品种博辣艳丽，穴盘基质育苗，定植前用25%噻虫嗪水分散粒剂3 000倍液，每穴灌药液50mL进行害虫预防处理，定植大棚通风口安装60目防虫网，定植后悬挂黄板40块，生长期内根据需要进行施药防治。对照大棚采用品种、育苗方法和时间、移栽时间、施肥水肥等管理措施与实验棚相同。结果见图4-11和图4-12。

实验田中主要防控靶标害虫为：烟粉虱、蚜虫等微小害虫，同时还发生甜菜夜蛾。防控核心技术包括：噻虫嗪早期穴盘灌根，防虫网与黄板，高效化学药剂的施用。

蔬菜移栽后25～30d(6月2-28日)内，在调查植株上仅有烟粉虱发生，未发现蚜虫；移栽后30d内，与对照相比，实验棚植株上无烟粉虱，直到7月12日，实验棚首次发现烟粉虱，之后数量逐渐增加。截止到9月22日，实验棚每调查点(10株)蚜虫平均发生量为3.75只，对照棚为12.5只，实验棚较对照棚少8.75只；实验棚内的烟粉虱虫口密度为11.5只/10株，对照棚内则为36只，实验棚较对照棚少24.5只。因此，药剂早期处理后的55d内，实验棚蚜虫发生量

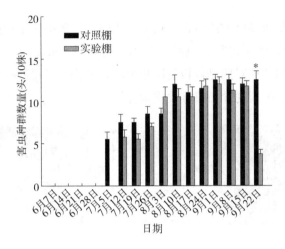

图4-11 实验棚和对照棚内蚜虫种群动态变化

(注：＊表示处理间差异显著，$P<0.05$)

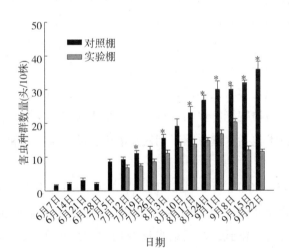

图4-12 害虫综合防控技术实施区及对照的害虫发生动态

(注：＊表示处理间差异显著，$P<0.05$)

持续稳定低于对照棚；而实验棚烟粉虱发生量则从 6 月 2 日至 9 月 22 日均低于对照棚，且除 7 月 12 日外，均呈现显著差异。

总体上，蔬菜棚安装 60 目防虫网的基础上，定植前噻虫嗪药液灌根处理穴盘蔬菜苗，对烟粉虱、蚜虫种群具有抑制作用，其种群数量低于对照棚处理，以大棚蔬菜生长前、中期效果更为显著；作生长后期害虫种群数量开始上升，说明其药效逐渐消失。

实验棚中全生长期施用杀虫剂 5 次，亩用药 1 631g；对照棚内杀虫剂用药 6 次，亩用药 2 425g，绿色防控技术体系的实施减少用药 1 次，减药用药量 794g，占对照用量的 1/3。同时，实验棚平均亩产 2 272kg，对照棚平均亩产 2 055kg，实验较对照平均亩增收 217kg，增产 10.6%。表明害虫早期预防控制技术的实施具有明显的减药增产的效果。

（二）烟粉虱生态防控技术探索

不同寄主植物对害虫表现出或吸引、或驱避的作用，由此产生了害虫推拉防控技术。基于以往研究发现，蓖麻对烟粉虱具有驱避作用（周福才等，2014），而苘麻对烟粉虱则表现出引诱作用（谭永安等，2009）。基于此，2018 年在陕西安康蔬菜种植园区开展了苘麻、蓖麻种植对蔬菜田烟粉虱种群的影响研究。在大棚一侧的棚间，播种 1 行蓖麻，同时在蔬菜棚内均匀、零星播种 5 株苘麻。调查蓖麻、苘麻以及作物上的烟粉虱数量。

作物生育期内共调查 12 次，结果表明，苘麻上烟粉虱约计 32.5 只，棚内番茄上平均烟粉虱数量为 20.1 只/4 株，苘麻较番茄植株上的烟粉虱多 12.4 只（61.7%），表明苘麻有一定的引诱作用。同时，在未种植蓖麻一侧，番茄上烟粉虱平均有 24.2 只/4 株，种植蓖麻一侧较未种植蓖麻一侧烟粉虱少 10.8 只，减少45%。通过连续观察，蓖麻植株上未见烟粉虱，有明显的驱避作用。表明，蓖麻、苘麻的种植均可减少烟粉虱的种群数量，生态防控效果优良。与化学药剂联合施用预期会取得更优的防控效果。

（三）"高温"防治虫害展望

国内外大量研究已经从宏观和微观两个方面阐述了高温对昆虫的影响。高温对昆虫的宏观影响主要包括延长昆虫的发育历期或致畸，降低交配能力或改变性比，减少产卵量或影响卵孵化，缩短虫体寿命或导致其死亡等。高温对昆虫的微观影响主要有导致虫体细胞内水分或离子浓度失衡，影响蛋白质和核苷酸的结构和功能，改变细胞膜内脂肪酸的组成比例，破坏细胞膜的流动性，加速性外激素的合成，降低蜕皮激素的含量等。高温对昆虫既有直接影响，也有间接影响，但最终将影响昆虫的生殖生理，且高温处理无污染、无残留等，在农业害虫的物理防治领域具有非常重要的意义，发展空间广阔，为高温防虫技术的研究和应用提供了新思路。温度对昆虫的影响与昆虫的种类和发育阶段等有关。据研究报道，生活在极端高温环境中的昆虫耐热性相对较强；生活在极端低温环境中的昆虫耐热性较弱；环境温度相对温和的地区，昆虫的耐热性介于两者之间。因此，利用高温防治害虫时，除了考虑害虫的种类外，还要考虑特定的地域环境，方能达到更好的防治效果。目前，农业生产中运用高温的例子较为普遍，如地膜或大棚的使用，有利于提高土壤温度，促进作物生长，甚至具有杀虫、防病、除草等功效，尤其在蔬菜生产上已广泛应用。然而，要想替代化学农药，发挥高温在田间防治害虫的研究依然非常缺乏，市面上也缺少直接应用高温在田间防虫的仪器或设备。因此，高温防虫技术将是未来需要深入研究的方向，特别是在蔬菜生产过程中，若能发挥高温杀虫的优势，将对绿色无公害蔬菜的生产具有非常深远的意义。另外，高温防虫技术的运用，需要掌握"作物－害虫－温度"三者之间的关系，防止盲目使用造成严重的经济损失。

总之，研究高温对昆虫的影响，有助于弄清高温胁迫下昆虫的适应机制。随着各种组学(转录组、基因组、代谢组和蛋白质组等)的快速发展，高温影响昆虫生长发育和繁殖机制的研究将会更加深入，有利于为高温防治农业害虫打下坚实的基础。尤其是全球气候变暖，极端高温天气不断增加，研究昆虫在行为、繁殖和生理等方面采取怎样的适应策略至关重要，有利于加深对昆虫生殖生理的认识，使害虫预测预报及"绿色"防控更加准确有效。

(四) 臭氧在害虫防治中的作用

1. O_3 处理植物对害虫的直接影响

1980 年以前，国际上关于 O_3 在农业害虫防治领域的研究主要集中在害虫生化毒理方面，很少涉及害虫防治。近年来 O_3 在温室、保护地蔬菜害虫防治研究中逐渐增多，其作用逐渐彰显。杨震等研究表明，当 O_3 水浓度为 0.4mg/L 时，对温室白粉虱 [*Trialeurodes vaporariorum* (Westwood)]、南美斑潜蝇 [*Liriomyza huidobrensis* (Blanchard)]、棉蚜 (*Aphis gossypii* Glover) 的防治效果分别为 29.9%、44.7% 和 60.9%；当 O_3 水浓度提高到 2.5mg/L 时，其防治效果分别为 73.1%、71.9% 和 83.8%。张瑞华等研究表明，1.0～1.5mg/L 的 O_3 水对生姜、西瓜和番茄土壤线虫的防治率分别为 57.8%～88.3%、60.9%～89.1% 和 73.6%～92.2%。任培华研究发现，6mg/L 的 O_3 水可以使土壤中生姜根结线虫减少 93.3%；同样实验条件下，6mg/L 的 O_3 水施用 14d 后，对韭蛆 (*Bradysia odoriphaga* Yang et Zhang) 的防治效果达 79.01%，比 25% 灭幼脲悬浮剂高 31.22%。也有研究报道，O_3 能抑制蚕豆上豆蚜 (*Aphis craccivora*) 和黑豆蚜 (*Aphis fabae* Scop.) 的生长，降低杨粗毛绵蚜 [*Pachypappapopuli* (Linnaeus)] 和毛角长足大蚜 (*Cinara pilicornis* Hartig) 的种群，阻碍樟子松上绿盲蝽 [*Apolygus lucorum* (Meyer-Dür)] 幼虫的增长。由于化学农药残留大、污染重、容易引起害虫的抗药性，因此，O_3 对储粮害虫的防治研究也日渐增加。Erdman 研究表明，使用浓度为 0.45mg/m^3 的 O_3 熏蒸 7h，可以杀死所有虫态的赤拟谷盗 (*Tribolium castaneum*)；O_3 浓度为 30mg/m^3 时，常温 3～7d 可将玉米象 (*Sitophilus zeamais*)、谷蠹 (*Rhyzopertha dominica*)、赤拟谷盗 (*Tribolium castaneum*) 和锈赤扁谷盗 (*Cryptolestes ferrugineus*) 全部杀死；O_3 浓度为 3～30mg/m^3 时，能够明显控制小麦仓储害虫种群，20d 后能将全部害虫杀死。施国伟等报道使用 O_3 处理锈赤扁谷盗 (*Cryptolestes ferrugineus*) 48h 后死亡率达 60%，处理 60h 后死亡率达 100%。浓度为 50mg/m^3 的 O_3 熏蒸 3d 可杀死拟谷盗 (*T. confusum*)(100%) 和玉米象 (*S. zeamais*)(100%)。由于 O_3 可以在一定的浓度和时间范围内彻底消灭储粮害虫，并因其在干燥空气中不稳定，容易分解，不会在粮食中造成残留污染，因此，是实现无公害绿色粮食仓储的一条重要手段 (表 4-17)。

表 4-17　不同处理条件下 O$_3$对储粮害虫的杀虫效果

昆虫种名	介质	O$_3$浓度 （mg/m^3）	处理时间 （d）	死亡率 （%）
谷蠹（*Rhizopertha dominica*）	小麦	70	4	97
	玉米	120	1.2	100
	小麦	120	1.2	100
	稻谷	120	1.2	94
	直接暴露	135	8	100
拟谷稻（*Tribolium confusum*）	玉米	50	3	100
	小麦	13.9	3	72.6
赤拟谷稻 （*Tribolium castaneum* Herbst）	玉米	50	3	92
	小麦	50	4	100
	玉米	50	4	50
	玉米	120	1.2	93
	小麦	120	1.2	90
	稻谷	120	1.2	88
锯谷盗（*Oryzaephilus surinamensis* Linne）	小麦	70	4	67
玉米象（*Sitophilus zeamais*）	玉米	50	3	100
	玉米	120	1.2	97
	小麦	120	1.2	70
	稻谷	120	1.2	100
	直接暴露	135	8	100
米象（*Sitophilus oryzae*）	小麦	50	4	100
印度谷螟（*Plodia interpunctella*）	玉米	50	3	100
	玉米	50	5	91
	开心果	5	0.08	95

2. O$_3$处理植物对害虫的间接影响

虽然 O$_3$用于害虫防治后在作物或粮食上无残留，但是，O$_3$对空气质量污染较大，可以改变植物的正常生长途径。大量研究表明，高浓度的 O$_3$可以降低植物的光合作用和核酮糖二磷酸缩化酶的活性，影响植物正常的生理生化代谢，从而改变作物的营养物质和次生代谢物质。因此，这一改变也必然会间接影响植食性昆虫及以植食性昆虫为食的天敌昆虫(表4-18)。

表4-18 O_3 对昆虫的间接影响

昆虫种名	寄主	O_3 浓度(mg/m^3)	响应特征
豌豆蚜	豌豆	0.070	生长率增加
禾谷缢管蚜	三叶草/苜蓿	0.051	无影响
	春大麦	0.036	生长率增加
番茄蠹蛾	番茄	0.144	发育加快
云杉长足大蚜	挪威云杉	0.120	种群增加
	北美云杉	0.048	无影响
云杉大蚜	北美云杉	0.048	无影响
麦无网长管蚜	小麦	0.100	内禀增长率增加
	大麦	0.100	生长率先升高后降低
黑豆蚜	蚕豆	0.100	生长率降低
豆蚜	蚕豆	0.085	生长率下降
墨西哥豆瓢虫	大豆	0.060	蛹加重，发育加快
	菜豆	0.114	蛹加重
大菜粉蝶	芜菁	0.075	化蛹率加快，体重增加
茸毒蛾	白桦树	0.066	不利于早期发育
黑白汝尺蛾	白桦树	0.066	不利于早期发育
秋白尺蛾	白桦树	0.066	不利于早期发育
柳蓝叶甲	棉白杨	0.200	促进取食
反颚茧蜂	苹果上的果蝇	0.100	寄生率下降
康刺腹寄蝇	颤杨上的森林天幕毛虫	0.090～0.100	幼虫存活率降低
草蛉	纸皮桦上的蚜虫	0.050～0.060	种群无影响，影响发生高峰期
菜蛾盘绒茧蜂	芸薹上的小菜蛾	0.100	丰富度降低

(1)刺吸式口器昆虫。国际上大量研究表明，大部分蚜虫在高浓度的 O_3 条件下生长发育更好。高浓度 O_3 处理后，取食豌豆的豌豆蚜 [*Acyrthosiphon pisum* (Harris)] 和生长在春大麦上的禾谷缢管蚜 [*Rhopalosiphum padi* (Linnaeus)] 的

生长率，欧洲榉上的山毛榉叶蚜（*Phyllaphis fagi*）和欧洲云彬上的松大蚜（*Cinara pinitabulaeformis*）的产卵量，生长在杨树、俄罗斯小麦和挪威云杉上面的蚜虫种群等均表现出明显增加。高浓度 O_3 加快了植物老化，使植物细胞内蛋白质转移到韧皮部，改善蚜虫的营养条件，可能成为蚜虫种群或数量增加的原因之一。

（2）咀嚼式口器昆虫。咀嚼式昆虫不像刺吸式昆虫吸食植物木质部或韧皮部的营养成分，而是直接取食植物，但同样有部分昆虫会因 O_3 浓度升高而增加。大量研究表明，舞毒蛾［*Lymantria dispar*（Linnaeus）］幼虫更喜欢取食用浓度为 $15mg/m^3$ 的 O_3 熏蒸过的白栎树叶片；番茄蠹蛾（*Keiferia lycopersicella*）取食 O_3 处理的番茄叶片后发育加快；黄褐天幕毛虫（*Malacosoma neustria testacea* Motschulsky）取食 O_3 处理的颤杨叶片后蛹重增加；高浓度 O_3 可以提高烟草上烟草天蛾（*Manduca sexta*）幼虫的存活率和生长率，加快潜叶细蛾（*Phyllonorycter tremuloidiella*）的发育，增加甘蓝上小菜蛾［*Plutella xyllostella*（Linnaeus）］种群。通常情况下，O_3 增加植物单糖含量，而右旋单糖具有普遍的助食作用，促进植食性昆虫取食，因此，可能间接促进其生长发育和后代繁殖。

（3）天敌。O_3 也可以影响天敌的生长发育或种群动态。有学者研究表明，高浓度 O_3 处理后，天幕毛虫的天敌康刺腹寄蝇（*Compsilira concinnata*）幼虫的存活率、菜蛾盘绒茧蜂（*Cotesia plutellae*）的数量、果蝇的反颚茧蜂（*Asobara tabida*）寄生率等均下降。这一现象可能是 O_3 干扰了寄生蜂对寄主的嗅觉识别，从而增加了搜寻路线，降低了搜索效率，导致其寄生率下降。O_3 影响天敌的发育和种群动态可以归结为 4 个方面：通过改变其寻找寄主的效率，从而影响寄生性天敌；通过影响寄主发育，从而影响天敌的生长发育与存活；影响植物中酚类化合物和氮素的浓度，从而影响寄生性天敌的存活率、发育、个体大小、性比、繁殖力以及寄生的成功率；寄主取食的植物营养下降，导致寄主的生理防御功能减弱如包囊作用（encapsulation），寄生性天敌的适合度则提高。

五、施药技术与农药防治效果的关系

农药的使用是防治病虫草害的重要手段。然而，农药喷雾作业虽有效却效率低下。我国每年有数以亿吨的药液喷洒到农田，在提高农产品产量的同时，也让环境承受着巨大的压力。如何合理有效地使用农药，使有限的农药发挥更大的作用，同时减少农药浪费及环境污染是我们密切关注的问题。2015 年，国家提出了农药减施的目标，该目标的实现，必然以提高农药利用效率为前提，这就需要我们分析一下目前农药使用环节存在的问题。

农药雾滴经过植保机械喷施，沉积到作物靶标上，通过与作物以及病虫害相互作用而起到防治效果。农药使用的最佳效率是将正好足够的农药剂量输送到靶标上以获得预期的生物效果。而农药雾滴在喷施后如何达到最佳的防治效果一直是人们关注的问题。农药雾滴的沉积结构以及对病虫害的防治效果受到农药雾滴粒径、雾滴密度以及药剂浓度综合因素的影响。在农药使用中，液滴经过喷雾器械雾化部件的作用而分散。然而从喷头喷出的农药雾滴并非均匀一致，而是有大有小，呈一定的分布，雾滴直径通常称为雾滴粒径，用微米作为单位。雾滴粒径是衡量药液雾化程度和比较各类喷头雾化质量的重要指标。对于某种特定的生物体或生物体上某一特定部位，只有一定细度的雾滴才能被捕获并产生有效的致毒作用。20 世纪 70 年代中期由 Himel 和 Uk 提出了生物最佳粒径理论(简称 BODS 理论)，即最易被生物体捕获并能取得最佳防治效果的农药雾滴直径或尺度称为生物最佳粒径。杀虫剂、杀菌剂、除草剂的最佳生物粒径范围不同。对于飞行昆虫而言，生物最佳粒径为 $10\sim50\mu m$，对作物叶面爬行类害虫幼虫，生物最佳粒径为 $30\sim150\mu m$，对植物病害和杂草生物最佳粒径分别为 $30\sim150\mu m$ 和 $100\sim300\mu m$。雾滴直径常用的表示方法有：体积中值中径(Volume median diameter, VMD)、数量中值中径(Number median diameter, NMD)。其中，在一次喷雾中，将全部雾滴的体积从小到大顺序累加，当累加值等于全部雾滴体积的 50%时，所对应的雾滴直径为体积中值直径，简称体积中径；将全部雾滴从小到大顺序累加，当累加的雾滴数目为雾滴总数的 50%时，所对应的雾滴直径为数量中值直径，简称数量中径。联合国粮农组织(FAO)对于雾滴细度进行了划分，参见图 4-13。

雾滴覆盖密度与雾滴大小、施药液量有着密切的关系。在施药量一定的情况下，雾滴数目与雾滴直径呈立方关系。当雾滴粒径减小一半时，雾滴数目则增加 8 倍。田间施药时，雾滴密度不宜过大，过大容易造成流失，也不宜过小，过小

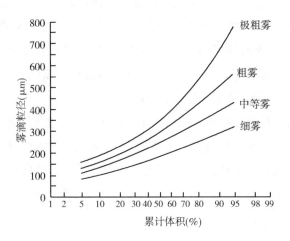

图 4-13　累积体积与雾滴直径曲线图

由于漂移以及不易沉积等问题而不能达到良好的防治效果。为实现农药的减量化目标，本文从雾滴密度、施药液量、雾滴粒径大小等角度，分析杀虫剂、杀菌剂、除草剂的最佳雾滴密度以及雾滴粒径情况，同时为单个雾滴杀伤半径理论做出解释。

(一)雾滴大小和覆盖密度与杀虫剂药效的关系

杀虫剂施用以后，必须进入昆虫体内到达作用部位才能发挥毒效。害虫主要通过口器取食为害农作物，其口器类型主要分为咀嚼式口器和刺吸式口器。其中棉铃虫、小菜蛾、黏虫等鳞翅目害虫以及蝗虫均为典型的咀嚼式口器害虫，蚜虫、叶蝉、飞虱等均属于刺吸式口器害虫。

1. 刺吸式口器害虫

对于刺吸式口器害虫，2012年高圆圆等研究了小型无人机携带不同喷头，低空喷洒药剂进行小麦吸浆虫防治。实验结果表明，小型无人机采用离心式转盘喷头进行2.5%联苯菊酯超低容量液剂 1.5L/hm² 兑水 6.0L/hm² 喷雾，在小麦上部的雾滴覆盖密度为 7.1～20.3 个/cm²，中部(倒三叶)的雾滴覆盖密度为 4.3～7.7 个/cm²，下部(倒二叶)的雾滴覆盖密度为 0.8～6.3 个/cm²，其对小麦吸浆虫的防治效果达到81.6%。田间实验采用机动喷雾机喷施氧乐果，当药液浓度为

4.0g/L，雾滴中径为 173μm 时，小麦蚜虫死亡率几率值对雾滴密度对数值的回归直线为 $y = 1.067x + 3.982$，LN_{50}(致死 50%时的雾滴密度) 和 LN_{90}(致死 90%时的雾滴密度) 分别为 9.0 个/cm^2 和 142.5 个/cm^2。室内低量喷雾实验，雾滴体积中径为 85μm，氧乐果药剂浓度 1.0g/L、1.5g/L、2.0g/L、3.0g/L 条件下，小麦蚜虫致死 90%时雾滴覆盖密度 LN_{90} 分别为 336.1 个/cm^2、237.6 个/cm^2、208.8 个/cm^2、115.3 个/cm^2。采用机动喷雾器常量喷施 70%吡虫啉水分散粒剂，施药量为 150L/hm^2，有效成分为 0.3g/L，雾滴密度在 54.133 个/cm^2、280 个/cm^{2}条件下，施药 7d 后对麦蚜的防效分别为 83.3%、88.7%、93.7%，而采用低量喷雾，施药液量为 75L/hm^2，有效成分为 0.6g/L 时，雾滴密度在 75.142 个/cm^2、291 个/cm^{2}条件下，7d 后对麦蚜防效分别为 88.1%、94.5%、96.5%。室内采用行走式喷雾塔模拟水稻田喷施 48%毒死蜱乳油防治褐飞虱，当底层雾滴密度分别在 10.4～49.0 个/cm^2 和 12.3～55.4 个/cm^2，且 48%毒死蜱乳油有效剂量分别在 41.2～82.4mg/m^2 和 72.1～82.4mg/m^2 对褐飞虱的防治效果均高于 80%。实验结果表明，在喷施相对少量的农药雾滴时，对害虫的防效就能达到 80%以上，而增加雾滴数量仅仅提高了较少的防治效果，更多是导致药液的流失和浪费。

根据杀虫剂是否可被植物吸收传导，可分为触杀性杀虫剂和内吸性杀虫剂。而由于作用方式的不同，触杀剂与内吸剂对雾滴密度的要求也明显不同。在使用不同浓度的哒螨灵药液喷雾的研究中发现，高浓度药液，在低雾滴密度时，棉蚜的校正死亡率很低，说明在使用触杀剂喷雾时，即使高浓度的药剂也需要一定的雾滴密度；而对于啶虫脒的研究表明，对于内吸性药剂，高浓度低雾滴密度的情况下，仍能达到较高的防治效果。

2. 咀嚼式口器害虫

对于咀嚼式口器害虫，研究苏云金芽孢杆菌雾滴粒径以及雾滴密度对舞毒蛾幼虫防效的影响，实验结果表明，相对于喷施体积中径≥150μm 的雾滴，喷施更低剂量的 50～150μm 的雾滴，对舞毒蛾造成相同的杀伤效果；同时实验表明，致死剂量与雾滴粒径之间具有线性回归关系：

$$LD_{50} = -1.241 + 0.461 \times 雾滴中径$$

从上述公式中可以发现，随着雾滴中径的减小，LD_{50} 也会随之减小，即小雾滴更有利于对舞毒蛾的防治。不同雾滴粒径条件下，剂量对数与死亡率对数之间的实验结果参见图 4-14。

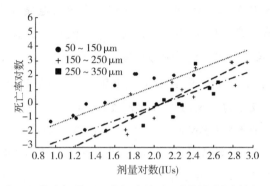

图 4-14　苏云金芽孢杆菌对 2 龄舞毒蛾致死剂量与雾滴粒径之间的关系

　　进一步实验研究表明，对于舞毒蛾 2、3 龄幼虫，雾滴粒径为 100μm，雾滴密度为 5 个/cm² 和 10 个/cm² 时，死亡率大于 90%，而对于 4 龄幼虫，雾滴粒径为 200μm 和 300μm 时，防治效果较 100μm 更为显著，当雾滴密度为 1 个/cm²，雾滴粒径为 100μm 时，对于控制 3、4 龄幼虫是无效的。此结果表明最佳雾滴粒径不仅随病虫害种类而变化，也会因病虫害的不同时期而异。

　　国内针对无人机喷施农药防治玉米螟做了详细的研究，在夏玉米生长中后期喷施 10% 毒死蜱超低量液剂防治玉米螟实验中，施药液量为 6.3L/hm²，当雾滴在雌穗上的雾滴密度达到 15.6 个/cm² 时，防治效果达到了 80.7%；喷施 3% 苯氧威乳油，施药液量为 12L/hm²，雾滴在雌穗上的覆盖密度为（20.4±3.0）个/cm²，防治效果为 79.6%±3.1%。室内通过自走式喷雾塔模拟喷施氯虫苯甲酰胺防治稻纵卷叶螟，当制剂含量为 2.0mg/m²，体积中径为 200μm，雾滴密度增加到 82.0 个/cm² 时，防治效果与氯虫苯甲酰胺剂量 4.0mg/m² 的效果相当，说明增加雾滴密度是减少药剂用量的有效途径。研究也支持上述观点，航空喷施虫酰肼防治云杉卷叶蛾的实验中发现，尽管喷施高剂量 70g/hm² 可以减少卷叶蛾的数量以及保护寄主树木，并且显著好于 50g/hm²，但是后者的防治效果基本能满足田间的要求，起到良好的控制作用，而较少的施药量可以减少环境负担。曹源等的实验指出，当甲氨基阿维菌素苯甲酸盐药液质量浓度从 80mg/L 提高至 640mg/L 时，其

LN_{50} 值从 148 个/cm^2 下降至 3 个/cm^2；雾滴密度从 23 个/cm^2 提高至 131 个/cm^2 时，其 LC_{50}(致死中浓度) 值则从 $1.66 \times 10^2 mg/L$ 下降至 78.9 mg/L。实验结果也说明了提高雾滴密度是减少施药量的有效途径。

3. 害螨

室内实验表明，即使在实验室条件下，喷施雾滴密度为 200 个/cm^2，也仅有 <10% 的靶标被雾滴所击中，但是螨虫虫卵的死亡率却随着雾滴密度的增加而呈明显增加趋势，参见图 4-15。

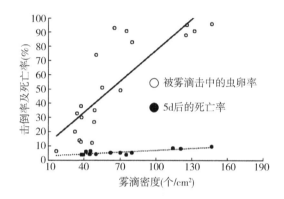

图 4-15　喷施粒径 53μm 的三氯杀螨醇药液(1g/L) 对二斑叶螨虫卵的防治效果

英国科学家详细研究了喷施不同粒径(18～146μm) 以及不同浓度(0.5～40g/L) 的三氯杀螨醇雾滴对防治二斑叶螨虫卵的影响。研究发现雾滴粒径 D 与产生 50% 死亡率的雾滴间距(LS_{50}) 具有正曲线相关关系：

$$LS_{50} = 14.48D^b$$

b 值在 0.65～1.44，并与浓度具有 U 形关系。罗德岛大学的 Alm 采用喷施联苯菊酯防治二斑叶螨，进一步指出，虫卵在雾滴粒径为 120μm、雾滴密度为 41 个/cm^2 与雾滴粒径为 200μm、雾滴密度为 18 个/cm^2 时的死亡率都为 80%。而 120μm 41 个/cm^2 的施药量为 $3.7L/hm^2$，200μm 18 个/cm^2 的施药量则需要 $7.5L/hm^2$。袁会珠等对农药雾滴在吊飞昆虫上不同部位的沉积分布研究表明，农药雾滴在吊飞昆虫上的沉积量一半在翅上，同时雾滴粒径对沉积量有较大影响，吹雾法喷雾(43μm) 药剂在黏虫上的沉积量是常规喷雾法(181μm) 的 1.49 倍。

尽管众多研究表明，在一定施药液量的情况下，小雾滴相比于大雾滴具有更好的防治效果，但这仅仅是在一定雾滴粒径范围之内的结果。Masaaki Sugiura 指出雾滴过大过小都不利于对飞行昆虫的防治，只有当雾滴粒径与雾滴数达到一定的最优组合才会产生最好的防治效果。过小雾滴会受到昆虫表面的空气气流影响而改变运动轨迹，以及受到昆虫表面刚毛影响而不能有效地沉积到昆虫体表，进而影响防治效果。文中指出，粒径为 33.4μm 的雾滴在苍蝇体表的黏附率为 72.1%，而粒径为 14.4μm 的雾滴黏附率仅为 35%。Matthews 曾指出白粉虱主要生活在叶片的反面，而田间往往从上部喷雾，雾滴不能达到作用靶标上，防治效果会比较差。所以说，较好防治效果不仅与雾滴密度以及施药液量相关，还受到操作者操作方式、药剂抗性、环境条件等多种因素的影响。

综上实验结果表明：小雾滴相对更容易在昆虫体表附着，喷施小雾滴会增加雾滴在靶标上的沉积量；而对于触杀性药剂，在一定施药液量的情况下，减小雾滴粒径，增加雾滴密度，是提高防治效果、减少施药液量的有效途径。同时在喷施过程中，防治效果与雾滴密度具有正相关性，但雾滴密度不宜过大，过大的雾滴密度容易导致药液流失，污染环境且不能显著提高防治效果。对于内吸性药剂，由于农药雾滴可被作物吸收，所以较高的药剂浓度、较低的雾滴密度仍能够起到较好的防治效果。

(二) 雾滴大小和覆盖密度与杀菌剂药效的关系

1. 保护作用杀菌剂

与治疗性杀菌剂不同，保护性杀菌剂喷雾时，必须在病原菌侵入之前使用才有效，而雾滴仅仅沉积到植物表面，不能被植物所吸收。Washington 评估 2 种保护性杀菌剂，百菌清和代森锰锌不同雾滴粒径以及不同雾滴密度情况下对香蕉黑条叶斑病菌的防治情况。研究发现，当雾滴中径为 250μm 时，2 种药剂的雾滴密度为 30 个/cm^2，香蕉黑条叶斑病菌的萌发率均小于 1%，起到非常好的防治效果。不同雾滴密度情况下，百菌清和代森锰锌对香蕉黑条叶斑病的防治效果(图 4-16)。

2. 内吸性杀菌剂

因为内吸性杀菌剂与保护性杀菌剂作用差别很大，所以对雾滴密度以及沉积

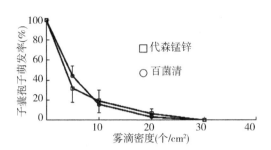

图 4-16　百菌清和代森锰锌雾滴密度与香蕉黑条叶斑病菌子囊孢子萌发率之间的关系

情况的要求也具有较大的差别。研究了保护性杀菌剂与内吸性杀菌剂对马铃薯晚疫病的影响。当喷雾雾滴中径从 183μm 变化到 939μm 时，对于内吸性杀菌剂而言，差别不明显，然而对于保护性杀菌剂而言，防治效果随着雾滴谱的减小而增加；添加助剂(松脂二烯，96%)以后，保护性杀菌剂的防治效果随着雾滴谱的变化不再显著。对玫瑰上灰霉病使用具有内吸作用的嘧霉胺以及无内吸作用的咪鲜胺进行实验，实验表明，嘧霉胺雾滴粒径(80~1 000μm)以及覆盖率对防治病虫害没有影响，而咪鲜胺的防效则随着雾滴密度的增加而增加。

　　国内对杀菌剂雾滴密度与防效关系的研究较少。研究八旋翼无人机喷施 6% 戊唑醇超低容量液剂防治小麦白粉病，结果表示在小麦上、中、下部的雾滴密度分别是 24.9 个/cm^2、11.2 个/cm^2、7.6 个/cm^{2}时，对小麦白粉病的防治效果达到了 70.9%。研究 10%环丙唑醇悬浮剂、3%三唑酮可湿性粉剂相同药液浓度不同雾滴密度对小麦白粉菌初生芽管形成、附着胞畸形率、吸器原体形成、长度及菌落发育等的影响，实验结果表明，环丙唑醇、三唑酮对附着胞畸形率增加、吸器原体形成、指状吸器的抑制都有明显作用，且随着雾滴密度的增加，抑制作用增强。

　　国内外关于杀菌剂的最佳雾滴密度以及雾滴粒径的实验相对较少，但从已知的实验结果可知，单个杀菌剂雾滴也具有控制一定范围内真菌生长的能力，即具有一定的杀伤半径或者杀伤面积。具有内吸作用和非内吸作用的杀菌剂其对雾滴密度的要求不同，内吸性杀菌剂由于其本身具有的内吸作用，雾滴粒径与防治效果的关系不显著，只要达到一定的施药量就能起到较好的防治效果；而对于非内吸性杀菌剂，则需要达到一定的雾滴密度，才会产生较好的防效，并且防治效果与雾滴密度呈正相关关系，同时防治效果与雾滴谱的关系密切，在一定雾滴谱范围内，防治效果随雾滴谱的减小而增加。

(三) 雾滴大小和覆盖密度与除草剂药效的关系

研究用体积中径为 149.5～233.7μm 的雾滴喷雾，草甘膦在空心莲子草叶片上的沉积量在体积中径为 157.3μm 时最多，田间喷雾时宜采用小雾滴和低施药液量喷雾，可提高沉积量。Merritt 1982 年研究中发现 2 甲 4 氯、百草枯在给定剂量情况下，不同的浓度对其防效影响不大，但草甘膦的防效却随着浓度的增加而增加。同时研究发现 3 种除草剂的活性受到施药位置的影响要远大于雾滴粒径影响，雾滴在 200～400μm 对防效影响不显著。

探究了百草枯以及敌草快不同雾滴粒径对除草效果的影响，发现除草剂的雾滴粒径在 250μm 以上时，除草效果随着雾滴粒径的增加而增加，最佳的雾滴粒径为 400～500μm，而当雾滴粒径大于 1 000μm 时，防效则会明显降低。针对茎叶喷雾处理的除草剂，雾滴粒径以及施药量对最佳防效的影响做出了详细介绍。指出在一定施药液量的情况下，不论在何种雾滴粒径范围之内，防治效果都会随着雾滴粒径的降低而增加。但对于不同类型的除草剂(触杀性与内吸性除草剂)，作用于不同类型的杂草靶标(单子叶植物与双子叶植物)，以及润湿性不同的植物叶片，防治效果随雾滴粒径降低的表现又都不同。相对于雾滴密度，施药液量与防效之间的关系相关性则比较差。在低施药液量时($100L/hm^2$) 喷雾效果随着喷雾量的降低而降低。然而，在高施药液量($400L/hm^2$) 时，这个趋势恰好相反。例如对于草甘膦而言，施药液量降低防效反而会增加，而对于其他的除草剂一般为防效随施药液量降低而降低。

除草剂由于其作用靶标是与作物生理生化相似的杂草，所以在使用过程之中应当不仅仅考虑最佳的防治雾滴粒径，尤其是在小地块或是在航空喷施除草剂中，应当将雾滴漂移风险考虑在内。除草剂在使用过程中的漂移受到雾滴谱、喷施高度、天气情况(风速以及气流波动) 等多种因素的影响。而不同喷头类型是影响雾滴谱的主要因素。研究相对于标准喷雾，添加控制阀装置可以有效地增加喷雾沉积以及杂草控制效果，同时可以减少施药者的职业暴露。

农药的喷施是一个系统工程，不仅要考虑到最佳的防治效果，还应当考虑喷雾漂移、施药者安全、环境污染等各个方面，以求更好地发挥农药雾滴的作用，使其精准地喷施到作用靶标上，起到最佳的防治效果。

（四）雾滴的杀伤半径与杀伤面积

田间防治病虫害时，常常以大容量、淋洗式喷雾为主，不仅造成了药液的流失、环境污染，还大大降低了药剂的作用效果。非常多的实验都已经证明单个雾滴所产生的影响远大于其本身的粒径范围，每个雾滴都有其控制范围，或称为杀伤面积/杀伤半径，尤其是对于触杀性药剂。所以在一定面积内，只要雾滴数达到一定值时，即可实现较好的防治效果。

1982 年，Muntahli 等提出用 LN_{50} 来表示二斑叶螨卵致死 50%时三氯杀螨醇雾滴的覆盖密度，并用 LN_{50} 计算出单个雾滴的作用范围，即杀伤面积或是杀伤半径（Biocidal area）。Washingto 在评估百菌清与代森锰锌对香蕉黑条叶斑病菌的防治效果时指出，当雾滴粒径为 250μm 时，百菌清雾滴在香蕉叶片上的抑菌区域/杀伤半径为 1.02mm（见图 4-17），代森锰锌的抑菌区域/杀伤半径为 1.29mm。英国学者研究发现，喷施 2.4%拟除虫菊酯超低容量液剂，当雾滴体积中径为 55μm，数量中径为 25μm，雾滴密度达到 9 个/cm² 时，雾滴对莎草上黏虫幼虫的防

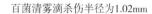

百菌清雾滴杀伤半径为1.02mm

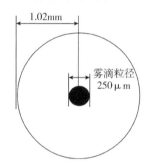

图 4-17　250μm 百菌清雾滴杀伤半径

效即可达到 50%，即 LN_{50} 为 9；当雾滴密度为 28 个/cm² 时，防效可达到 95%。同时指出，单个雾滴所产生的作用远大于其本身雾滴粒径，杀伤面积等于雾滴周围至少 50%的幼虫死亡时的面积值，即一半的处理面积除以 LN_{50} 值。可用以下公式表示：

$$杀伤面积（mm^2）= 12×LN_{50}×100$$

同时杀伤积数值本身也会随着幼虫的龄期、农药类别、沉积均匀性、雾滴粒径的变化而改变。

环境问题越来越受到人们的重视，2015 年农业部启动了实施农药、化肥零

增长行动，合理使用农药喷雾技术，将农药雾滴更精准地喷施到靶标部位变得尤为重要。众多实验表明，农药在喷施过程中受到众多因素的影响。雾滴粒径、药剂浓度、雾滴密度等综合因素影响着雾滴对病虫害的防治效果。一般而言，在一定施药量的情况下，小雾滴能够显著提高药剂防治效果，同时喷施小雾滴，可以在相同雾滴密度的情况下，显著减少施药量，降低环境压力，减少环境污染。众多实验表明，当单位面积内达到一定的雾滴密度时，即可产生较好的防治效果，即每个雾滴都有其杀伤半径，单位面积一定量的雾滴数即可以产生良好的防治效果，而没有必要采用大容量、淋洗式喷雾，这对环境以及资源都是巨大的浪费。

六、水肥一体化施用技术

(一) 技术背景

在传统灌溉方式的农业生产中，为确保农业的产量，多采用漫灌、喷灌等方式进行，并且这种方式与施肥是分开进行的。这种粗放型的作业方式，不仅带来了水资源的巨量浪费，而且还浪费了人力和物力。这种落后的技术方式使得水、肥的利用率不到30%。

水肥一体化技术起源于无土栽培。新时期的水肥一体化技术，则是伴随着现代高效的灌溉技术的发展而展开的。20世纪70年代，随着便宜的塑料管道的大量生产，细流灌溉技术得到了推动，此后，微灌技术以及微喷灌技术逐步得到发展和进步。在21世纪，水肥一体化技术得到更为迅速的发展，应用面积和相关技术研制方式都得到了极大的推进，在不少国家，都形成了设备完善、技术研发、肥料配置、技术推进等系列的服务。而新时期的水肥一体化技术，可以有效地提高资源的利用率，降低农业生产成本。伴随大规模、喷灌等新模式的出现，水溶肥、缓控释肥、微量元素肥等新型肥料因其用量省、利用率高、功能性强等特点，开始成为肥料施用的重要组成部分。以水溶肥为例，目前，在整个世界范围内，喷灌和微灌面积占灌溉总面积之比已达24.3%，而在一些发达国家，喷灌和微灌面积已经占到总灌溉面积的50%以上(辛宏权，2019)。

本技术明确了当地化肥不影响生物菌剂中生防菌的存活；优化了水肥一体化新产品配方，并进行了登记；明确了有机肥施用有利于土壤中磷的保存，可改善白菜的品质，降低白菜中亚硝酸盐含量，并提高 Vc 含量和可溶性糖含量。在黄瓜、番茄等茄果上使用该技术可降低常规化肥施用量 1/3，产量可增加 10%～20%，农民增收 1 500～1 800 元。

(二) 技术要点

根据蔬菜种植地土壤营养状况，以及所要种植的蔬菜品种，往年发病情况，设计施用种类、施肥量和施肥方式。

(1) 种植前。测定土壤营养状况，根据蔬菜营养需求，设计施肥种类、用量和施用方式。施用生物有机肥，代替 1/3 化肥作为基肥。

(2) 生长期。根据作物生长需要，分别在开花期、坐果期、收获前期追施 2～3 次生物菌剂。用量和配方需要根据作物不同生长时期的需求及时调整。

(3) 浇水控制。生长前期应注意控制浇水量，不宜过多浇水，以免造成幼苗徒长，而且可能造成病害加重。可根据张力计监测土壤墒情，决定浇水时间和浇水量。张力计的读数控制在 -30kPa 和 -40kPa 之间为宜。

(三) 技术示范

1. 2017 年技术示范

测定了十堰地区水肥一体化实验地的土壤营养状况，开展了 2017 年减肥实验(图 4-18)。测定了十堰当地化学肥料和生防芽孢杆菌的相容性，结果表明，当地使用的化学肥料不影响芽孢菌的存活，与生防芽孢杆菌具有很好的相容性。研制并优化了生物有机肥、可溶性冲施肥，并用于田间实验。田间实验布置如表 4-19 所示。

表 4-19　水肥一体化实验布置

处理	基肥	追肥
处理 1	专用肥，100kg/亩	2 次，莲座期 20kg/亩追肥 1 次、结球期 10kg/亩追肥 1 次
处理 2	专用肥，100kg/亩	冲施滴灌型复合微生物菌剂(20 亿/g) 2kg/(亩·次)，莲座期追肥 1 次，结球初期追肥 1 次，结球中期追肥 1 次

（续表）

处理	基肥	追肥
处理3	专用肥，50kg/亩＋生物有机肥(0.5亿/g)，400kg/亩	冲施基施型复合微生物菌剂20kg/(亩·次)，莲座期追肥1次，结球初期追肥1次，结球中期追肥1次

注：使用当地常用肥料。

　　白菜为短期需氮蔬菜，在2017年秋季的减肥实验中，用生物可溶肥替代追施化肥或用有机肥替代1/2的化肥，对白菜的产量有一定影响；3种不同施肥方式对土壤中速效氮、磷、钾的影响不显著，但减施化学肥料，增施有机肥，利于土壤中磷的保存(表4-20)；施用生物肥料可降低亚硝酸盐含量，改善白菜品质，提高白菜的维生素C含量和可溶性糖含量(图4-20)。

育苗　　　　　　　　施基肥　　　　　　　　白菜移植

第1次追肥　　　　　　　第2次追肥　　　　　　　第3次追肥

图4-18　设施蔬菜水肥一体化实验

表4-20 不同生物菌肥组合施用对土壤氮、磷、钾残留量的影响 单位：mg/kg

处理	速效氮	有效磷	速效钾
处理1	109.9±34.54a	94.2±36.86a	326.0±22.22a
处理2	112.3±7.32a	60.8±11.74a	291.3±13.36a
处理3	101.3±16.95a	118.3±53.81a	302.8±49.22a

注：同列不同小写字母表示处理间差异显著（$P<0.05$）。

（1）2017年奶油小白菜产量。在2017年实验中，追肥时使用冲施滴灌型复合微生物菌剂代替化肥的处理2与全部使用蔬菜专用肥的处理1相比，白菜长势和产量差异不显著。使用生物有机肥替代1/2化肥，并在追肥时使用冲施基施型复合微生物菌剂代替化肥的处理2与全部使用蔬菜专用肥的处理1相比，白菜长势和产量差异显著（$P<0.05$），说明处理3的施肥组合对白菜产量略有影响（表4-21、图4-19）。

表4-21 不同生物菌肥组合施用对白菜生长和产量的影响（2017年）

处理	产量(kg/亩)	单株重(kg)	株高(cm)	株宽(cm)
1	5 755±331.73a	1.38±0.08a	26.32±0.77a	13.93±0.59a
2	4 877±537.19ab	1.13±0.20ab	23.42±2.03ab	13.17±1.13a
3	4 306±530.73c	0.94±0.28b	20.08±2.63b	12.47±1.05a

注：同列不同小写字母表示处理间差异显著（$P<0.05$）。

处理1　　　　　　　　　　处理2　　　　　　　　　　处理3

图4-19 白菜长势

（2）2017 年奶油小白菜品质。在 2017 年实验中（图 4-20），追肥时使用生物有机肥替代 1/2 化肥，并在追肥时使用冲施基施型复合微生物菌剂代替化肥的处理 3 与全部使用蔬菜专用肥的处理 1 相比，降低白菜生长期化肥冲施使用量，亚硝酸盐含量降低，可溶性糖含量增加，差异显著（$P < 0.05$），白菜品质得到提升。

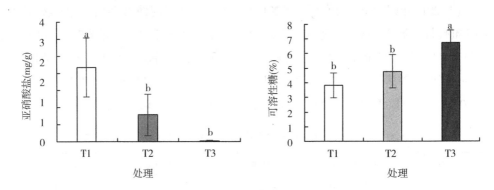

图 4-20　不同处理小白菜亚硝酸盐及可溶性糖含量

2. 2018 年技术示范

2018 年设计并优化了水肥一体化新产品，用于田间实验。根据白菜生长需求，调整实验中化肥和生物有机肥及滴灌型生物菌肥的用量。所研制的水肥一体化新产品如图 4-21。利用这些新产品，进行了田间实验。实验设 4 个处理，采用

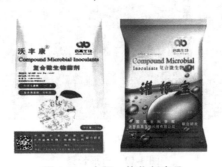

图 4-21　水肥一体化新产品

冲施方式。每小区面积：2m×6m＝12m²，每处理 3 个重复，即：每处理面积约为 36m²。棚两头作为保护行。各处理间开沟分隔，沟宽 20cm。追肥用肥料随水冲施，于小白菜莲座期、结球初期、结球中期各冲施 1 次(7～10d)，整个生育期冲施 3 次。实验设置如表 4-22 所示。

表 4-22　实验设计

编号	处理	施肥方案
1	常规化肥(基肥+追肥)	蔬菜专用肥(N-P-K：20-5-20)，基肥：100kg/亩，追肥：10kg/亩，追施 3 次
2	常规化肥(基肥)+水肥一体化产品 1(追肥)	基肥：蔬菜专用肥(N-P-K：20-5-20)，100kg/亩；追肥(水溶肥)：冲施型菌剂 1，冲施滴灌型复合微生物菌剂(20 亿/g) 2kg/(亩·次)，追施 3 次
3	2/3 常规化肥＋有机肥(基肥)＋水肥一体化产品 2(追肥)	基肥：蔬菜专用肥(N-P-K：20-5-20) 67kg/亩＋生物有机肥(0.5 亿/g)，400kg/亩；追肥：冲施型菌剂 2，冲施基施型复合微生物菌剂(20 亿/g)20kg/(亩·次)，追施 3 次
4	2/3 常规化肥＋有机肥(基肥)＋水肥一体化产品 3(追肥)	基肥：蔬菜专用肥(N-P-K：20-5-20) 67kg/亩＋生物有机肥(0.5 亿/g)，400kg/亩；追肥：冲施型菌剂 3，灌根宝(20 亿/g) 5kg/(亩·次)，追施 3 次

在 2018 年的实验中(表 4-23)，使用生物有机肥替代 1/3 化肥，并使用 2 种冲施型菌剂代替常用的蔬菜专用肥的两个处理与全部使用蔬菜专用肥的处理 1 相比，土壤速效氮、磷的含量明显降低，差异显著($P<0.05$)。

表 4-23　不同生物菌肥组合施用对土壤 N、P、K 残留量的影响　　单位：mg/kg

处理	速效氮	有效磷	速效钾
1	141.33±48.21a	81.60±19.08a	100.67±12.45a
2	92.47±16.51ab	63.13±37.51a	93.00±49.93a
3	72.60±6.39b	63.07±27.39a	55.27±7.75b
4	66.33±12.21b	38.60±18.43b	48.47±8.99b

注：同列不同小写字母表示处理间差异显著($P<0.05$)。

使用不同生物菌肥进行追肥，对白菜长势和产量的影响不大，其中追肥时使用冲施滴灌型复合微生物菌剂代替常用的蔬菜专用肥的处理 2 和处理 3 对白菜产量略有促进作用。使用灌根宝的处理 4 与常用化肥产量持平(表 4-24)。

表 4-24　不同生物菌肥组合施用对白菜生长和产量的影响

处理	产量(kg/亩)	单株重(kg/株)	株高(cm)	株宽(cm)
1	6 110.30±825.21a	2.09±0.25a	30.50±1.21a	17.80±1.59a
2	6 666.70±828.25a	2.22±0.25a	29.90±0.70a	18.60±0.40a
3	6 569.90±600.03a	2.15±0.18a	30.60±0.59a	18.00±2.23a
4	6 191.10±315.49a	2.06±0.09b	29.60±1.06a	17.50±1.10a

注:同列不同小写字母表示处理间差异显著($P<0.05$)。

在 2018 年的实验中(图 4-22),追肥时的化学肥料使用量降低,其他 3 个处理也同样降低了化学肥料使用量,可有效降低白菜中亚硝酸盐的含量。生物有机肥替代1/3化肥,并在追肥时使用灌根宝代替常用的蔬菜专用肥的处理 4,白菜中可溶性糖含量最高,差异显著($P<0.05$),说明其品质最佳,其他处理的白菜品质次之。

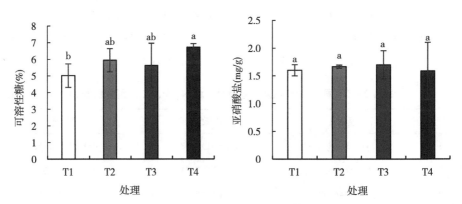

图 4-22　不同生物菌肥组合施用对白菜品质的影响(2018 年)

(注:不同小写字母表示处理间差异显著,$P<0.05$)

(四)技术模式

设施蔬菜水肥药一体化技术模式见图4-23。

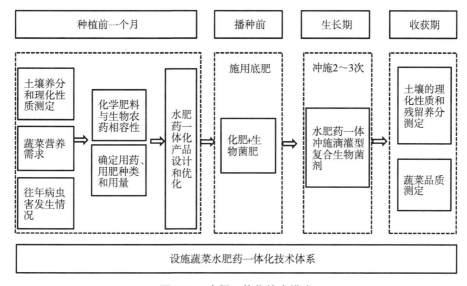

图4-23 水肥一体化技术模式

参 考 文 献

陈小霞,袁会珠,覃兆海,等,2007,新型杀菌剂丁吡吗啉的生物活性及作用方式初探 [J]. 农药学学报,9(3):229-234.

陈卓,杨松,2009,自主创制抗植物病毒新药:毒氟磷 [J]. 世界农药,31(2):52-53.

戴宝江,2005,新颖杀虫剂:氯噻啉 [J]. 世界农药,27(6):46-47.

冷鹏,张玉燕,刘延刚,等,2019. 设施果菜类蔬菜根结线虫病绿色防控综合技术 [J]. 长江蔬菜(9):64-65.

谭永安,柏立新,肖留斌,等,2009. 苘麻对甘蓝田烟粉虱诱集效果及药剂防治评价 [J]. 华东昆虫学报,18(3):222-227.

万岩然,苑广迪,何秉青,等,2018. 噻虫嗪灌根对四种叶菜上害虫的防治

效果及残留检测 [J]. 环境昆虫学报, 40(4): 945-949.

王明, 闫晓静, 刘新刚, 等, 2018. 赋权 Borda 综合分析法在丹江口水源涵养区蔬菜用杀菌剂筛选中的应用 [J]. 农药科学与管理, 39(9): 40-45.

辛宏权, 2019. 新时期的甜瓜设施膜下的水肥一体化栽培技术 [J]. 农业与技术, 39(16): 56-57.

尹宏峰, 朱国仁, 张友军, 等, 2014. 噻虫嗪灌根对设施蔬菜害虫的控制作用及其残留 [J]. 中国植保导刊, 34(6): 57-59.

张卫华, 高旭利, 李永腾, 等, 2018. 设施蔬菜根结线虫的危害及绿色防控技术 [J]. 中国果菜, 38(1): 53-55.

张湘宁, 2005, 新型昆虫生长调节剂: 呋喃虫酰肼 [J]. 世界农药, 27(4): 48-49.

张晓鹏, 2018. 设施蔬菜连作障碍原因及防控技术 [J]. 现代农业(4): 29.

郑建秋, 郑翔, 孙海, 等, 2017. 蔬菜施药中存在问题及技术改进 [J]. 中国蔬菜, 1(5): 87-89.

周福才, 杨爱民, 陈学好, 等, 2014. 设施蔬菜烟粉虱生态控制技术研究 [J]. 扬州大学学报(农业与生命科学版), 35(3): 75-79.

Burton G A, 1992. Sediment toxicity assessment [J]. Freshwater Science, 33(3): 708-717.

Cerrillo I, Granada A, López-Espinosa M J, et al., 2005. Endosulfan and its metabolites in fertile women, placenta, cord blood, and human milk [J]. Environmental Research, 98(2): 233-239.

Chu D, Wan F H, Zhang Y J, et al., 2010. Change in the biotype composition of Bemisia tabaci in Shandong Province of China from 2005 to 2008 [J]. Environmental Entomology, 39(3): 1028-1036.

Ellgehausen H, Guth J A, Esser H O, 1980. Factors determining the bioaccumulation potential of pesticides in the individual compartments of aquatic food chains [J]. Ecotoxicology & Environmental Safety, 4(2): 134-157.

EPA, 1998. Research program description-groundwater research [R]. US: Environmental Protection Agency.

Fenoll J, Vela N, Navarro G, et al., 2014. Assessment of agro-industrial and composted organic wastes for reducing the potential leaching of triazine herbicide residues through the soil [J]. Science of the Total Environment, 493: 124-132.

Franke C, Studinger G, Berger G, et al., 1994. The assessment of bioaccumulation [J]. Chemosphere, 29(7): 1501-1514.

Hao H, Bo S, Zhao Z, 2008. Effect of land use change from paddy to vegetable field on the residues of organochlorine pesticides in soils [J]. Environmental Pollution, 156(3): 1046-1052.

Kannan K, 1994. Global Organochlorine Contamination Trends: An Overview [J]. Ambio, 23(3): 187-191.

Larson S J, Capel P D, Majewski M S, 1997. Pesticides in Surface Waters: Distribution, Trends and Governing Factors [M]. Boca Raton: CRC Press.392.

Oerke E C, Dehne H W, 2004. Safeguarding production — losses in major crops and the role of crop protection [J]. Crop Protection, 23(4): 275-285.

Sparks T C, Hahn D R, Garizi N V, 2016. Natural products, their derivatives, mimics and synthetic equivalents: role in agrochemical discovery [J]. Pest Management Science, 73(4): 700.

Yan Y, Zhang S, Tao G J, et al., 2017. Acetonitrile extraction coupled with UHPLC-MS/MS for the accurate quantification of 17 heterocyclic aromatic amines in meat products [J]. Journal of Chromatography B, 1068-1069: 173-179.

第五章 水源涵养区乡村生活污染物控制技术

第一节 乡村生活污水控制技术

一、一体化污水处理技术

（一）技术概述

农村生活污水的来源主要有厨房、沐浴、洗涤和冲厕等，其数量、成分、污染物浓度与农村居民的生活习惯、生活水平和用水量有关。一般而言，农村生活污水具有如下特点：有机物含量较高，可生化性好，重金属等有毒有害物质含量低，水质水量波动大。针对农村地理位置偏远地区的饮用水安全问题，集中建造大型水厂解决途径不切实际。农村污水排放源的特点是排放量不大，且排放点分散，通过大规模管网收集污水集中至中大型污水处理厂有困难，且不经济。现有的污水一体化处理设备不够完善，具有出水效果不佳、质量重、体积大、滤料更换复杂等缺点，但是如任其自由排放，则会对环境造成较大影响。针对以上问题，推出了多功能农村生活一体化污水处理设备，采用单点进水，污水处理各反应区不设严格分区，污水在处理过程中各区微生物易于到达各功能区，能有效提高污水处理效果，其设备结构见图 5-1、图 5-2。

该工艺流程简单，可同时满足单户污水处理以及联户污水处理要求，处理效率一般能达到：BOD_5 和 SS 为 90% 以上，全氮为 80% 以上，全磷为 90% 以上。设备结构紧凑，材料整体投资较小，占地面小，可地埋也可地上放置，具备可移动性，适合农村分散生活污水处理；而且不需要专人管理，操作简便、效果好；对周围环境无影响、污泥产生量少、噪声小。

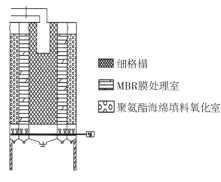

细格栅
MBR膜处理室
聚氨酯海绵填料氧化室

图 5-1　设备结构-1

图 5-2　设备结构-2

（二）主要技术要点

（1）该设备尺寸为：长 1.5m，宽 0.8m，高 1.2m，装置处理能力为 5～8t/d。好氧池内填充高效改性填料，通过曝气使其在好氧池中呈流化状态。

（2）将土著微生物菌群以及脱氮除磷等功能微生物有机配合，能高效去除有机物、脱氮除磷、降解阴离子表面活性剂等功能。

（3）利用重力作用，进行了溢流和排污泥，在污水处理过程中采用微动力，降低了运行费用，更贴合农村生活习惯。

（4）针对农村生活污水分散、水量和水质波动大的特点，本设备采用不锈钢材质，综合 MBR 工艺、生物接触氧化法工艺、生物硝化反硝化工艺等，形成模块化污水处理设备，对单户和联户污水均可处理的一款小型高效污水处理设备。该设备采用单点进水，各反应区一般不设严格分区，各区微生物易于到达各功能区，有效提高污水处理效果，对全氮、全磷、氨氮、化学需氧量以及 BOD_5 均具有高效去除效果。相比传统人处理工艺，出水不仅达到 GB5084－2005《农田灌溉水质标准》，而且氮、磷的去除效率提高了将近 30%，有机物的降解作用十分明显。

二、分散式无动力生活污水处理装置

（一）技术概述

无动力的分散式污水处理设施，有动力消耗小、建设费用低、运行管理方便等特点，在我国农村污水处理系统中占据着重要位置。然而，由于在处理过程中没有机械曝气等强化处理措施，其处理能力和效果较为有限。以2种无动力生活处理设施为代表，检测其处理效果，并分析了无动力处理设施出水的特点和适用范围，为农村该类装置的应用提供借鉴。

选取其中2种进行研究，系统A为单独的生活污水净化池，是以生化处理为主的系统地埋式，如图5-3所示，净化池尺寸为2.5m×1.2m×1.0m，总容积为3m³，有效容积约为2.6m³，供单户4～5人使用，净化池分为三格，第一格为沉降区，第二格加生物球型填料，第三格加简易滤料，主要为炭渣、碎石等。

系统B为净化池+人工湿地是生化与生态处理相结合的处理系统，如图5-4所示，其前段净化池尺寸为1.8m×1.2m×1.0m，后段人工湿地(不计配水区)尺寸为1.8m×1.2m×0.7m，总容积为3.6m³，有效容积约为3m³，供单户4～5人使用，前段净化池第二格加入生物球形填料，人工湿地种植菖蒲、伞草等植物。

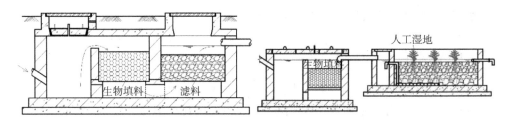

图5-3　系统A净化装置　　　　　　图5-4　系统B净化装置

(二)主要技术要点

(1)无动力生活污水净化装置对化学需氧量、SS去除明显，平均去除率可达到60%以上，出水化学需氧量多在100mg/L以下，SS在40mg/L以下。

(2)单独的厌氧/兼氧型生活污水净化池对于氨氮和磷的去除率都在10%以下，有时出水氨氮和磷会略高于进水。生活污水净化池+人工湿地的处理系统对于氨氮和磷的去除率较单独的生活污水净化池略有提高，5-6月的去除率高于1-2月去除率。在富营养化地区，使用该类装置应特别注意通过强化措施加强氮磷的去除，以保护当地环境。

（3）无动力生活污水处理设施的出水的营养物质浓度难以达到城市污水处理厂一级排放标准，但可以达到农灌标准。在水源缺乏地区，采用无动力生活污水净化装置，可用出水进行灌溉，既可以节约能源，又能实现资源的循环利用，实现低碳循环。

（三）处理效果分析

1. 污水处理系统对 pH 值的处理效果

从表5-1可知，无动力生活污水进水的 pH 值基本在 6.0～8.0，经过净化系统处理之后，没有明显变化，可见生活污水在 pH 值无须特别的控制措施。

表 5-1 净化装置 pH 值检测结果

项目		1月	2月	3月	4月	5月	6月
系统 A	进水	6.81	6.42	7.01	7.46	7.20	7.12
	出水	6.73	6.90	6.79	7.11	6.89	6.93
系统 B	进水	7.61	7.34	6.81	7.58	7.17	6.67
	出水	7.18	7.05	7.06	7.66	7.24	6.86

2. 污水处理系统对 COD$_{cr}$的去除效果

由表5-2可知，去除率均在 50%～80%，这表明即使在未曝气的情况下，实验中的无动力生活污水处理装置对有机污染物仍有较大程度的去除，其出水的有机污染物浓度已大为消减。无论是系统 A 还是系统 B，经过处理后，其出水的 COD$_{cr}$都在 100mg/L 以下，可以达到 GB18918 标准的二级标准，但都难以达到一级标准，仅有加入人工湿地的系统 B 在 5 月之后出水 COD$_{cr}$略好于 GB18918 一级 B 标准要求。对比单独的生活污水净化沼气池的系统 A 而言，加入人工湿地的系统 B 的有机物去除率略高，系统 A 这 6 个月的 COD$_{cr}$平均去除率约为 71.5%，而加入了人工湿地的系统 B 为 77.6%，比前者高了约 6%。但总体来说，无论在达到的标准等级还是去除率方面，两者没有显著差异。

表 5-2 净化装置 CODcr 检测结果

项目		1月	2月	3月	4月	5月	6月
系统 A	进水	320	415	236	159	248	183
	出水	79.6	98.5	67.3	76.4	62.5	61.3
	去除率(%)	75.1	76.3	71.4	51.9	74.8	66.5
系统 B	进水	289	326	433	367	191	275
	出水	83.4	79.2	70.5	63.9	58.7	59.6
	去除率(%)	71.1	75.7	83.7	82.5	69.3	78.3

由表 5-3 可知，无论是系统 A 还是系统 B，都具有简易的过滤设施，A 系统的第二级生物填料上的微生物可以吸附部分悬浮物，而其最后一级添加的碎石、炭渣等滤料具有过滤的效果，而在系统 B 中，污水在流经后续处理的人工湿地中，其碎石垫层和植物也可以起到一定的拦截悬浮物的作用。表 5-3 表明，从 1-6 月，出水 SS 浓度波动不大，从效果上看，2 种系统均能将悬浮物降到 40mg/L 以下，大多数情况下可以达到 GB18918-2002 中的一级 B 要求。同时表 5-3 也显示，加入人工湿地的系统 B，其每月 SS 去除率均高于系统 A，可见人工湿地在去除废水 SS 的方面具有强化作用。

表 5-3 净化装置 SS 检测结果

项目		1月	2月	3月	4月	5月	6月
系统 A	进水	148	262	129	92.6	212	127
	出水	26.2	36.5	19.8	27.7	32.1	29.1
	去除率(%)	82.3	86.1	84.7	70.1	84.9	77.0
系统 B	进水	159	207	312	249	187	224
	出水	21.4	25.5	37.9	27.9	28.0	20.2
	去除率(%)	86.5	87.7	87.8	88.0	85.0	90.1

3. 污水处理系统对氨氮的去除效果

在氨氮去除上，无论是单独的生活污水净化池，还是加入了人工湿地作为后续处理系统，其去除率均低于 50%。表 5-4 列出了 2 种装置氨氮去除的情况，系统 A 去除率均低于 15%，在个别情况下，其氨氮相对于进水还略有升高。由于没有加入曝气系统，系统 A 中的生活污水净化装置水中的溶解氧主要是靠水面复氧，自然复氧速度较慢，难以满足生物硝化反应中溶解氧的要求。系统 A 是单独的生活污水净化沼气池，主要靠微生物去除污染物，因此在溶解氧不足的情况下，难以完成氮的去除，不仅如此，在生活污水的有机物去除过程中，部分有机氮被降解成为氨氮，而这部分氨氮在系统 A 中同样难以去除，累积在水中，导致在有的时候，出水氨氮高于进水。而加入人工湿地作为后续处理的系统中，水中的氮可以被植物吸收利用，因此出水中的氨氮有所去除，6 个月的平均去除率约为 22.8%，高于单独的净化池，在温度较低的 1－2 月，其氨氮平均去除率为 13.2%，5－6 月期间，其平均去除率为 32.4%，相比低温时有所提高，但总体上说，系统 B 的氨氮的出水水质基本在 GB18918－2002 的二级标准的上下波动。

表 5-4　净化装置氨氮检测结果

	项目	1 月	2 月	3 月	4 月	5 月	6 月
系统 A	进水	27.5	42.7	33.7	21.6	40.8	25.5
	出水	29.7	38.6	30.1	24.5	34.9	23.6
	去除率(%)	—	9.6	10.6	—	14.8	7.5
系统 B	进水	25.4	34.2	50.2	36.5	19.7	31.4
	出水	21.3	30.4	40.9	26.3	13.6	20.8
	去除率(%)	16.0	11.1	18.5	27.9	30.9	33.8

4. 污水处理系统对磷的去除效果

磷的去除方面表现出跟氮类似的规律，表 5-5 的数据显示，系统 A 的最高去除率为 19.4%，由于在厌氧环境下，由于生物释磷等原因，出水的磷有时还略有升高。加入后续人工湿地之后，1－6 月磷的平均去除率可达到 22.5%，高于单独的生活污水净化池的最高去除率，且 5－6 月的平均去除率为 27.9%，高于 1－2 月的平均去除率 16.7%，但出水的磷仍然大于 1mg/L，难以达到城镇污水处理厂的一级排放标准。

表 5-5　净化装置全磷检测结果

项目		1 月	2 月	3 月	4 月	5 月	6 月
	进水	2.67	4.21	3.13	3.62	4.03	3.24
系统 A	出水	3.19	4.09	3.36	3.02	3.26	2.61
	去除率(%)	—	2.85	—	16.6	19.1	19.4
	进水	2.94	3.84	5.11	4.75	2.96	3.56
系统 B	出水	2.53	3.12	3.92	3.68	2.01	2.69
	去除率(%)	13.9	18.5	23.3	22.5	32.1	24.4

三、乡村生活污水微生物强化技术

(一) 技术概述

生物降解是目前污水中污染物消减的主要途径，但传统的污水处理系统普遍存在污泥易膨胀及对抗冲击负荷能力差等问题。微生物强化技术可改善系统运转，并提高处理效率。经过学者研究，微生物强化技术已经广泛地应用于不同污染水体的治理，如含盐有机废水、印染废水、河道水沟等。将微生物强化技术应用于农村生活污水治理，可提高出水水质，减少对地下水的依赖，使出水可以回用于各项农业生产，提高农民用水安全，特别是对于我国水资源匮乏的地区农村用水有重要意义。

微生物强化技术首先需要培养、筛选具有高效降解能力的菌种或通过基因工程的手段构建高效菌种；其次构建复合菌剂，确定去污效率最高的最佳浓度配比以及固存方式；最后，将已构建的复合菌剂投至待强化处理的农村生活污水或处理工艺中，以达到强化对污染物的降解效果或增强处理系统在恶劣环境条件下的污染负荷能力，以及系统运行的稳定性。微生物强化技术主要的特点有：操作简单、微生物适应环境能力强，能够灵活地应用于不同污染特性的环境中；处理效率高，与传统方法相比效率大大提高，而且反应时间缩短；具有特异性，生物强化技术针对性强，能够有效针对目标物质发生作用，向传统的生物处理系统中引入具有特定功能的微生物，提高有效微生物的浓度，增强对特定难降解污染物的降解能力，提高其降解速率，并改善原有生物处理体系对目标污染物的去除效能。

(二) 主要技术要点

1. 培育高效降解菌种技术

微生物强化技术应用于污水处理中，实现培育高效降解菌种的方式主要包括筛选常规功能菌和构建基因工程菌。筛选功能菌是在长期驯化或受污染环境中，通过选择性培养基分离具有特定降解性能的微生物，通过富集培养、多次分离纯化得到目的菌株。构建基因工程菌，也就是运用微生物遗传学的手段去改造微生物特性，使之获得高耐毒性、高降解活性、特异或广谱降解污染物等优良遗传性状，从而创造出新的高效生物处理工艺。利用高效降解基因工程菌生物强化处理难降解污染物，有利于提高污染物降解速率，并对提高处理系统的抗冲击负荷能力具有显著效果。从养殖废水、生活污水、污水处理厂沉淀池活性污泥等环境中培养筛选出具有脱氮除磷、好氧反硝化及其他特异性降解功能性微生物。目前培育高效功能菌株应用在农村生活污水中，主要是针对氮、磷等污染物具有很好的处理效果。

2. 微生物固定化技术

固定化微生物技术是通过物理或化学方法，将游离的微生物固定在一定的空间内，利用微生物的生长、代谢处理污染物质的一种生物强化的方法。根据微生物与载体之间的关系和相互作用分为五大类：包埋法、吸附法、交联法、共价结合法和复合固定化法。与传统的游离生物处理法相比，固定化微生物技术可以把能降解特定物质的优势菌属或菌群固定在载体上，有效提高微生物的密度，隔离菌体与污染环境的直接接触，缓解环境变化对水处理效果的影响，增大污水处理系统的稳定性和耐受性。因此，固定化微生物技术是一种产污少、高效低耗、易于运营管理、具有巨大的应用价值和市场化前景的技术，适合在农村地区推广使用。

聚氨酯微生物强化通道采用聚氨酯固定化微生物制作成小球状如图 5-5 所示，固定化微生物技术可以把能降解特定物质的优势菌属或菌群固定在载体上，有效提高微生物的密度，隔离菌体与污染环境的直接接触，缓解环境变化对水处理效果的影响，出水不仅达到 GB5084−2005《农田灌溉水质标准》，而且氮、磷的去除效率得到了提高，有机物的降解作用十分明显，大大缩短了反应时间，而且增大污水处理系统的稳定性和耐受性。

图 5-5　固定化微生物

载体颗粒由于空隙多，比表面积大，为固定在其内部的微生物提供了较大的生长和繁殖空间。由于采用的载体颗粒比重较大，易下沉到水底，不易被水流冲走，在与河道黑臭底泥充分接触的过程中，包埋的微生物通过生长和繁殖降解底泥内的有机物质，达到消减底泥和消除恶臭的效果。载体颗粒中的微生物平时处于休眠状态，当条件合适时，便可在载体中源源不断繁殖，在治理污水时，只需一次投加，运行费用低廉。利用聚氨酯微生物强化技术，可缩短系统反应时间，快速大幅度提高反应速度与效率。系统连续运行过程中，无须专业人员的管理。

3. 构建微生物菌剂技术

微生物制剂是指将从自然界中筛选出或人工培育、具有特定降解功能的微生物制成菌液或固体的制剂，以改善环境状况和强化处理系统为目标，菌剂中通常含有处理污染所需要的完整的微生物群落，由自养、异养、兼性菌构成。向污染水体投加微生物菌剂，能显著缩短微生物降解污染物反应时间，从而提高氮、磷及有机污染物的降解效率。姚力等通过实验在保留序批式活性污泥(SBR)法的优点的基础上，利用适当载体将好氧反硝化菌固定在一起，即组成序批式固定微生物反应器，从而形成同步硝化－反硝化反应，运行结果表明，无论是降低出水氨氮和总无机氮(TIN)浓度、还是缩短运行周期上，固定化微生物SBR都更有优势(姚力，2014)。雍家君等研究表明，向污染湖水中投加反硝化细菌制剂后，水体中化学需氧量和全氮的浓度至少减少了60%，湖水透明度和水质都得到了明显改善(雍佳君等，2015)。赵昕悦通过向低温条件下受养殖废水污染的池塘中投加微生物菌剂，使水体中硝化和反硝化细菌大量繁殖，加快了水体中氮循环速率，从而达到水体脱氮的目的(赵昕悦，2014)。林琳(2015)发现连续投加及间歇投加条件下菌剂组及对照组对化学需氧量的去除率均高于90%，氨氮的去除率均高于95%，而且通过微生物物种变化分析，考察微生物菌剂的污泥减量机理发现，投加菌剂后，系统中物种组成更复杂，物种丰度更高。主要的微生物种群为 Proteobacteria、Bacte-roidetes，分别占50%、30%左右。熊晖(2011)研究发现投加光合细菌菌剂能明显增加水体微生物种群多样性。从而增强水体自身的抗逆性和自我修复能力。

(三)微生物强化技术案例分析——湖北十堰谭家湾生活污水处理

湖北谭家湾农村生活污水主要是洗涤、淋浴和部分卫生洁具排水，日变化系数大，含一定的氮、磷，可生化性强。

生物强化人工湿地工艺，流程如图5-6所示。

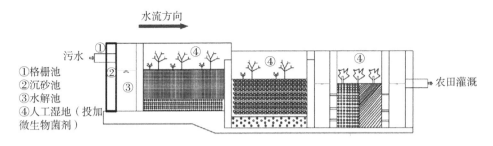

图5-6　生物强化人工湿地工艺

工艺流程说明：该工艺主要为居住较为集中的联户污水处理，采用预处理系统+人工湿地(微生物菌剂与湿地植物共生强化)方法。村内的生活污水经收集管网收集后,首先进入格栅池、沉淀池,主要作用是去除污水中大颗粒悬浮物并去除部分有机污染物。水解池内添加产酸菌用于强化有机物的降解,在细菌胞外酶的作用下,悬浮状态或胶体状态的有机物质转化为溶解性有机物,大分子有机物分解为小分子有机物。经水解处理后,污水进入人工湿地,在湿地床内添加脱氮除磷微生物菌剂,主要为强化氮磷消减,出水排入农田灌溉渠,用于农田灌溉。

该项目自建成投入试运营阶段,出水清澈明亮。COD_{cr}、BOD_5、氨氮、全磷的去除率均超过80%,相比传统人工湿地工艺,出水不仅达到 GB 5084 – 2005《农田灌溉水质标准》,而且氮、磷的去除效率提高了将近30%,有机物的降解作用十分明显。利用工艺处理后的污水回灌作物农田,可节水超过40%,并减少10%左右的田间化肥施用量,可实现了"减肥节水"的效果。系统连续运行过程中,无须专业人员的管理。由此可见微生物强化技术可为农村环境治理提供一定的环境效益和经济效益。

中国幅员辽阔,地域环境、经济差异较大,需要结合当地情况因地制宜构建农村污水处理体系。微生物强化技术一方面具有投资少、耗能低、效率高、易于操作、无二次污染的特点,能够使系统有机负荷和水力负荷得到有效补偿;另一方面,该技术可缩短污水处理系统发挥去污作用的响应时间,对污染物的转化、降解能力进行增强,使污水的自净能力逐渐得到恢复;再者,该技术有利于保护污水中优势微生物种群结构。微生物强化污水处理技术具备高效性和特效性,可与常规污水处理系统任何阶段进行匹配和无缝衔接,根据实际需求进行选择强化,从而提高排放水质。微生物强化技术的优势特点虽然十分突出,但在实验研究以及实际应用过程中也存在着一些技术难点和问题,比如高效菌剂投加的时效性、生境中种群的多样性、保持微生物联合体的高效性和稳定性、固定化载体的成本问题以及老化失去支撑固定作用、基因工程菌逃逸环境造成的生态风险等。随着现代分子生物学以及材料科学的迅猛发展及广泛应用,研发高效低廉的高分子载体材料、适应性强可操作性强的生物反应器以及各种安全高效基因工程菌剂将成为微生物强化技术研究的主流方向。

四、快滤技术

(一) 技术概述

人工快速渗滤系统(简称 CRI 系统),是由人工土地渗滤系统演变来的。通过渗透性比较好的介质(如天然砂石、砖块等)对污水进行过滤、截留,渗透性越好,水力负荷能力就越高。CRI 系统的介质相较于天然土层,对氮、磷的去除率不高,因此通常在介质中添加吸附 P 的材料或者 $CaCO_3$,来补充硝化作用消耗的碱。生活污水经管网进入调节池均衡水质水量,通过安装在调节池的提升泵及快速渗池上的旋转布水器将污水按设定的周期及水量均匀布入快渗池,通过快渗池的特殊填料及里面附着的大量微生物形成的截留、吸附、生物作用将污水中的污染物进行降解,出水达标排放,沉淀池底沉积的污泥通过泵提升至一体化设备内的污泥干化池,污泥自然干化后进行清理外运,系统简图如图 5-7 所示,外观设置如图 5-8 所示。近百年来,欧美国家对 CRI 系统进行了不断的尝试与改进,1887 年 Calumet 快滤系统在美国建成,1939 年 George Lake 快滤系统建成并投入使用至今(石国玉,2011)。2001 年在深圳,由中国地质大学、北京大学深圳研究生院和深港产学研环境技术中心建成了我国第一个人工快速渗滤系统示范工程——深圳茅河人工快速渗滤处理工程(吴济华等,2012)。近年来,许多国家对 CRI 系统都进行了系统详细的研究,并相继建成了一些实用性很强的实体工程,并运行良好。国内的相关研究还处于初级阶段,在技术方面还有很大的提升空间,尤其是在氮磷的去除方面。我国的乡镇和农村生活污水数量庞大,由于经济

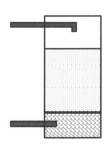

图 5-7 系统简图

图 5-8 快滤装置

发展水平不同，各地的污水存在着不同的处理需求，CRI 系统可根据不同的需求选择不同的渗滤介质，设计不同的技术参数，达到合格的出水标准。并造价低廉，且运行、维护成本低，可广泛应用于我国城镇农村。

CRI 系统对于生活污水中的氨氮去除率比较高，但是全氮和全磷的去除和转化方面，效果有待提高。系统中的微生物可以将污水中的有机氮转化为氨氮，再通过微生物转化为硝态氮。硝态氮主要通过反硝化作用去除，但是由于 CRI 系统的反硝化能力相对比较薄弱，且在土壤环境中硝态氮和土壤颗粒都带负电荷，起不到吸附作用，因此硝态氮随出水流出，导致出水水质全氮不达标(刘光英等，2013)。滤池上层碳氮源充足，硝化反应强烈，有机物去除率高，但是滤池下部虽然处于厌氧环境下的时间较长，但是缺乏充足的碳氮源，使得反硝化作用受到抑制(王璟，2018)。因此在快渗池下部，增加反硝化细菌和合理配比的碳氮源，增设保水层，可提高反硝化作用，增强全氮的去除效果。

磷是造成水体富营养化的主要因素，磷的去除主要靠渗滤介质的截留、吸附作及生物作用，可在填料层添加金属元素来提高磷的去除率。另外增加饱水层可延长污水在装置中的停留时间，提高离子交换的容量，提高磷的吸附与沉淀反应时间，从而提高磷的去除率(郭振远等，2010)。污水中的有机磷和一些不易溶解无机磷都不能通过微生物的代谢作用直接吸收利用，而是要通过解磷菌和聚磷菌这 2 种微生物共同作用，将有机磷化合物转化成磷酸盐，将不易溶解的无机磷溶解后，才能被快滤池中的微生物利用，或被介质吸附，达到去除污水中磷的效果(韩亚鑫，2016)。

(二) 主要技术要点

(1)滤料的组成、滤层的厚度是影响 CRI 系统去污效果的重要因素。选择渗透性好且含具有一定阳离子交换容量的黏土矿物，如天然砂石等，填料层的厚度一般为 1～2m，水流方向垂直自上而下。

(2)可根据不同的进出水参数，选择合理的前处理工艺，根据污水中污染物特征，灵活调整渗滤介质，并根据填料标准进行基础滤料和特殊滤料的填充。

(3)增加系统的反硝化作用，可提高氨氮的去除率。要提高反硝化作用，就必须营造一个适合反硝化细菌生长的环境。增设饱水层，为其提供适宜的厌氧发酵环境，调节 pH 值使其适合氨氮的降解并添加充足的碳氮源，由此提高反硝化作用，从而提高 CRI 系统对污水全氮的去除效果。

（4）在 CRI 系统中添加钙、铁、镁盐，可与污水中的磷酸盐发生氧化还原反应，从而提高系统对磷的去除率。

（5）加强污水的预处理，调节干湿比以及定期对快渗池进行翻晒，以避免堵塞，保证出水质量，出水指标见表 5-6。

该设备主要由沉淀池、快渗池、污泥干化池三部分组成，同时外部加装远程电子监控系统，具有抗水量冲击负荷能力强、运行维护管理简便、检修安全性高、太阳能供电、运行费用低等优点。

表 5-6　出水水质指标标准　　　　　　　　　　　单位：mg/L

水质指标	CODcr	BOD$_5$	NH-N	TP	SS	pH 值
一级 A 标准	50	10	5	0.5	10	6～9

五、乡村生活污水农田安全消纳技术

（一）技术概述

农田氮磷和农药流失的途径主要包括径流和淋失。氮素流失形态主要是铵态氮和硝态氮。由于土壤颗粒和土壤胶体对铵态氮的强吸附作用，铵态氮的主要迁移机理是扩散。硝态氮主要以质流方式迁移，故硝态氮易遭受雨水或灌溉水淋洗而进入地下水或通过径流、侵蚀等汇入地表水中，造成水体污染。基于农村生活生产一体化，以转变农村生活生产方式，促进农村生产与生活废弃物无害化处理与资源化利用为目标，利用生态沟渠、植物缓冲带、湿地浮床以及农村池塘小水系配置景观作用等，形成农村生活生产田间氮磷拦截技术，将处理后的污水利用工艺处理后的污水回灌作物农田，可实现了"减肥节水"的效果，具有一定的经济与环境效益。

多功能一体化装置在试运行阶段，出水清澈明亮，出水 COD$_{cr}$、BOD$_5$、氨氮、全磷的去除率均超过 80%，相比传统人处理工艺，出水不仅达到 GB 5084－2005《农田灌溉水质标准》，而且氮、磷的去除效率提高了将近 30%，有机物的降解作用十分明显。一体化污水处理设备根据实际可埋于地下也可放置地上，不但节省土地资源，也不受外界环境影响。利用聚氨酯微生物强化技术，可缩短系统反应时间，快速大幅度提高反应速度与效率。系统连续运行过程中，无须专业人员的管理。

通过在谭家湾进行生活污水氮磷强化生态耦合处理模式推广示范，针对性地将生活污水再利用，能有效地遏制农村生活污水随意排放的现状，利用工艺处理后的污水回灌作物农田，可节水超过40%，并减少10%左右的田间化肥施用量，可实现了"减肥节水"的效果，降低了农民投入成本，还能一定程度上提高农作物的产量。实施生活污水的资源化利用，既能提高农村人口的环保意识又能有效提升农民的生产积极性。

"谭家湾农村生活污水氮磷强化生态耦合处理模式"是根据农村的实际情况，结合地区的地质、地形、经济以及人口等多种因素，因地制宜选择适合的生活污水处理技术，以有效促进农村生活质量的不断提升。谭家湾不仅环境优美，适合各类农作物生长，具有生态特色农业的优势，开展绿色生态农业技术创新集成与示范，是区域水质保护、农业可持续发展和扶贫攻坚重大科技需求，既响应了《乡村振兴战略规划2018－2022年》对农村水环境的要求，又保障丹江口水库入库河流水质，确保南水北调中线长期安全运行和持续发展发挥中和效益，实现"一江清水永续北送"，可形成一套完整的模式，进行示范推广。

(二)技术要点

(1)进水中的氮磷通过土壤渗滤作用得到消减。

(2)测量进水中氮磷的浓度进行配水配肥，实验污水定量灌溉，通过农作物(如玉米、白菜)根系吸收用于自身的光合作用，使得农作物产量有所增加，且品质没有影响。

(三)乡村生活污水农田安全消纳案例

农村生活污水氮磷强化去除生物生态耦合处理工艺实例分析——湖北十堰市谭家湾农村生活污水生态耦合处理模式研究

1. 模式一：农村生活污水"厌氧反应池(化粪池)"处理

该模式主要为一级处理，农户中的生活污水流入厌氧反应池(实际为化粪池)

中经过厌氧微生物降解，出水流入农田进行消解，如图5-9所示。

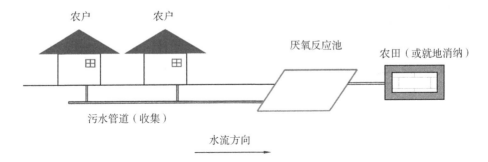

图5-9 农村生活污水"厌氧反应池(化粪池)"处理

2. 模式二：农村生活污水"厌氧反应池(化粪池)—快滤池"处理

该模式主要为二级处理，农户的生活污水流入农户中的生活污水流入厌氧反应池(实际为化粪池)中经过厌氧微生物降解，出水流入快速渗滤池，经过快速渗滤池过滤后，最后流入农田进行消解，如图5-10所示。

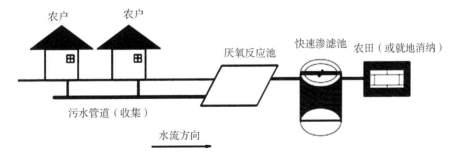

图5-10 农村生活污水"厌氧反应池(化粪池)—快滤池"处理

3. 模式三：农村生活污水"厌氧反应池(化粪池)—体化处理装置"处理

该模式主要为二级处理，农户的生活污水流入农户中的生活污水流入厌氧反应池(实际为化粪池)中经过厌氧微生物降解，出水流入一体化污水处理装置，根据入水水质水量特点，开放不同的通道，经过装置中好氧沉淀池、MBR(膜生物反应器)通道以及聚氨酯微生物强化通道处理后，最后流入农田进行消解，如图5-11所示。

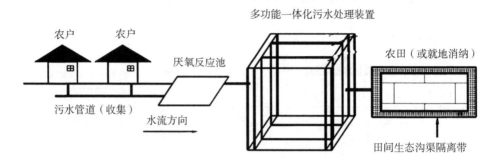

图 5-11　农村生活污水"厌氧反应池(化粪池)一体化处理装置"处理

(四) 农田消纳实验

1. 实验区组设计

农田消纳实验区组设计方案，如图 5-12 和图 5-13 所示。

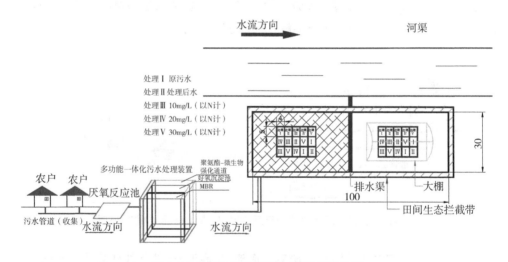

图 5-12　不同污水浓度农田消纳实验比较

2. 实验中玉米植株生长情况统计

由图 5-14 和图 5-15 可知，一定处理Ⅱ和处理Ⅲ的生活污水对玉米株高升高的影响优于施肥和灌溉沼液。

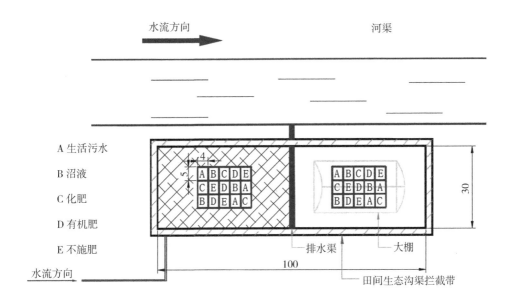

图 5-13　不同施肥与灌溉方式农田消纳实验比较

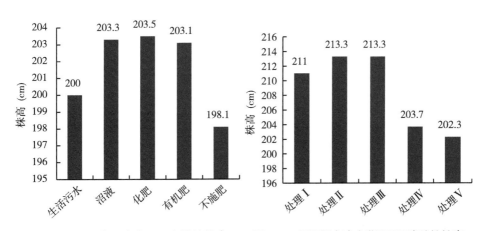

图 5-14　不同施肥方式下玉米植株株高　　图 5-15　不同污水浓度灌溉下玉米植株株高

　　由图 5-16 和图 5-17 可知，污水灌溉下的玉米的亩产量高于沼液和施肥，且处理Ⅲ的污水灌溉下的玉米产量较其他处理的高。

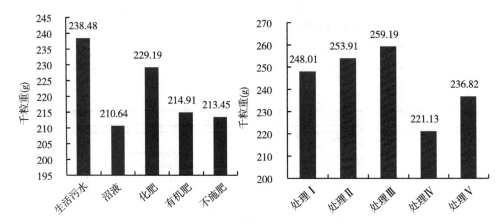

图 5-16　不同施肥方式下玉米植株千粒重　图 5-17　不同污水浓度灌溉下玉米植株千粒重

由图 5-18 和图 5-19 可知，原污水下玉米的穗数与灌溉沼液和不同施肥方式的穗数差别不大，但在处理Ⅲ污水灌溉下，节穗最多。

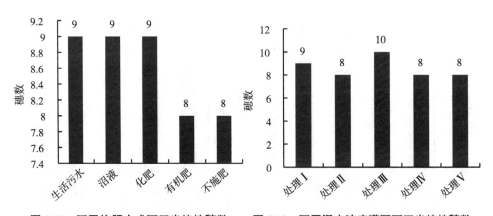

图 5-18　不同施肥方式下玉米植株穗数　图 5-19　不同污水浓度灌溉下玉米植株穗数

由图 5-20 和图 5-21 可知，原污水浇灌下，玉米千粒重均高于沼液和施肥，且在五组污水浓度中处理Ⅲ的浓度为最适浓度。

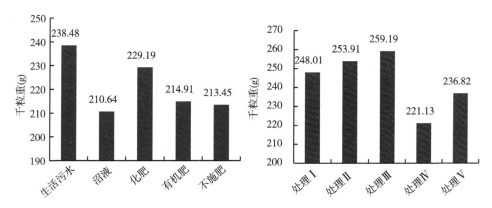

图 5-20　不同施肥方式下玉米植株千粒重　　图 5-21　不同污水浓度灌溉下玉米植株千粒重

原污水浇灌下，玉米的各项指标与沼液和不同施肥方式条件下相差不大，特别是在千粒重和亩产量上明显优于后者。说明污水灌溉达到了"增产减施"的目的。不同浓度污水的实验中，当污水浓度为处理Ⅱ和处理Ⅲ时，玉米的产量有明显的增长，这对接下来指导开展最优污水农田作物灌溉生产从而实现农村生活污水资源化利用有着重要意义。

六、乡村生活污水人工湿地技术

(一) 技术概述

人工湿地处理系统主要由 5 部分组成，分别为填料层、微生物、水生植物、脊柱和无脊柱动物、水体，并通过过滤、吸附、沉淀、离子交换、植物吸收和微生物分解来实现对污水的净化，具有高效、低耗、投资省、适用范围广等诸多优点。研究表明，当进水负荷在 19L/d 时，TSS，BOD_5 和全氮的平均去除率分别为 83%，42%和55%。当水力负荷约为 $0.44m^3/(m^2 \cdot d)$，水力停留时间为 3d 时，人工湿地对化学需氧量，BOD_5，铵态氮，全氮和全磷的平均去除率分别达到 90.6%，87.9%，66.7%，63.4%和92.6%，出水 COD 14.1～30.8mg/L，BOD_5 8.2～13.1mg/L，铵态氮 9.9～19.6mg/L，全氮 17.3～28.7mg/L，全磷小于 1.2mg/L(魏珞宇等，2016)。

　　人工湿地污水处理系统具有投资低、能耗小、抗冲击力强、操作简单、出水水质稳定等特点，还兼具生态景观效益，将污水处理和生态环境有机结合，是一种经济有效的生态处理技术。以建筑废砖及农村生活垃圾中的灰土和砖瓦陶瓷作为一种新型填料构建垂直流人工湿地，同时以碎石床人工湿地系统作为对比，研究以建筑垃圾为填料的人工湿地系统对农村生活污水的处理效果，一般来说，人工湿地对进水污染负荷的承受能力有一定的范围，污染负荷过大或过小均会影响其去除效率(张萍等，2013)。人工湿地基质的物理和化学固定作用是水中污染物去除的重要因素。基质通过沉淀、过滤、吸附和离子交换等作用将污水水中有机物、氨氮和磷等污染物快速固定在基质的孔隙和吸附点位上(籍国东等，2004)。基质吸附和固定的部分污染物在湿地微生物的作用下进一步发生转化，形成生物膜及其他微生物活动产物，完成从湿地中的完全降解，这些过程中存在硝化作用、反硝化作用、氨化作用以及生物除磷过程等(古腾等，2018)。pH值、DO、ORP、电导率是反映人工湿地中氧化还原状态的重要指标，是微生物活动以及有机物质降解和营养盐转化的重要影响因素。随着污染负荷的增加，人工湿地DO逐渐降低，可能是因为污染负荷影响改变好氧微生物降解速率，污染负荷增加，好氧微生物降解有机物和氨氮的好氧速率也加快。当污染物质量浓度进一步增加，不仅有好氧生物降解速率增加，氧气被消耗，并且可能存在当好氧生物氧气消耗较多时，厌氧生物也会降解污染物。微生物降解有机物、氨氮的耗氧速率增加，还原性物质积累也较多，水体ORP降低明显(付融冰等，2008)。人工湿地中C、N的净化过程实质上是电子得失、价态变换的过程，通常需要在不同的环境条件下经过一系列的氧化还原反应才能完成，因而在很大程度上受氧化还原电位的影响(Richardson et al.，2001)。由此可见，污染负荷变化，环境指标也会变化，进而对污染物的去除产生一定的影响。另外，人工湿地系统对污染物的去除除了污染物被基质固定吸附，以及微生物的同化和异化作用外，植物富集也起到一定作用。

　　陈畑圳等在这方面做了一系列研究工作，设置2种填料的人工湿地系统。废砖人工湿地系统：上层0~20cm由粒径<0.5cm的黏土红砖和秸秆填充(体积比为10∶1)；中层20~80cm铺设粒径为0.5~1cm的黏土红砖；下层80~100cm分

别铺设高 10cm 粒径为 1～3cm 及高 10cm 粒径为 3～5cm 的红砖。石灰石人工湿地系统为对照，填料为常规石灰石，石灰石填充厚度与粒径分布同废砖湿地。湿地所种植水生植物为空心菜，种植密度为 15～20 株/m²。实验装置图如图 5-22 所示，实验进水为模拟农村生活污水。人工湿地的湿干比为 3：4。在进水期每天进水量为 400L，水力负荷是 0.4m/d。每个污染负荷实验周期为 1 个月。实验用水为人工配水，化学需氧量（COD_{Cr}）、氨态氮、全磷分别由葡萄糖、NH_4Cl、KH_2PO_4提供，此外，为保障植物和微生物的正常生长，在进水中同时加入一些植物和微生物生长所必要的微量元素。

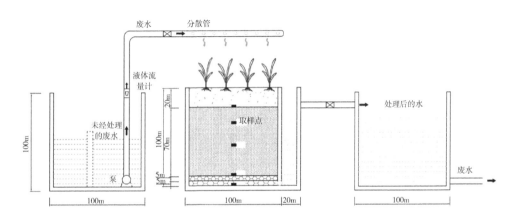

图 5-22　实验装置

研究表明废砖人工湿地与石灰石人工湿地进出水 COD_{Cr} 整体趋势一致，随着进水污染负荷的增加，人工湿地的去除容量也增强，有机物的去除能力有所提升，出水 COD_{Cr} 质量浓度也在增加，出水质量浓度明显低于进水质量浓度。但当有机负荷达到最高时，系统 COD_{cr} 去除率会下降，有机负荷过高会降低湿地对污水的净化效果。COD_{Cr} 的去除率与污染负荷的变化有一定的波动性，但整体显示较低的污染负荷下，去除率较高，高污染负荷去除效果不好，说明高污染负荷进水在一定程度上会抑制了人工湿地系统对 COD_{Cr} 的净化。

基质的吸附作用是磷的去除的主要途径之一，对于同种基质人工湿地，TP

的去除率对进水负荷的响应具有一定的差异。进水全磷污染负荷上升，出水全磷质量浓度也随之上升。废砖人工湿地在污染负荷 $[\rho(TN)=20mg/L$，$\rho(全磷)=3mg/L$，$\rho(COD_{Cr})=200mg/L]$ 下，出水全磷平均质量浓度为 0.76mg/L 满足 GB 18918－2002《城镇污水处理厂污染物排放标准》一级 B 的标准；在污染负荷 $[\rho(全氮)=40mg/L$，$\rho(全磷)=7mg/L$，$\rho(COD_{Cr})=300mg/L]$ 情况下，出水 TP 平均质量浓度为 2.56mg/L 达到 GB 18918－2002《城镇污水处理厂污染物排放标准》二级 A 的标准。对废砖和石灰石进行等温吸附实验，可知废砖比石灰石具有更大的吸附性能，对于全磷的去除能力更高。同时，废砖人工湿地在各污染负荷下出水全氮和铵态氮质量浓度均低于石灰石人工湿地。一般来说，人工湿地对进水污染负荷的承受能力有一定的范围，污染负荷过大或过小均会影响其去除效率。废砖人工湿地在不同污染负荷下对污染物的去除率高于石灰石人工湿地。随污染负荷的增加，全氮、全磷和铵态氮的去除率都呈现出明显的下降趋势。

研究结果表明，不同污染负荷下废砖垂直流人工湿地系统对污染物的去除率均要优于石灰石人工湿地。废砖的比表面积和孔隙率均比石灰石大。废砖的比表面积和孔隙率分别为 $3.033m^2/g$，$0.234cm^3/g$，而石灰石的比表面积和孔隙率分别为 $1.38m^2/g$，$10.151cm^3/g$。废砖的表面布满了凹凸不平的孔洞和颗粒状物质，表面十分粗糙；而石灰石呈多层片状结构，表面十分光滑平整。废砖与石灰石相比，粗糙的表面结构能够为微生物提供更多的吸附生长点，从而提高生物承载量。同时粗糙的表面结构还能够增大填料与悬浮颗粒的接触机会，有利于污染物颗粒的截留。废砖和石灰石内所含元素及氧化物的种类相近，但含量差别很大。可溶性的无机磷可以和填料中的 Ca^{2+}、Al^{3+}、Fe^{3+} 等金属离子发生化学沉淀反应。在碱性条件下，磷可以与填料中的 Ca^{2+} 反应生成羟基磷灰石；在酸性条件下，磷可以与填料中的 Al^{3+}、Fe^{3+} 反应分别生成磷酸铝和磷酸铁沉淀。废砖与石灰石相比，其 Ca 元素含量较低，而 Al 元素和 Fe 元素含量较高。因此可推断在碱性条件下，富含 Ca 元素的石灰石对 P 素的化学吸附沉淀相比废砖更具优势；而在酸性条件下，Al 元素和 Fe 元素含量更高的废砖对 P 素的化学吸附沉淀相比石灰石要更有优势。因此，在不同污染负荷条件下，废砖垂直流人工湿地系统对污水的抗冲击性要强于石灰石人工湿地系统。废砖垂直流人工湿地的吸附饱和能力以及运行时间寿命问题也是今后需要进一步研究的内容。

(二) 主要技术要点

(1) 人工湿地污水处理工程应充分利用当地的自然环境，按预处理设施和人工湿地的功能和流程要求，考虑人工湿地工程所在地区的景观和出水再利用，并结合地形、地质条件和卫生防护距离等因素合理安排，紧凑布局。

(2) 人工湿地中的填料材质和植物的选择，是污水处理效果的关键影响因素。表面积大且空隙比较多的填料可以提高湿地的水力和机械性能，还可以为微生物提供大量的寄宿表面积，从而提高出水质量。

(3) 污染负荷是人工湿地设计的一个重要参数，湿地的污染负荷对湿地的净化效率和运行有着重要的影响。随着进水有机负荷的增加，人工湿地的去除容量也增强，有机物的去除能力有所提升，但当有机负荷达到最高时，系统 COD_{Cr} 去除率会下降，有机负荷过高会降低湿地对污水的净化效果。

(三) 人工湿地污水处理案例分析——陕西安康石泉县池河镇农村生活污水湿地处理技术模式研究

针对区域丘陵山区特征，结合示范点地势地形、生活污水排放运移特征，以及区域农业种植方式与降水特点等，构建生活污水湿地处理模式，如图 5-23 所示。

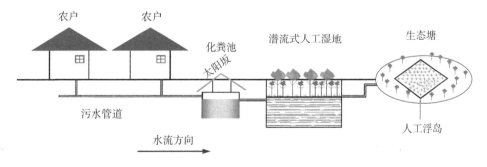

图 5-23　池河镇人工湿地

七、厌氧消化技术

(一)技术概述

随着全国农村人居环境整治的推进,农村生活污水治理越来越受到重视,亟需根据农村地区的特点和当地水环境容量,优选适宜的处理技术。厌氧消化技术因为运行管理简单、处理费用低而被国内外视为适合农村地区的低成本、低维护处理技术,已在农村生活污水处理中得到了广泛应用。厌氧分散处理技术从最早的化粪池发展到户用沼气池、生活污水净化池系统,再到近年来的多种厌氧组合处理技术,是对粪便污水进行无害化的经济处理方式(陈子爱等,2020)。通过厌氧消化处理,农村生活污水能达到三级排放要求。目前,全国各地已出台地方农村生活污水排放标准,大部分地方农村生活污水排放标准分为三级,其中三级标准对氮磷没有要求,主要是对出水卫生指标、悬浮物及 COD 有要求,农村生活污水通过厌氧消化处理,降解大部分污染物,并达到无害化。部分农村生活污水排放要求达地方标准一级或二级,则需组合其他处理工艺。地方农村生活污水排放标准中一、二级排放要求,除了三级指标外,增加对氮磷达标要求,其中二级排放标准主要对氨氮有要求,一级排放标准对氨氮、全氮和全磷都有要求,而厌氧消化技术对氮磷去除效果差,若需进一步除去氮磷,则需增加好氧工艺。以厌氧消化为预处理的组合处理工艺对农村生活污水的处理效果优于单一处理工艺,但建设和运行成本相对较高。总之,随着全国农村人居环境整治的推进,农村生活污水治理越来越受到重视,应结合当地的特点和出水要求,因地制宜地选用处理技术与模式。

(二)技术要点

1. 化粪池

化粪池是一种利用沉淀和厌氧发酵的原理,去除生活污水中悬浮性有机物的初级处理设施。在 1860 年,法国的 Mmouras 和 Moigno 建造了最早的单格式化粪池,并称之为"MOURAS 池"。1895 年,英国研究人员对其进行了工艺改进,并申请了专利,称之为化粪池,随后,化粪池在世界范围内得到广泛的传播与应用。化粪池原理是下层的固形物在池底得到分解,轻的浮渣悬浮在上层,确保中间层清液进入管道而流走，防止了管道堵塞，给固形物体(粪便等垃圾)有充足的时间水解。生活污水中含有大量粪便、纸屑、病原虫，在污水进入化粪池经过12～24h的沉淀，可去除50%～60%的悬浮物。沉淀下来的污泥经过3个月以上的厌氧消化，使污泥中的有机物分解，易腐败的生污泥转化为稳定的熟污泥，改变了污泥的结构，降低了污泥的含水量。定期将污泥清掏外运，填埋或用作肥料。

近年来，随着全国各地农村人居环境整治工作的推进，化粪池因具有结构简单、成本低、维护管理简便等优点而受到不少地方的青睐。根据建造材质，化粪池分为砖砌化粪池、钢筋混凝土化粪池、玻璃钢化粪池、沉管化粪池、预制装配式化粪池等。因化粪池并不能使污染物彻底矿化，其出水仍含有较高浓度的污染物，例如化学需氧量去除率大约为50%。化粪池适用于农村生活污水前端预处理。但近年来，不少研究者对化粪池进行改进，取得了不错的应用效果，如改为厌氧生物池，或对传统的三格化粪池进行结构优化改造，在第一格室的中下部进水，沿第一格室高度方向设置多层孔板，在第二格室设置折流板，第三格室内置陶粒填料，第四格室收集出水回用于农田灌溉或连接后续装置做进一步处理。实验结果表明，孔板的有效设置，使得第一格室对化学需氧量和BOD$_5$的去除率均达到了50%以上；稳定运行后整个反应器对化学需氧量和BOD$_5$的去除率分别可达到72%～84%、80%～92%，出水的生化指标符合农田灌溉水质的要求。

2. 农村户用沼气池

农村户用沼气池是一种在厌氧条件下处理农户人畜粪便并产生沼气和沼肥的实施。产生的沼气用于生活用能，沼肥用作农肥还田。农村户用沼气池特别适合处理农村生活污水中的黑水。沼气作为一种可再生的生物质能源，自1949年以后，就得到了党和国家的高度重视。截至2016年年底，全国户用沼气已达4 160多万，但随着城镇化建设，部分农村人口搬迁，或养殖习惯改变造成原料缺乏、管理不到位等原因，造成部分沼气池闲置或报废。将部分闲置的户用沼气池改为厕所粪污处理池、化粪池和水窖等，是以后的发展方向。尤其2018年以来，全国各地对农村生活污水治理推进力度加大，全国各地推行"沼"改"池"和"沼"改"厕"，即将闲置的户用沼气池改为农村生活污水处理池，或将户用沼气池改为三联通式沼气池式厕所，对粪便进行无害化处理，达到卫生厕所要求。户用沼气池对粪污无害化处理效果比较好，沼气池出水寄生虫卵沉降率可达99.76%～99.78%，蛔虫卵死亡率达，98.00%～98.92%，粪大肠菌值达到10^{-4}～10^{-3}，以上结果基本上达到了 GB 7959－2012《粪便无害化卫生标准》规定的要求。

3. 生活污水净化沼气池

生活污水净化沼气池，是中国科技工作者和推广人员在标准化粪池、农村户用沼气池的基础上，结合国际上污水厌氧处理新成果，通过不断的实践改进而发展起来的一项生活污水分散处理技术。生活污水净化沼气池主要利用厌氧微生物的作用将生活污水中污染物进行分解，并通过沉淀、过滤和兼性微生物处理，达到净化效果。生活污水净化沼气池是适合我国国情的分散处理乡镇、农村居民生活污水的有效技术，在全国(特别是南方各省市)中小城镇得到积极推广应用。尤其自 20 世纪 80 年代以来，我国各级农村能源部门对生活污水净化沼气池技术进行广泛推广。截至 2017 年，我国已有生活污水净化沼气池 184 473 处，取得了巨大的社会效益和环境效益。

根据粪便污水和其他生活污水是否一同进入生活污水净化沼气池，可分为分流制和合流制工艺 2 种。其工艺流程图见图 5-24 和图 5-25。

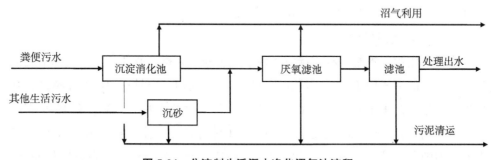

图 5-24　分流制生活污水净化沼气池流程

陈玉谷等采用一级厌氧消化接二级兼性好氧处理的流程进行了生活污水处理研究，装置容积 15L，水力停留时间分别为 2d、2.5d、3d. 一级厌氧消化池分三格，后两格装有填料，二级兼性好氧池也分三格，并安装滤料。结果表明，COD

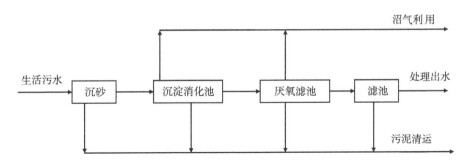

图 5-25 合流制生活污水净化沼气池流程

进水 752.6～1 057.6mg/L，出水 70.4～190.2mg/L，去除率 73.8%～84.8%；BOD_5进水 350.0～640.0mg/L，出水 60.0～100mg/L，去除率 77.1%～84.4%；SS 进水 148.3mg/L，出水 4.7mg/L，去除率 96.8%，一级厌氧处理平均去除率大多在 70% 以上，二级兼性好氧的平均去除大多在 10% 以下（陈玉谷等，1988）。说明有机物主要在厌氧消化单元去除。另外，无害化卫生效果明显，出水中绝大多数未检出活虫卵，未分离出肠道致病菌。对四川阆中市净化沼气池调查显示了相似的结果，进水化学需氧量 852～1 034mg/L，出水化学需氧量 128～166mg/L，化学需氧量平均去除率 84.5%；进水 BOD5 821～835mg/L，出水 BOD_5 80.0～84.5mg/L，BOD_5平均去除率 90.1%；SS 进水 350～421mg/L，出水 31.0～45.2mg/L，去除率 90.2%。

4. 厌氧滤池

厌氧滤池（AF）是一种采用填充材料作为微生物载体的高效厌氧反应器，厌氧微生物在填料上附着生长形成生物膜。生物膜与填充材料一起形成滤床，经过预处理的废水进入反应器内，逐渐被细菌水解、酸化，最终被产甲烷菌转化为甲烷。对降流式厌氧悬浮填料床处理生活污水进行研究，研究结果为在 5 月、6 月、7 月，停留时间（HRT）为 6h，进水平均化学需氧量为 271mg/L 条件下，化学需氧量平均去除率为 57.6%。10 月底前反应器 COD 的去除率在 45% 以上，但至 11 月下旬因环境温度下降加快，反应器的化学需氧量去除率约 34%。厌氧滤池更多是以组合工艺应用于农村生活污水处理，单一厌氧滤池应用不多。

5. 组合处理工艺

随着生活污水处理要求的提高，单一的厌氧处理不能满足出水要求，如化粪池、生活污水净化池、厌氧滤池处理出水污染物浓度较高，不能完全达到国家排放标准。因此，厌氧处理技术作为生活污水预处理单元，结合不同的后期处理单元，衍生出很多不同工艺，如厌氧－人工湿地、厌氧－好氧处理工艺等。

在无动力组合处理工艺中，厌氧+人工湿地是较常见的组合处理工艺。采用厌氧消化+人工湿地工艺处理农村生活污水，结果表明，该系统适用于农村生活污水处理，且效果较好，达到了 GB 18918－2002《城镇污水处理厂污染物排放标准》一级 B 标准，对化学需氧量、全氮、全磷、氨氮的平均去除率分别达到了 92.9%、71.8%、76.5%、77.8%。采用厌氧+人工湿地工艺处理生活污水，以长沙市望城区光明村 3 户典型家庭为例，比较了冬、夏两季人工湿地对居民生活污水的净化效果。结果表明，构建的无动力人工湿地对农村生活污水净化效果明显，冬季生活污水化学需氧量、全磷、全氮、氨氮、SS 的平均去除率分别达71.83%、97.20%、83.52%、55.34%、71.79%；夏季化学需氧量、全磷、全氮、氨氮、SS 平均去除率分别达 91.52%、93.99%、83.22%、75.15%、65.04%。经人工湿地净化处理后，全磷、全氮、氨氮可以达到 GB 18918－2002《城镇污水处理厂污染物排放标准》一级 A 或一级 B 标准，COD 可以达到 GB 18918－2002 二级标准。

在有动力组合处理工艺中，以 A/O 为主，也有 A2/O、多级 A/O 工艺。如厌氧+好氧+人工湿地组合工艺中，采用厌氧+跌水曝气+人工湿地组合工艺处理农村生活污水，结果表明，组合工艺对化学需氧量、全氮、全磷、铵态氮和 SS 的平均去除率分别为 74.5%、57.2%、59.5%、59.00% 和 91.6%。古腾等采用厌氧+曝气生物滤池+人工湿地组合工艺对化学需氧量、氨氮、全氮、全磷的平均去除率分别为 90.05%、95.29%、67.65%、91.42%，出水水质较稳定，可达 GB 18918－2002《城镇污水处理厂污染物排放标准》一级 A 标准。采用一体化 A2O 工艺处理农村生活污水，其出水化学需氧量、氨氮、全氮、全磷的平均浓度分别为 19.79mg/L、2.66mg/L、8.82mg/L、0.47mg/L，均达到 GB 18918－2002《城镇污水处理厂污染物排放标准》的一级 A 标准。日本的净化槽主要采用 A2O 工艺，对户用净化槽出水进行了跟踪监测，结果表明，其氨氮、五日生化需氧量 BOD5、浊度、全氮、化学需氧量化学需氧量、全磷去除率分别为 94.9%、87.8%、82.8%、66.9%、59.4%、37.0%，出水水质达到 GB 18918－2002《城镇污水处理厂污染物排放标准》的一级 A 标准。净化槽曝气池结合膜生物反应器(MBR)，结果表明处理系统对化学需氧量、BOD_5、氨氮、全磷和悬浮物的平均去除率分别为 83.64%、84.46%、97.94%、94.13%和 93.95%。

(三) 厌氧消化处理工艺模式的比较

农村生活污水厌氧消化处理工艺模式的对比见表 5-7。

表 5-7 农村生活污水厌氧消化处理工艺模式的对比

项目	化粪池	户用沼气池	生活污水净化沼气池	厌氧滤池	以厌氧为核心的组合处理
建设目标	环保、卫生	能源、环保、卫生	环保、卫生、能源	环保、卫生	环保、卫生
工艺过程 原料浓度	多级、简单 中、低	一级、简单 高	多级、复杂 中、低	一级、简单 中、低	多级、复杂 中、低
停留时间	0.5～1.0d	60～90d	3～5d	0.5～1.0d	3～7d
处理出水	进一步处理	农田利用	农用或进一步处理	进一步处理	农用、排放
建设成本	200～300 元/人	700～900 元/人	400～600 元/人	500～700 元/人	1 000～2 000 元/人
运行成本	100～200 元/(人·年)	200～300 元/(人·年)	200～300 元/(人·年)	200～300 元/(人·年)	300～400 元/(人·年)(无动力) 0.5～3.0 元/(d·m³)(有动力)

化粪池用于初级处理粪便污水，主要功能是杀灭病原微生物，达到卫生效果，其出水污染物浓度依然较高，需要进一步处理。户用沼气池通过降解人畜粪便产生沼气，以往以获取能源为主，但随着农村生活经济形势的变化，逐渐改为以环保卫生为主。户用沼气池因停留时间长，生活污水充分厌氧消化，无害化效果好，处理后出水可作为肥料还田使用。生活污水净化沼气池功能是净化生活污水，出水水质相对较好，出水可以用于农田灌溉，或进一步处理达标

排放。厌氧滤池主要是厌氧条件下降解生活污水的部分污染物，因停留时间短，其出水需要进一步处理。厌氧滤池实际应用往往结合其他处理工艺，如厌氧滤池是生活污水净化沼气池的一部分。组合处理工艺出水较好，可农用或排放。从建设成本来说，化粪池最低，厌氧组合工艺成本最高，运行成本来说，无动力的厌氧消化处理模式，主要来源于还田产生的运费、人工费等，如果厌氧消化处理后由管道直接还田，则运行成本低于表中所列。但对于有动力的组合工艺来说，运行成本除了人工费，还有设备运行费、维护费等，其运行成本明显高于其他处理模式。

第二节　乡村生活垃圾控制技术

一、垃圾分类处理

（一）技术概述

当前，在中国农村地区，生活垃圾主要包括以下4个方面。

（1）可回收垃圾。是指垃圾中再生利用价值较高，能进入回收渠道的物品，包括：废纸（纸板）、玻璃制品、镜子、塑料包装、塑料泡沫、电脑、易拉罐、废旧衣物等。

（2）厨余垃圾。是指农村居民家庭日常生活中产生的剩菜剩饭、菜根菜叶、果皮果壳以及过期食物等食品类废弃物。

（3）有毒有害垃圾。是指需要经过特殊安全处理的生活垃圾，包括废旧灯管灯泡、废旧电池、油漆罐、过期药品、农药包装物等。

（4）其他垃圾。是指生活垃圾中除去可回收垃圾、有毒有害垃圾和厨余垃圾之外的所有物品，一般包括烟头、破旧陶瓷品、砖瓦、大骨头、卫生纸、渣土等。

中国农村生活垃圾中厨余垃圾的占比最高，可达40%～50%，其次为其他垃圾，占比20%～30%，而有毒有害类垃圾的占比最低；厨余、纸类、橡塑类含量呈升高趋势，灰土和砖瓦陶瓷等呈降低趋势发展；组分区域差异显著，其中橡胶类含量有着明显的由南向北逐渐递减的趋势，相反，灰土类含量由北向南逐渐增加；虽然农村生活垃圾组分正逐渐趋于城市化，但与城市生活垃圾组分相比，具有低厨余和金属含量、高灰土含量的特点。在有条件的农村地区，可逐步开展垃圾分类收集，首先将可回收垃圾和厨余垃圾进行分流，以实现生活垃圾的减量化、资源化和无害化。

（二）实地调研

以丹江口水源涵养区核心示范区域为基础，以村为单位于 2017 年 9 月调研了十堰市郧阳区谭家湾镇五道岭村和圩坪寺村，以及安康市石泉县池河镇明星村（葛一洪等，2018）。以问卷的形式进行实地调研，对丹江口库区谭家湾镇五道岭村和圩坪寺村，以及安康市石泉县池河镇明星村的农村垃圾、畜禽养殖业污染物的产生与排放、生活污水处理现状、农村村民的环保意识、水源地污染状况以及农村沼气的使用现状进行详细调查，并在调查结果基础上对当地不同区域的农村垃圾处理方式进行实证分析。调研组在五道岭村、圩坪寺村和明星村分别入户完成 55 份、18 份和 56 份关于农户对生活垃圾处理意愿和建议的问卷调查，并在五道岭村和明星村分别随机选取 24 户和 7 户农户对其生活垃圾进行了实地分类称重。

通过实地调查，弄清当地农户的生活习性、环境特点、环境主要污染物和控制指标，对丹江口水源涵养区农村生活垃圾分类进行研究。采用问卷调查与实地入户座谈相结合的方式开展农村生活垃圾排放现状的调研，深入到农户家中，通过与当地村委会及村民面对面的咨询、交流，全面了解项目区农户的家庭结构、生活习性、经济状况，掌握当地村民排放日常生活垃圾的习惯方式、当地生活垃圾的处理方式、处理现状，并通过座谈，了解村民对处理生活垃圾意义的认知度和处理意愿。

采用入户收集、称量日排放垃圾的方式，获取丹江口水源涵养区农村每户日均垃圾排放量。通过对丹江口水源涵养区农村生活垃圾调研情况的汇总和相关资料的分析处理，结果如下。

1. 家庭垃圾处置情况

家庭垃圾处置情况见图 5-26 和图 5-27。

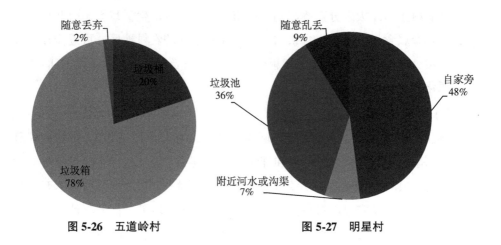

| 图 5-26　五道岭村 | 图 5-27　明星村 |

调研结果显示，五道岭村 78% 的农户将生活垃圾投放至垃圾箱，只有 20% 的农户将垃圾扔在自家的垃圾桶，更有 2% 的农户仍然随意丢弃垃圾；明星村 48% 的农户将生活垃圾堆放在自家旁边，36% 的农户将生活垃圾投放至垃圾箱，9% 的农户随意丢弃垃圾，更有有 7% 的农户将垃圾扔在附近河道或沟渠中。

从家庭垃圾处置情况来看，五道岭和圩坪寺村的习惯较好，明星村稍差，乱丢乱弃的现象较明显。

2. 粪污处理情况

粪污处理情况见图 5-28 和图 5-29。

五道岭村受访者中 80% 将人、畜粪便直接排入旱厕的化粪池沤肥；有 12% 的农户家直接排入户用沼气池；4% 的粪污直接堆沤成肥料使用。圩坪寺村 94.4% 村民将人畜粪污堆沤成肥料；5.6% 被访村民的粪污直接排进化粪池作肥料使用。明星村 69% 的农户将人、畜粪便直接排入旱厕的化粪池沤肥；有 11% 的农户家直接排入户用沼气池；11% 的粪污直接堆沤成肥料使用。粪污处理情况基本一样，都是以化粪池自然堆沤为主。

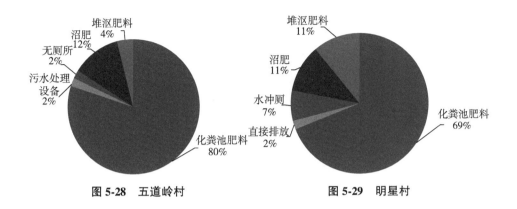

图 5-28　五道岭村　　　　　　　　　图 5-29　明星村

3. 作物秸秆处理情况

作物秸秆处理情况见图 5-30、图 5-31 和图 5-32。

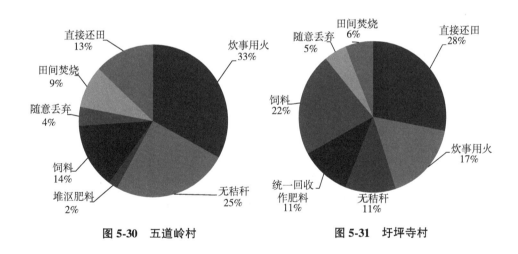

图 5-30　五道岭村　　　　　　　　　图 5-31　圩坪寺村

从作物秸秆处理方式分析，五道岭村 25% 的农户家中未种植秸秆类作物，75% 的农户种植水稻、玉米等作物，大部分农户选择将秸秆作为炊事用火，还有用作青贮饲料喂养家畜、直接还田或堆沤后用作肥料，另有 4% 的受访农户直接将秸秆随意丢弃，更甚有 9% 的农户直接在田间焚烧秸秆，严重破坏了当地的生

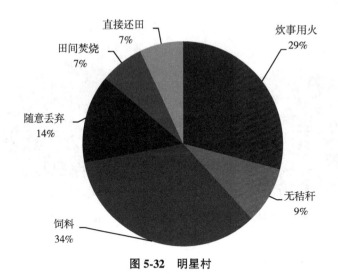

图 5-32　明星村

态环境。圩坪寺村 11%的农户未种植水稻、玉米等作物，28%的农户直接还田，有 22%用作青贮饲料，17%作为炊事用火，还有 11%表示作物秸秆由村上统一回收做成肥料，另有 6%的受访农户直接将秸秆随意丢弃，更甚有 6%的农户直接在田间焚烧秸秆。明星村 9%的农户未种植水稻、玉米等作物，7%直接还田，有 34%用作青贮饲料，29%作为炊事用火，另有 14%的受访农户直接将秸秆随意丢弃，更甚有 7%的农户直接在田间焚烧秸秆。作物秸秆处理多以还田、炊事用火和饲料为主，但还存在田间焚烧和随意丢弃的现象。

4. 五道岭村情况

五道岭村从经济收入情况分析，农户家庭收入以外出务工结合种植或养殖占比最高，单纯以养殖家禽作为家庭收入来源的所占比例最少，还有小部分家庭没有经济收入来源，完全靠子女供养。所有受访农户都使用薪柴作为主要生活用能，辅助用能还包括电、液化气和沼气。从主要环境污染物调研情况分析，村内环境较好，不到一半的受访农户认为村内环境受到污染，仅有 4%的农户认为村内存在乱扔垃圾的现象。

五道岭村生活垃圾基本做到了集中收运处理，且农户对垃圾分类处理的认知程度较高，受访农户也表达了较高的垃圾分类处理意愿，有 98%的农户表示支持垃圾分类处理，可能由于农户经济条件的限制，少部分的农户不愿支付费用进行垃圾分类处理。但愿意缴费支持的仍占多数，其中有 35% 赞成每月缴纳 1～3 元，24% 赞成缴纳 4～6 元，还有 4% 愿意每月缴纳 10 元。该村垃圾分类处理政策宣传基本到位，53% 农户表示有相关政策且实施效果良好，43% 农户表示有相关政策但实施效果欠佳，仅有 4% 认为有相关政策但是实际没有实施。

在五道岭村除了入户完成了 55 份问卷调查，随机选择 24 户农户对其生活垃圾进行了实地分类。该村平均每户每天生活垃圾的产生量为 1.075kg/d，生活垃圾中有机垃圾为主要成分，占总重的 88.48%，无机垃圾占 7.57%，其他垃圾占 3.95%。有机垃圾中一半都为果蔬残渣和果壳，占比重最大，为 50.06%；其他依次为塑料、织物和纸屑，分别占比重为 19.32%、9.89% 和 9.21%。无机垃圾中占比最多的是碎石和沙土，总重的 6.17%，其次是玻璃和金属，分别占 1.13% 和 0.27%。另外从分类结果还可得出各种生活垃圾的产生概率，塑料的产生率最高占 91.67%，其次为果蔬残渣和果壳，占 87.5%；其他生活垃圾产生概率的高低依次为纸屑(70.83%)、织物(20.83%)、碎石和沙土(12.5%)、金属(4.17%)、玻璃(4.17%)。

5. 圩坪寺村情况

在圩坪寺村入户完成了 18 份关于农户对生活垃圾处理意愿和建议的问卷调查。从经济收入情况分析，农户家庭收入以外出务工结合种植或养殖为主，所占比例最大，为 44.4%；其次是种养结合，占 22.2%；收入来源单纯以种植和外出务工所占比例一样，为 16.7%。受访农户使用薪柴作为主要生活用能，其次是用电和液化气。主要环境污染物调研结果显示，由于圩坪寺村的饮用水是河水，所以 18 户受访农户均认为村内河水被上游养殖场污染。通过对农户垃圾分类认知情况的调研掌握，该村受访农户都知道垃圾分类，其中 33% 表示了解，67% 表示一般了解，但都表示支持农户生活垃圾进行分类处理，其中 72% 的受访农户表示愿意有村委集中处理分类垃圾，有 28% 农户表示更愿意自己进行分类处理。

从垃圾分类处理的意愿调查可以看出，该村村民对垃圾分类村委集中处理的意愿较高，72% 的受访农户愿意缴费支持垃圾分类处理，其中 55% 赞成每月缴纳 1～3 元的垃圾分类处理费，17% 表示愿意缴纳 4～6 元；89% 受访农户接受村集中收集的垃圾箱距自家 200m，步行在 3min 以内，甚至有 11% 的受访农户愿意步行 5min 倾倒分类垃圾。

垃圾分类处理宣传与政策调研结果表明，该村对垃圾分类处理政策宣传效果欠佳，有 67% 的受访农户表示有相关垃圾分类处理的政策但事实效果不好，并且有 11% 认为有相关政策但是实际并没有实施，只有 22% 的受访农户认为有相关政策且实施效果良好。此次调研未对圩坪寺村农村生活垃圾进行实地分类称重。

6. 明星村情况

在明星村入户完成了 56 份农户对生活垃圾处理意愿和建议的问卷调查。从经济收入情况分析，农户家庭收入以外出务工结合种植或养殖占比最大，其次是种养结合，单纯以种植为收入来源的占 8.9%，以养殖为收入来源的占 7.1%；另外还有少部分家庭没有直接经济收入来源，完全靠子女供养。调研显示，该村受访农户以薪柴和电作为主要生活用能，辅助用能有液化气、秸秆和沼气。

该村 56 户受访农户中有一半认为村委对生活垃圾进行了集中收运处理，有 7% 认为垃圾进行了填埋处理，有 2% 认为垃圾进行了堆沤处理用作肥料；37% 的受访农户认为垃圾被随意丢弃没进行处理，更有 4% 的受访农户认为垃圾被直接焚烧，对周边环境造成了较大污染。通过农户对垃圾分类处理认知调研发现，57% 的受访者不了解垃圾分类，18% 表示一般了解，25% 表示了解垃圾分类。另外 39% 的受访者认为村里有垃圾分类处理政策的宣传，但实施效果不好；22% 认为有政策但实际并未实施，14% 认为不知道有此类政策宣传，更有 21% 的受访农户认为村里一直就没有此类政策的宣传，仅有 4% 的受访者认为有垃圾分类政策的宣传且实施效果良好。

调研显示，64% 的受访农户家附近设有垃圾池，36% 的受访农户表示家附近没有设置垃圾池，另外 83% 的受访者表示期望垃圾池设置在距家步行 3min 的范围内，3% 希望步行 5～10min 内可倾倒垃圾，还有 14% 的受访农户表示垃圾池离家越近越好。从垃圾分类处理意愿的调研结果可知，54% 的受访者愿意由村集中处理生活垃圾，46% 愿意由自己处理；82% 受访农户支持垃圾分类处理，13% 表示无所谓，仅有 5% 不支持生活垃圾分类处理。对于有偿处理生活垃圾的调研显示，68% 的受访农户表示愿意支付费用处理生活垃圾。

在明星村完成 56 份问卷调查，随机选择 7 户农户对其生活垃圾进行了实地分类。生活垃圾分类称量结果表明，该村平均每户每天生活垃圾的产生量为 1.807kg/d，生活垃圾中有机垃圾为主要成分，占总重的 86%，无机垃圾占 12%，其他垃圾占 2%。有机垃圾中占比重最大的是果蔬残渣和果壳，占比 67%；其他依次为纸屑、塑料和织物。无机垃圾中占比最多的是玻璃，占 63%；其次是碎石、沙土和金属。从分类结果还可得出，各种生活垃圾的产生概率，果蔬残渣和果壳、纸屑和塑料的产生概率均为 100%，即所有称重的生活垃圾中都含有这 3 种垃圾，其次为玻璃，概率为 71.43%；其他生活垃圾产生概率的高低依次为织物(42.86%)、碎石和沙土(28.57%)和金属(14.29%)。

7. 调研发现的问题

生活垃圾处理方式单一：目前，农村生活垃圾产生量大，垃圾处理层次低，处理方式落后单一。由于"户收集、村集中、镇转运、县处理"的处理模式运作不及时，无法满足农村生活垃圾无害化分散式处理的要求，导致部分生活垃圾仍处于无序丢弃、随意堆放的状态，还有村民甚至直接将生活垃圾沿河边倾倒，对丹江口水源涵养区水质造成污染。

农民对垃圾分类和环境保护意识不到位：项目示范村是以务农打工为主，收入水平较低，在这样的条件下，农民更多是考虑如何提高自己的收入，而对环境问题不够重视，这种观念是由于受教育程度不高，对垃圾分类、环境保护的意识淡薄所造成的，许多农民更不会把垃圾分类、环境保护和自己的行为联系在一起。

农村生活垃圾处理设施供给不到位：村委向村民发放的垃圾桶尺寸过大，数量不足，且只有一个垃圾桶无法实现垃圾分类的处理。而村内设置的垃圾箱或建设的垃圾池数量不足，导致村民倾倒垃圾不便，另外存在垃圾收运车配备不足，无法及时转运装满垃圾的垃圾箱的问题。

农村的财政资金和技术条件受到限制：农村由于经济发展水平的限制，技术水平低下。目前还没有技术先进成本较低的垃圾处理技术供农村处理生活垃圾，地方财政难有农村垃圾处理的预算；另外对于农村生活垃圾处理财政资金的保障机制尚未健全，未形成一套分配合理、行之有效的农村垃圾处理资金分担机制。

8. 调研结论

(1)加强源头分类收集的宣传力度。强制实施农户初分、源头减量的政策，大力推动分类处置机制建设。对全体村民进行垃圾分类知识普及，引导村民将菜叶、果皮、餐厨等可降解垃圾用于沼气化或堆肥处理后作有机肥，对易拉罐、废纸壳、塑料袋等可回收资源自行收集整理变卖，对不可回收垃圾和农户自己不能处理的特殊性生活垃圾分户装袋，选择最佳资源化利用途径。

(2)加大政府财政投入，进行技术设施建设。在源头分类的基础上，各地政府要加大基础设施建设的投入，在各农户步行3~5min的地方多建标明分类的垃圾池(桶)。在分类收集、减量化的基础上可通过"户分类、村收集、镇转运、县市处理"的城乡一体化模式处理处置生活垃圾。如此，既可以大幅减少转运成本，又可以变废为宝。

(3)对无法纳入城镇垃圾处理系统的农村生活垃圾，应选择经济、适用、安全的处理处置技术。在分类收集基础上，采用无机垃圾填埋处理、有机垃圾堆肥处理等技术。砖瓦、渣土、清扫灰等无机垃圾，可作为农村废弃坑塘填埋、道路垫土等材料使用。有机垃圾宜与秸秆、稻草等农业废物混合进行静态堆肥处理，或与粪便、污水处理产生的污泥及沼渣等混合堆肥；亦可混入粪便，进入户用、联户沼气池厌氧发酵。

二、厌氧发酵技术

(一)技术概述

我国大部分农村生活垃圾中，厨余类垃圾占超过40%，该部分垃圾有机质含量高，尤其是糖类物质含量高，并且含有氮、磷、钾、钙及微量元素。以往，该类生活垃圾通常是用来当作家庭饲养家禽及牲畜的饲料或者用于田间堆肥。随着农村生产生活方式的转变，失去了就地消纳该类垃圾的能力。该部分垃圾随其他生活垃圾被农户丢弃于户外。在一些经济农村条件较好的农村，设有生活垃圾集中收集点，村民集中堆放后由村里转运至垃圾处理厂或填埋，在其他地方，更多的是随意丢弃。对农村的土壤、河流、空气造成了污染。对这部分垃圾需要进行妥善处理。

厌氧消化是一种处理有机废弃物行之有效的方法。采用农村有机生活垃圾和农业废物为原料进行厌氧发酵，可以生产出清洁能源——沼气，并且沼渣沼液是一种肥料，可以还田利用，实现了该类垃圾的减量化与资源化。也有研究证明，厌氧消化同时可以去除一些病原菌，减少垃圾随意丢弃所带来的病菌感染，除此之外，厌氧发酵还对农村生活垃圾的重金属含量有明显降低的作用。

(二) 主要技术要点

(1) 发酵的浓度、温度、粒度条件和 pH 值是影响厌氧发酵的重要因素，控制好这些条件，可以使厌氧发酵在最短的时间内达到最好的效果，同时刻大大降低生活垃圾中的重金属含量。

(2) 厌氧发酵对农村有机生活垃圾中的 *Enterobacter* 和 *Enterococcus* 有良好的灭杀效果，随着沼气发酵的进行，原料中原有的细菌菌群发生变化，由原先的 *Lactobacillus* 及 *Weissella* 转变为发酵性细菌。

(3) 接种率对原料产甲烷率的提升作用是有限制的，太低发酵速度慢达不到预期的效果，超过这个限值后，原料产甲烷率随接种率提高而降低。

(4) 用氧化钙调碱，可以缩减厌氧批次发酵产甲烷延滞期。

(三) 实验案例

1. 农村生活垃圾厌氧发酵的产沼气性能研究

采用批式厌氧消化法，1L 广口瓶作发酵罐，800mL 的有效反应体积，恒温水浴锅控制温度进行连续培养，排水集气法收集沼气，如图 5-33 所示。

发酵条件设定为中温 35℃ 和常温、粉碎程度为粗粒(3cm) 与细粒(1cm) 4 个条件，发酵浓度 TS 设为 5% 和 8%，交叉组合共 8 个处理(见表 5-8)，每个处理 3 次重复。对照为中温条件污泥 TS 为 5% 和 8% 与常温条件污泥 TS 的 5% 和 8%。接种量均为 20%。堆沤 1 周，然后调节 pH 值至 8.0，装瓶进行厌氧发酵，并添加适量

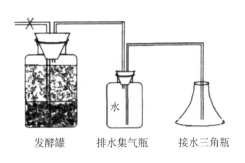

发酵罐　　排水集气瓶　　接水三角瓶

图 5-33　发酵装置

微量元素。每日记录各实验装置产气量，并不定期测试各实验组气质含量和 pH
值，直至实验结束。

表 5-8　农村生活垃圾厌氧发酵实验设置对照表

处理	TS 8% 细粒常温	TS 8% 粗粒中温	TS 5% 细粒常温	TS 5% 细粒中温	TS 8% 细粒中温	TS 8% 粗粒常温	TS 5% 粗粒常温	TS 5% 粗粒中温
编号	A	B	C	D	E	F	G	H

(1) 日产气量和累计产气量。不同条件下各处理厌氧发酵的启动速度和日产
气量在发酵期间差异很大(图 5-34)。在中温条件下，处理 D 和处理在发酵第 13d
左右就到达产气高峰，处理 E 的日产气量达到 1 000mL 以上，但 D 不到 600mL;
随后产气量迅速下降，在发酵第 22d 左右就基本不产气，而处理 B 和处理 H 启
动时间相对较慢，产气高峰分别出现在第 22d 和 16d 左右，最高产气量也分别达
到 1 000mL、600mL 以上，后面虽然也迅速下降，但发酵时间也分别持续到第
40d、30d 左右。在常温条件下，常温处理的启动时间明显较长，处理 A 和处理 F
的产气高峰在第 30d 左右，最高日产气量分别在 800mL、600mL 左右，处理 C 和
处理 G 产气高峰出现在第 25d 左右，最高日产气量只有 400mL 左右。从图 5-34
还可以看出，在相同浓度相同粒径条件下，中温处理的发酵日产气量明显高于常
温处理，而在相同温度相同浓度条件下，细粒处理的日产气量也要高于粗粒处
理，此外，日产气量 TS 为 8%的又明显高于 TS 为 5%，综上所述，高浓度中温细
粒条件下，农村生活垃圾厌氧发酵的日产气量达到最好。

而对于累计产气量，各处理农村生活垃圾厌氧发酵的累计产气量大小顺序
为：B>E>A>F>H>D>C>G(图 5-35)，各处理最终累计产气量依次为 8 035mL、
7 577mL、5 520mL、5 139mL、3 590mL、3 446mL、2 521mL、2 453mL。可以看出，
中温优于常温，高浓度优于低浓度，粗粒优于细粒。这与日产气量细粒优于粗粒
结果相违背，主要是因为，细粒处理虽然在短时间能很快达到产气高峰且日产气
量高，但由于粉碎程度细，厌氧消化快，原料很快发酵完成，从而时间短，造成
累计产气量反而较低。综上可以看出，高浓度中温粗粒条件下，农村生活垃圾的
累计产气量达到最大。

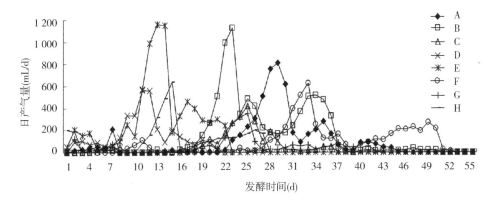

图 5-34　农村生活垃圾厌氧发酵日产气量的变化

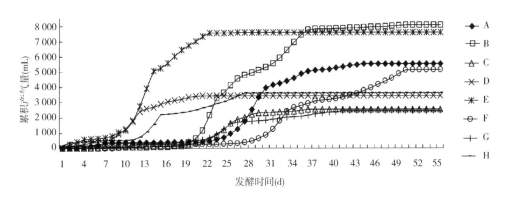

图 5-35　农村生活垃圾厌氧发酵累积产气量的变化

（2）不同处理的 TS 产气潜力。由表 5-9 可以看出，高浓度总体 TS 去除率高于低浓度。图 5-36 表明，高浓度下细粒常温以及粗粒中温发酵的 TS 产气量最高，达到 0.4 m³/kg，明显高于其他处理；然而原料甲烷产率粗粒中温更高，这与前面累计产气量结论相符合。总体高浓度中温条件的原料产气率高于其他处理，表明在适当条件下农村生活垃圾厌氧发酵对农村生活废弃物的资源化利用具有实际应用前景。

表 5-9　农村生活垃圾厌氧发酵 TS 去除率

项目	A	B	C	D	E	F	G	H
发酵前 TS	8.00	8.00	5.00	5.00	8.00	8.00	5.00	5.00
发酵后 TS	5.91	5.67	4.02	3.47	5.82	5.73	3.85	3.76
TS 去除率	26.13	29.13	19.60	30.60	43.60	28.31	23.00	24.80

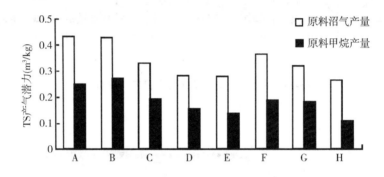

图 5-36　农村生活垃圾厌氧发酵 TS 产气潜力

（3）pH 值对发酵实验的影响。由图 5-37 可以看出，随着发酵过程的推移，不同处理的发酵过程中 pH 值均表现出先降低后增加，然后趋于稳定的变化趋势。其中处理 A、B、F 的 pH 值均在第 7d 下降，出现酸化情况，抑制了发酵的

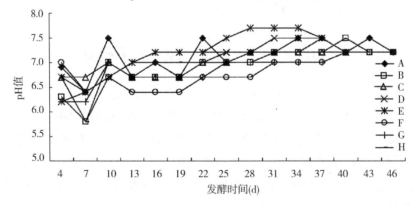

图 5-37　农村生活垃圾厌氧发酵的 pH 值变化

进行。再对比日常气量图，也看出各处理在第 6d 左右表现出产气量下降甚至不产气的情况。随后，在反应进行第 9d，对 pH 值降到 6.5 以下的再次添加氧化钙进行调节。调节后 pH 值明显上升并逐渐稳定。且从图 5-34 也可以看出日产气量数据明显上升。这充分表明适宜的酸碱度是农村生活垃圾厌氧发酵的重要因素。

（4）微量元素分析。对农村生活垃圾的原料组分进行分析发现，其大致组成为 50%菜叶，25%果皮，20%餐厨及 5%废纸等其他不同原料。因此对原料进行分选后，分析测定其主要成分的纤维素含量如图 5-38 所示。厌氧发酵完成后分析，同时分析产气最高的两个处理的元素含量。从表 5-10 可以看出，发酵后沼液中的重金属含量总体低于发酵前原料中的含量，其中 Cu 和 Hg 含量的降低最为显著，其他元素的含量从发酵前到发酵后均有不同程度的减少。由此可以说明，农村生活垃圾厌氧发酵对重金属的去除有明显作用。

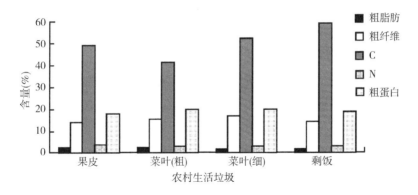

图 5-38 农村生活垃圾各组分的纤维素含量

表 5-10 农村生活垃圾各组分及发酵后沼液的元素含量 单位：mg/kg

项目	发酵前							发酵后	
	Cu	Zn	Pb	Cr	Ni	As	Hg	Se	Cd
果皮	82.70	3.51	0.20	0.60	0.51	1.23	49.00	7.81	—
菜叶(细)	10.70	2.19	0.69	2.18	1.1	3.89	27.30	7.74	0.42
菜叶(粗)	60.40	1.73	0.62	16.80	5.86	7.69	132.00	7.95	0.32
剩饭	2.40	0.56	0.17	0.24	0.10	2.09	9.30	32.70	0.01

（续表）

项目	发酵前							发酵后	
	Cu	Zn	Pb	Cr	Ni	As	Hg	Se	Cd
沼液 B	15.90	2.34	0.42	0.29	2.01	6.71	22.40	10.80	0.13
沼液 E	13.40	1.91	0.35	0.57	1.76	5.42	10.90	10.40	0.12

（5）结论。

①浓度、温度、粒度条件的变化直接影响农村生活垃圾厌氧发酵的产气量和产气潜力，是影响厌氧发酵产气效果的重要因素。当发酵浓度 TS 为 8%，中温粗粒的条件下农村生活垃圾厌氧发酵的累计产气量和原料甲烷产率达到最高，分别达 8 035mL 和 0.2704m³/kg。

②不同粉碎程度以及不同温度条件影响发酵产气速率，从而影响发酵完成时间。原料粉碎程度越细，产气进程越快；发酵温度越高，产气高峰出现得越早，反之，产气高峰出现得越晚。

③适宜的酸碱度是厌氧发酵进行的重要影响因素，当发酵液 pH 值维持在 6.0～7.5，厌氧发酵累计产气量较高；当发酵液 pH 值低于 6.0 时，厌氧发酵明显受到抑制，甚至出现不产气的情况。

④厌氧发酵对农村生活垃圾的重金属含量有明显降低的作用。

2. 农村有机生活垃圾沼气发酵工艺优化及菌群分析

收集研究所附近菜市场以及餐馆的有机垃圾按比例配置成农村有机生活垃圾。收集到的垃圾挑选出塑料袋、筷子、等不可发酵物质，分别做切碎处理（粒径 1cm）和粉碎处理（粒径 1mm）。接种物取自农业农村部沼气科学研究所实验基地。原料及接种物性质见表 5-11。

表 5-11　农村有机生活垃圾及接种物性质

性质	餐厨垃圾	废弃菜叶	果皮	废纸	混合原料	接种物
总固体（TS）	12.20	7.40	16.80	93.80	10.52	22.77
挥发性固体（VS）	10.40	6.90	13.80	92.80	9.32	12.25
粗脂肪	1.54	1.96	2.15	—	1.93	—

（续表）

性质	餐厨垃圾	废弃菜叶	果皮	废纸	混合原料	接种物
粗纤维	14.56	15.29	14.21	91.24	15.42	10.21
粗蛋白	18.63	19.81	18.44	—	19.24	7.69
碳	41.70	44.01	71.52	29.12	46.98	29.70
氮	2.98	3.21	2.95	0.01	3.10	1.08
碳氮比	13.90	13.10	23.50	2 912.20	15.88	27.50

实验装置如图 5-39 所示，为 CSTR 反应器。罐体容积为 22L，有效容积为 20L。设有自动温控及搅拌系统。进料口位于反应器下部，出料口位于反应器上部，中部设有取样口。进料方式为 1 日 1 进。采用连续厌氧发酵，原料 TS 浓度控制在 8%，原料粒径为 1cm 和 1mm，温度为 35℃，搅拌条件为转速为 60r/min，每 10min 搅拌 1 次。采用 LML-1 型湿式气体流量计记录沼气产量，使用气袋收集沼气以用来测量沼气成分。

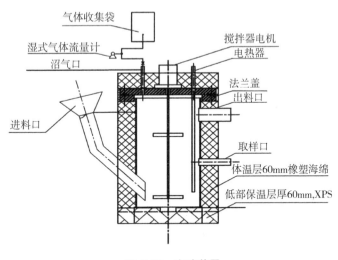

图 5-39 实验装置

发酵罐内原料与接种物按照 TS 比为 1：1 投入，待发酵罐内产气稳定后开始进料，逐步提高进料负荷，直至水力停留时间(HRT)缩短至 12d。本次实验选取

HRT=15d 和 20d 两个阶段进行细菌菌群分析。每次进料前将原料 TS 浓度用沼液控制到 8%。添加微量元素如下：铁元素添加量 4g/L，Co 0.58μg/L，Ni 2 mmol/L。实验条件设置：1#—温度 35℃，原料粒径 1cm；2#—温度 35℃，原料粒径 1mm。

（1）日沼气产量与水力停留时间的关系。如图 5-40 所示，为 2 个反应器在 HRT 为 20d 和 15d 阶段的日产沼气量，每个阶段为期 10d。日产沼气量随水利停留时间缩短而提高。水利停留时间为 20d 时，1#反应器中的日产沼气量高于 2#反应器中的日产沼气量，表明在该水利停留时间条件下，反应温度为 35℃时，原料粒径为 1cm 时的日产沼气量高于原料粒径为 1mm。水利停留时间为 15d 时，2#反应器中的日产沼气量高于 1#反应器中的日产沼气量，表明在该水利停留时间条件下，反应温度为 35℃时，原料粒径为 1mm 时的日产沼气量高于原料粒径为 1cm。1#反应器中的容积产气率由 1.8L/（L·d）提高到 2.69L/（L·d），2#反应器中的容积产气率由 2.14L/（L·d）提高到 2.96L/（L·d），表明原料粒径越小，水利停留时间缩短对沼气产量的提升程度越大。

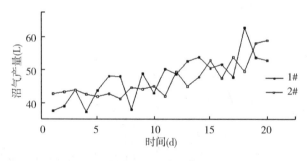

图 5-40　日产沼气

（2）甲烷含量变化。如图 5-41 所示为甲烷含量变化，可以看到，1#反应器中沼气的甲烷含量要高于 2#反应器中沼气甲烷含量。表明原料粒径小，发酵体系中原料水解酸化速率高，体系中挥发酸浓度较高，抑制了产甲烷菌的活性，使得沼气中甲烷含量低。两个反应器中沼气甲烷含量均在 50% 以上。

（3）pH 值变化。如图 5-42 所示为两个反应器中 pH 值的变化。水利停留时间为 20d 时，pH 值均偏高，当水利停留时间为 15d 时，pH 值下降。表明随着水利停留时间缩短，发酵体系中挥发酸积累量提高，使得 pH 值下降。两个反应器中的 pH 值均处于发酵正常范围内。

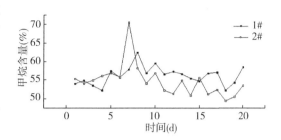

图 5-41 甲烷含量变化

（4）细菌菌群变化。在 4 个批次的原料中，存在的病原菌为 *Enterobacter* 和 *Enterococcus*。其中，*Enterobacter* 所占比例分别为 21%，6%，

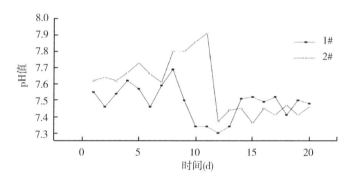

图 5-42 pH 值变化

13.1%，11.4%。*Enterococcus* 在第 3 批次的原料中所占比例为 2.91%，在其他批次的原料中比例很小。其余优势菌主要有 *Lactobacillus*、*Leuconostoc*、*Weissella*、*Acetobacter*、*Streptococcus* 等，未检测到 *Salmonella*、*Shigella castellani*、*Staphylococcus aureus*。两个反应器中 7 个不同时间段沼渣中主要细菌菌群为 *Rikenella*、*Rumin*、*Lachnospira*、*clostridium* 等，未检测到 *Enterobacter*、*Enterococcus*、*Salmonella*、*Shigella castellani*、*Staphylococcus aureus*。

Enterobacter 是一种不致病或条件致病菌，在机体免疫能力低下时，容易发生感染。*Enterococcus* 是一种革兰氏阳性菌，其致病能力强。因此，对这 2 种菌的去除显得很重要。通过本次实验发现，厌氧作用对这 2 种菌具有 100% 的去除能力，消除了这 2 种菌伴随有机生活垃圾而对人、畜的健康威胁。原料中大量存在着 *Weissella*，它是一种以葡萄糖为底物产生乳酸的细菌，能够参与食品的腐烂变质。

Salmonella、*Shigella castellani* 及 *Staphylococcus aureus* 是人畜共患菌，在食品和饲料中污染比较严重，在本 4 批原料中未测得这些菌，表明在实验室条件下对农村有机生活垃圾进行收集，虽然是在一个开放的、非严格控菌的条件下，农村有机生活垃圾不会被 *Salmonella*，*Shigella castellani* 及 *Staphylococcus aureus* 感染。

对沼渣中细菌菌群进行群落结构分析发现，主要以发酵性细菌为主，*Rikenella*、*Rumin*、*Lachnospira*、*Clostridium* 等均属于 *Bacteroidetes* 和 *Firmicutes*，这些细菌可以分一系列解大分子物质如蛋白质、碳水化合物等，将这些有机物转变为乙酸、丙酸、丁酸等挥发性有机酸，这与前人所得结果类似。

通过细菌菌群结构分析发现，原料中主要以 *Lactobacillus*、*Weissella* 等为主，这些菌为兼性厌氧细菌，他们主要以原料中有机物为底物，分解产生乳酸；原料进入发酵罐后，发酵体系为严格厌氧环境，原料本身携带的细菌不适应发酵罐中环境，发酵体系中发酵性细菌逐渐取代原料中原有细菌，直至完全取代。随着沼气发酵过程的进行，原料中原有的细菌菌群已经发生了变化。

(5)结论。

①农村有机生活垃圾在 TS 为 8% 的时候进行连续厌氧发酵，原料粒径为 1mm 时，发酵效果优于原料粒径为 1cm。HRT = 20d 时，最佳容积产气率为 2.14L/(L·d)，HRT = 15d 时，最佳容积产气率为 2.96L/(L·d)。

②厌氧发酵对农村有机有机生活垃圾中的 *Enterobacter* 和 *Enterococcus* 有良好的灭杀效果，证明厌氧发酵可以去除农村有机生活垃圾中此类病原菌对环境的影响。

③随着沼气发酵的进行，原料中原有的细菌菌群发生变化，由原先的 *Lactobacillus* 及 *Weissella* 转变为发酵性细菌。

厌氧发酵对农村有机生活垃圾中的 *Enterobacter* 和 *Enterococcus* 有良好的灭杀效果，证明厌氧发酵可以去除农村有机生活垃圾中此类病原菌对环境的影响。随着沼气发酵的进行，原料中原有的细菌菌群发生变化，由原先的 *Lactobacillus* 及 *Weissella* 转变为发酵性细菌。

3. 接种率对农村有机生活垃圾厌氧发酵的影响

选用的农村有机生活垃圾是依据先期调研的数据，采集周边菜市场及饭店剩余物配置而成，其中菜叶、果皮、餐厨垃圾、废纸分别占原料总重量的 50%、

25%、20%和5%。接种物采集自农业农村部沼气科学研究所实验基地。原料及接种物特性见表5-12。

表5-12 原料及接种物性质

项目	混合原料(%)	接种物(%)	项目	混合原料(%)	接种物(%)
总固体(TS)	10.52	22.77	挥发性固体(VS)	9.32	12.25
粗脂肪	1.93	—	粗纤维	15.42	10.21
粗蛋白	19.24	7.69	碳	47.98	29.70
氮	3.10	1.08	碳氮比	15.47	27.50

采用批式实验，设置了两个不同发酵浓度(原料TS含量分别为4.32%和5.18%)和5个不同接种率(接种物TS含量为4.55%、6.26%、6.88%、8%和9.13%)共10个实验组，每组设置两个平行，通过添加蒸馏水将发酵瓶净重控制在800g。在中温(35±1)℃条件下厌氧发酵，发酵总时间为39d，采用1 000mL发酵瓶作为反应容器，有效发酵体积为800mL，每天将发酵瓶摇动两次，每次摇动5min，发酵装置见图5-43。实验所用原料及接种物配比见表5-13。

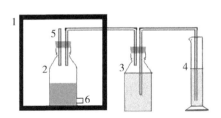

1—恒温培养箱；2—发酵瓶；3—集气瓶；4—量筒；5—气体采样口；6—液体采样口。

图5-43 发酵装置

表5-13 实验条件设置

原料量(%)	接种物量(%)	接种率(%)	编号
	4.55	105	A
	6.26	145	B
4.32	6.88	155	C
	8.00	185	D
	9.13	210	E

（续表）

原料量(%)	接种物量(%)	接种率(%)	编号
	4.55	85	F
	6.26	120	G
5.18	6.88	135	H
	8.00	155	I
	9.13	175	J

　　每瓶补水至 800g，每瓶添加氯化钴 0.002 34g，硫酸亚铁 2.4g，氯化镍 0.190 4g，并且用氧化钙调节初始 pH 值至 8.5。每天记录甲烷产量，每 5d 取样 1 次，测量 pH 值、有机酸含量和电导率，2 个平行组取平均数得到结果。

　　（1）累积产甲烷量及原料产甲烷率。图 5-44 为各处理组在 39d 内的累积产甲烷量。其中，产甲烷最多的是处理组 H 为 7 485mL，产甲烷最少的是处理组 A 为 4 043mL。处理组 B 和 F 发酵失败，推测处理组 B 和 F 发酵失败的原因是接种率低和初始 pH 值调节没有到位。由图 5-44 可以看到，在相同接种比的条件下，原料率高的体系产甲烷也多。在相同的原料率条件下，随着接种率的提高，累积产甲烷量也在升高，但不是一直在增加，当产甲烷量达到最大值时，不再随着接种率的升高而增加。本实验得到的最高产甲烷的实验条件为接种率为 135%。每个处理组的产甲烷延滞期差别也很大，处理组 C、D 和 E 的产甲烷延滞期仅为 7d；处理组 A、I 和 G 的产甲烷延滞期为 10d；处理组 G 的产甲烷延滞期为 11d；处理

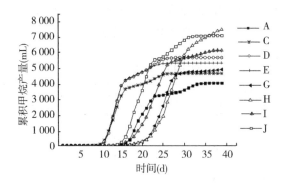

图 5-44　各处理累积甲烷产量

组 H 的产甲烷延滞期最长，为 13d。这表明，接种率高及原料率低于厌氧反应的启动。因此，若想快速启动厌氧发酵，可选用处理组 D 和 E。

从原料产甲烷率(表 5-14)也可以看出，处理组 H 的效果是最好的，达到了 0.18L/(g TS·d)。

表 5-14　各处理组原料产甲烷率 L/(g TS·d)

A	C	D	E	G	H	I	J
0.12	0.13	0.16	0.15	0.12	0.18	0.15	0.17

(2)pH 值的变化。由图 5-45 可以看到，除去反应失败的两个处理组的 pH 值在一直下降外，其余的处理组的 pH 值都经历了先降后升的过程，并且最终 pH 值都稳定在了厌氧发酵的适宜 pH 值 6.5～7.8。结合图 5-43 与图 5-44 可以看到，pH 值的变化趋势与产甲烷延滞期相一致，处理组 C、D、E 的 pH 值回升到厌氧发酵适宜范围用了 7d；处理组 A、I、G 为 10d；处理组 G 的产甲烷延滞期为 11d；处理组 H 最长为 13d。

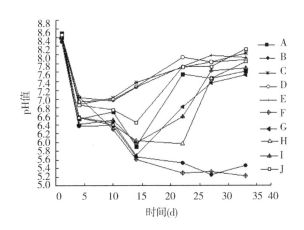

图 5-45　各处理厌氧发酵过程中 pH 值的变化

(3)挥发性脂肪酸。根据目前认可的厌氧发酵 3 阶段理论，厌氧发酵经历了水解、酸化、甲烷化 3 个阶段。大分子物质在酶水解作用下分解为小分子的糖、肽及长链脂肪酸；然后在发酵细菌的作用下将这些小分子物质进一步分解为乙酸、丙酸、丁酸等可溶挥发性脂肪酸；最后在产甲烷古菌的作用下生成甲烷。因此，挥发性脂肪酸是厌氧反应的重要检测指标，根据其降解速率的快慢可以一定程度上了解甲烷古菌的活性。

图5-46为各处理在厌氧发酵过程中乙酸含量的变化趋势。处理组 B 和 F 的乙酸含量呈一直增高的趋势，并且超过了 10 000mg/L。结合(1)中累计产甲烷量的实验结果表明，处理组 B 和 F 发生了酸化现象，且该现象不可逆转，最终导致发酵失败。其余处理组均呈现先增高后下降的趋势。处理组 A、C、D、E 乙酸降解速率 E>D>C>A，说明接种率越大，厌氧发酵微生物菌群越丰富，乙酸降解速率越快。但是结合图 5-45 的实验结果表明，随着接种率增大，甲烷产总量呈下降趋势。因此选择合理的接种率与原料率对厌氧发酵体系的高效、稳定运行十分关键。

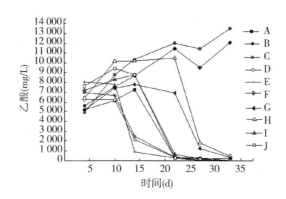

图 5-46　各处理厌氧发酵过程中乙酸含量的变化

图 5-47 为各处理在厌氧发酵过程中丙酸含量的变化趋势。处理组 B、F、G 丙酸含量均随时间的增加而增加，在第 35d 的时候达到了 1 659.729 mg/L、1 627.1mg/L、1 452.217mg/L，出现了不同程度的丙酸累积，其余处理组随时间的增加均呈现先增加后下降的趋势。结合图 5-46，处理组 B 和 F 乙酸含量出现累积的现象表明，丙酸抑制厌氧发酵是导致这两个处理组乙酸出现累积的主要原因。

图 5-48 为各处理在厌氧发酵过程中丁酸含量的变化趋势。可以看出各处理组在第 5d 左右的时间丁酸含量达到最大值，随后开始下降，处理组 B 和 F 分别

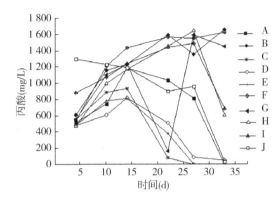

图 5-47　各处理厌氧发酵过程中丙酸含量的变化

达到 4 212.087mg/L 和 5 475.498mg/L，表明它们受到丁酸抑制。综合图 5-46 和图 5-48 可以表明，生活垃圾有机成分经降解后主要以乙酸和丁酸为主。

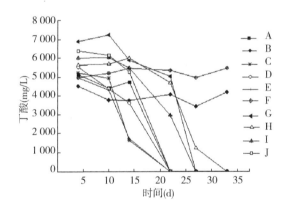

图 5-48　各处理厌氧发酵过程中丁酸含量的变化

（4）电导率。电导率可以间接表明发酵体系的好坏程度，从图 5-49 可以看出，本厌氧发酵的适宜电导率范围在 8～10mS/cm。

（5）结论。

①农村有机生活垃圾厌氧发酵最佳条件为原料 TS 含量为 5.18%，接种物 TS 含量为 6.88%（即接种率为 135%），此时原料产甲烷率达到 0.18L/g TS·d。

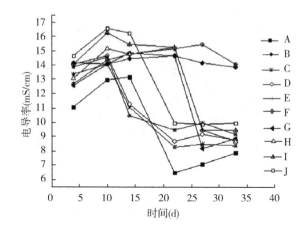

图5-49 各处理厌氧发酵过程电导率的变化

②先用氧化钙调碱，可以缩减厌氧批次发酵产甲烷延滞期。

③接种率对原料产甲烷率的提升作用是有限制的，超过这个限值后，原料产甲烷率随接种率提高而降低。

④本厌氧发酵的适宜电导率范围在8～10mS/cm。

(四) 有机生活垃圾处理并联式隧道沼气池

1. 技术概述

有机生活垃圾处理可采用地下式沼气池来处理。现有地下式沼气池为单池，顶部多采用平板结构，每个发酵池需要单独的进料池和水压间，有效土地面积利用率低，建筑成本高。有机生活垃圾处理并联式隧道沼气池克服了现有隧道式地下沼气池为单池，有效土地面积利用率低，建筑成本高的缺陷，提供的有机生活垃圾处理并联式隧道沼气池结构合理，有效土地面积利用率高，节省建筑材料。

有机生活垃圾处理并联式隧道沼气池，其特征在于主要由多个发酵间5并联在一起，两侧的发酵间5由发酵间前端墙21、发酵间后端墙13、发酵间侧壁8、发酵间隔墙22、发酵间拱顶9和底板7构成，中间的发酵间5由发酵间前端墙21、发酵间后端墙13、发酵间隔墙22、发酵间拱顶9和底板7构成，底板7上面设置有底部保温层6，发酵间拱顶9上设置有人孔活塞10、人孔盖板11和导气管12；多个发酵间5共用一个进料池2和一个水压间17；进料池2由进料池端

墙 3、发酵间前端墙 21 和发酵间侧壁 8 构成，进料池端墙 3 和发酵间前端墙 21
上设置有进料管 1；水压间 17 由水压间端墙 19、发酵间后端墙 13、发酵间侧壁 8
和水压间盖板 16 构成，发酵间后端墙 13 上设置有拱形过水洞 14 和连通管 15，
连通发酵间 5 和水压间 17，水压间端墙 19 上设置有溢流管 18，详见图 5-50、图
5-51、图 5-52 和图 5-53。

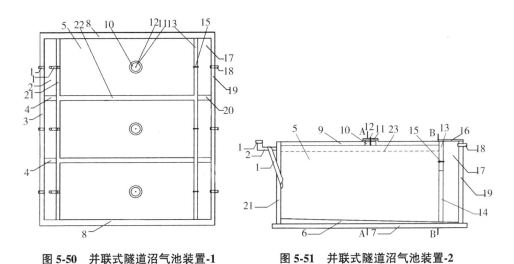

图 5-50　并联式隧道沼气池装置-1　　　　图 5-51　并联式隧道沼气池装置-2

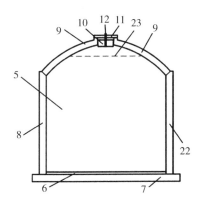

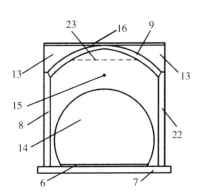

图 5-52　并联式隧道沼气池装置-3　　　　图 5-53　并联式隧道沼气池装置-4

2. 技术要点

(1)采用拱形结构，这样使结构受力更合理，从而节省建筑材料，增加结构的使用寿命。

(2)采用多个发酵间并联在一起，因而可以共用一个进料池和一个水压间，这样不仅大大节省建设用地及建设用建材料，而且可以增加进料速度。共用一个水压间比单池的水压间池容积增大，因而水压间可以兼作沼液储存池使用。

(3)采用多个发酵间并联组合在一起，这样一是可以使池壁公用，节省 1/2 的修建用建筑材料；二是以单个池体为基本单元，可以根据自然条件及建设者需要的池容大小随意组合，从而使修建不同池容积的沼气池变得更容易；三是以单个池体为基本单元形成模块化、标准化，这样可以提高建设质量和建设速度，甚至可以进一步研究在工厂制作成产品销售。

(五)厌氧处理生产沼气肥综合利用模式

该模式主要通过收集农户分类的可腐生活垃圾和尾菜、秸秆等，经过中温混合厌氧发酵，产生的沼气供附近村民烧水做饭，产生的沼液沼渣经过水肥一体化设备，供周边农田施用，实现了垃圾的资源化、减量化、无害化处理及农业废弃物的资源化利用，如图 5-54 所示。

图 5-54　垃圾处理流程

示范点：根据十堰市谭家湾镇五道岭村蔬菜合作社每年产生约 600t 蔬菜废弃物的调研结果及蔬菜废弃物厌氧消化产沼气的实验研究结果，在心怡蔬菜合作社建设了一座 30m³ 的尾菜厌氧消化沼气工程，通过收集农户分类的可腐生活垃圾和尾菜、秸秆等，经过中温混合厌氧发酵，预计每年可为蔬菜合作社提供约10 000m³沼气作为清洁能源供附近村民烧水做饭，产生的约700t沼液沼渣经过水肥一体化设备作为绿色有机肥料供周边农田施用。图5-55、图5-56、图5-57为现场设施图。

图5-55　尾菜厌氧消化
沼气工程主体

图5-56　尾菜厌氧消化
沼气工程进料系统

图5-57　尾菜厌氧消化沼气
工程沼液储存池

三、好氧堆肥技术

(一) 技术概述

好氧堆肥技术即在有氧条件下，利用堆料中好氧微生物的生命代谢作用——氧化、还原、合成等过程对有机固体废弃物进行生物降解和生物合成。其工艺主要流程可分为：前处理、主发酵、后发酵、后处理和贮存5个步骤。好氧堆肥有有机物降解速率快且彻底、腐熟时间短、无害化程度高、无中间产物和臭味、环境条件好和堆肥产品肥效高等优点，因此在农村生活垃圾处理中多优先选用好氧堆肥处理。

在农村，根据堆肥技术的复杂程度及适用情况，处理模式主要有4种，分别是堆肥桶、堆肥池、堆肥房、堆肥厂。堆肥桶：是从顶部进料底部卸出堆肥，通风孔使得氧气与堆肥物料充分接触，材质采用保温材质，确保堆肥腐熟发酵。适用于运输不方便的山区农户或农家乐住户。堆肥池：是开放式堆肥，氧气主要是随着热气上升而与堆肥物料充分接触，翻动堆肥堆可更快制成堆肥。为使堆肥充分分解，其长宽高不得低于1m，高度不超过1.5m，具体形式及大小应结合地形及需要的处理能力确定。堆肥房(阳光房)：屋面由数块透明的太阳能采光板组成以加快升温发酵。智能型堆肥房一般设有物料间、通风系统、调试喷水系统、微生物喷洒系统、渗滤液污水处理系统、废气处理系统及不同功能的自动监控系统。堆肥厂：宜建立在人口密集、交通方便、远离居民区的地方，选择合适的堆肥系统，生产出质量合格的产品，并符合成本效益。

（二）主要技术要点

好氧堆肥技术是将有机废物资源化和无害化的重要手段，并且得到广泛的应用，但是好氧堆肥是一个复杂的过程，在堆肥过程中受到诸多因素的影响。这些因素制约着反应条件，从而决定了微生物的活性，最终影响堆肥的速度与质量。影响堆肥过程的因素很多，其中主要因素有温度、颗粒度、pH 值、碳氮比、含水量有机质含量、氧含量等。好氧堆肥中微生物的活性和有机物的降解率可以通过调控这些因素得到改变，从而达到优化堆肥的目的。

（三）实验案例

（1）选择了 100 户农户作为生活垃圾分类收集处理示范点，制定垃圾分类收集技术方案，经过培训指导，各示范户严格按照方案要求分类收集垃圾，全年共收集示范点有机生活垃圾 72 200kg，在安康市石泉县国洪有机肥厂进行了堆肥处理实验研究。

（2）分别设计 3 个不同处理，用部分生活垃圾替代原有机肥原料中的猪粪进行好氧发酵生产有机肥，垃圾量占原料分别占原料总量的 10%、15% 和 20%，其他原料比例不变。研究发现，垃圾量占原料占原料总量的 10% 和 15% 的情况下，不会影响有机肥发酵腐熟时间。当垃圾占原料占总原料量的 20% 时，会影响有机肥发酵腐熟时间，处长腐熟时间 5d 左右。垃圾占原料占总原料量的 20% 处理生产的有机肥质量经农业农村部微生物产品质量监督检验测试中心检验，肥料中的有效活菌数和有机质含量均符合 NY884－2012 标准。初步说明用垃圾部分替代猪粪好氧发酵生产有机肥是安全可行的。

（四）好氧堆肥处理生产有机肥综合利用模式

图 5-58 为生活垃圾好氧堆肥处理流程，该处理模式通过调动有机肥厂的积极性，收集农户分类的可腐生活垃圾代替部分好氧堆肥的辅料，可腐生活垃圾经过好氧堆肥后，变废为宝成为可以还田施用的绿色有机肥。

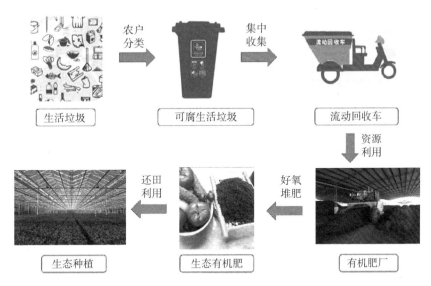

图 5-58　垃圾处理流程

图 5-59、图 5-60、图 5-61 为示范点现场设施。

图 5-59　条垛式好氧堆肥　　图 5-60　添加辅料　　图 5-61　以垃圾为辅料
　　　　　　　　　　　　　　　　　　　　　　　　　制成品有机肥

参 考 文 献

陈玉谷, 刘作炯, 万秀林, 1988. 采用生物技术处理住宅生活污水的试验研
　　究 [J]. 四川环境, 7(2)：1-7.

陈咄圳，郑向群，华进城，2019. 不同污染负荷对废砖垂直流人工湿地处理农村生活污水的影响 [J]. 生态环境学报，28(8)：1683-1690.

陈子爱，施国中，熊霞，2020. 厌氧消化技术在农村生活污水处理中的应用 [J]. 农业资源与环境学报，37(3)：432-437.

付融冰，朱宜平，杨海真，2008. 连续流湿地中 DO、ORP 状况及与植物根系分布的关系 [J]. 环境科学学报，28(10)：2036-2041.

葛一洪，张国治，申禄坤，等，2018. 丹江口水源涵养区农村生活垃圾处理现状与农民环保意识调查分析 [J]. 中国沼气，36(6)：94-102.

古腾，吴勇，王橚橦，2018. 曝气生物滤池-模块化人工湿地组合工艺处理农村生活污水 [J]. 环境工程，36(1)：20-24.

郭振远，贺松年，刘宗耀，2010. 改进型人工快速渗滤系统除磷研究 [J]. 水处理技术，36(6)：116-118，135.

韩亚鑫，2016. 人工快渗污水处理工艺调研及问题研究 [D]. 重庆：重庆交通大学.

籍国东，倪晋仁，2004. 人工湿地废水生态处理系统的作用机制 [J]. 环境污染治理技术与设备，5(6)：71-75.

林琳，2015. 微生物菌剂对污水处理厂处理效果及微生物群落的影响 [D]. 哈尔滨：哈尔滨工业大学.

刘光英，张焕祯，张鑫，等，2013. 人工快速渗滤系统去除总氮技术进展 [J]. 工业水处理，33(3)：1-4.

罗臣乾，张国治，魏珞宇，等，2018. 接种率对农村有机生活垃圾厌氧发酵的影响 [J]. 中国沼气，36(2)：59-62.

潘科，施国中，何明雄，等，2017. 分散式无动力生活污水处理装置处理效果分析 [J]. 中国沼气，35(6)：62-65.

石国玉，2011. 人工快渗系统处理工业园区污水厂尾水研究 [D]. 合肥：合肥工业大学.

王璟，2018. 人工快速渗滤系统中实现短程硝化性能和机理研究 [D]. 成都：成都理工大学.

魏珞宇，罗臣乾，张敏，等，2016. 农村生活垃圾厌氧发酵产沼气性能研究 [J]. 中国沼气，34(6)：42-45.

魏珞宇，罗臣乾，张敏，等，2019. 农村有机生活垃圾沼气发酵工艺优化及菌群分析 [J]. 中国沼气，37(1)：27-30.

吴济华，文筑秀，2012. 关于人工快速渗滤污水处理技术适用性的评述 [J]. 西南给排水，34(5)：1-4.

吴凌彦，陈岫圳，郑向群，2018. 农村生活污水处理微生物强化技术研究进展 [J]. 科技导报，36(23)：47-56.

熊晖，2011. 外加菌剂对养殖水体水质及其微生物群落结构的影响初探 [D]. 武汉：华中农业大学.

姚力，信欣，周迎芹，等，2014. 好氧反硝化菌强化序批式活性污泥反应器处理生活污水 [J]. 环境污染与防治，36(3)：89-93，81.

雍佳君，成小英，2015. 蠡河底泥中反硝化复合菌群富集及菌群结构研究 [J]. 环境科学，36(6)：2232-2238.

张萍，和丽萍，陈静，等，2013. 污染负荷对人工湿地污染处理效果的影响 [J]. 环境科学导刊，32(1)：8-12.

赵昕悦，2014. 复合菌剂的构建及其低温强化人工湿地净化效能研究 [D]. 哈尔滨：哈尔滨工业大学.

Richardson J L, Vepraskas M J, 2001. Wetland soils：genesis, hydrology, lands capes and classification [M]. Florida：CRC Press.